华章IT

HZBOOKS | Information Technology

看透 Spring MVC
源代码分析与实践

Spring MVC in Action
Source Code and Practice

韩路彪 著

图书在版编目（CIP）数据

看透 Spring MVC：源代码分析与实践 / 韩路彪著．—北京：机械工业出版社，2015.11
（2018.10 重印）
（Web 开发技术丛书）

ISBN 978-7-111-51668-2

I. 看… II. 韩… III. JAVA 语言－程序设计 IV. TP312

中国版本图书馆 CIP 数据核字（2015）第 233129 号

看透 Spring MVC：源代码分析与实践

出版发行：机械工业出版社（北京市西城区百万庄大街 22 号 邮政编码：100037）

责任编辑：迟振春 责任校对：董纪丽

印 刷：中国电影出版社印刷厂 版 次：2018 年 10 月第 1 版第 8 次印刷

开 本：186mm×240mm 1/16 印 张：20

书 号：ISBN 978-7-111-51668-2 定 价：69.00 元

凡购本书，如有缺页、倒页、脱页，由本社发行部调换

客服热线：（010）88379426 88361066 投稿热线：（010）88379604

购书热线：（010）68326294 88379649 68995259 读者信箱：hzit@hzbook.com

献　给

父亲韩志荣

前　言 Preface

当前网络正在改变人们生活的方方面面，从企业内部的管理和运营到我们个人的吃穿住行，所有这些都跟网络有着密切联系。不过这一切才刚刚开始，未来的网络将会给人们带来更多的惊喜，特别是在2015年“两会”中将“互联网+”纳入我国的发展战略之后，网络未来几年的高速发展更会超出我们的想象。

在网络技术中基于浏览器的B/S结构无论在PC端还是手机端都充当着至关重要的角色。PC端自不必说，手机中很多应用虽然是以APP的形式存在，但它采用的还是B/S结构，如今日头条、微信的朋友圈等，这些应用在内部封装了浏览器，后端仍然是Web站点。

在大型网站和复杂系统的开发中，Java无疑具有很大的优势，而在Java的Web框架中Spring MVC以其强大的功能和简单且灵活的用法受到越来越多开发者的青睐。

Spring MVC入门很简单，但是要想真正使用好却并非易事，而且现在也没有全面、深入的使用资料，以致在实际使用的过程中程序员经常会遇到各种各样的问题而不知道如何解决。对Spring MVC这样的开源项目来说，最好的学习方法当然是分析它的源代码，分析透源代码不仅可以让我们更灵活地使用Spring MVC来开发高质量的产品，而且可以学习到其中的很多优秀的编程技巧和设计理念。

本书除了分析Spring MVC的源代码，还系统地介绍了各种网站架构的演变以及Web开发中所涉及的协议和Tomcat的实现方法，现在很多程序员都想了解这方面的知识，但苦于缺乏通俗易懂的资料，而且这些也是程序员达到更高的层次所需要的知识。

通过本书你可以得到什么

- 系统学习网站的各种架构以及相应问题的解决方案。
- 零基础系统学习Web底层协议及其实现方法。
- 系统、深入地理解Spring MVC，为灵活开发高质量产品打下基础。
- 学习Spring MVC的编程技巧和设计理念，提高自己综合思考、整体架构的能力。
- 学习到笔者设计的一套分析源码的方法——器用分析法，古人说“授人以鱼不如授人以渔”，虽然这套方法并不复杂但是对于分析复杂的代码却非常有用。

当然，并不是说像看小说一样翻一遍本书就可以获得这么多东西，这需要大家真正沉下心来认真地去看，而且最好能对照着源代码去看。俗话说“磨刀不误砍柴工”，分析源代码就是磨刀的过程，是真正提升自己实力的过程，就像武术里的内功修炼一样，只有花足够的时间和精力才能到达一定的高度，这就是我们经常说的“功夫”，当功夫达到一定的高度时很多棘手的问题就可以轻而易举地解决了。

本书读者对象

- 有 Java 编程基础，想学习 JavaWeb 开发的读者。
- 有 JavaWeb 开发经验，想学习 Spring MVC 的读者。
- 有基础 Spring MVC 开发经验，想深入学习的读者。
- 有丰富 Spring MVC 开发经验，想学习 Spring MVC 底层代码的读者。
- 想自己开发 Spring MVC 插件的读者。

本书特点

- 本书从最底层的架构和协议开始讲解，即使没有太多开发经验的读者也可以理解，同时由于本书包含的内容全面而且深入，所以即使有丰富 Web 开发经验的读者读过之后也会有所收获。
- 本书采用了总分总的结构，首先概述全书内容，让大家在脑子里建立起整个框架，然后再对每个点展开分析，最后总结。这就好像一栋建筑，首先把它的整体结构展示给大家，然后再具体介绍每个细节，这样就可以让大家思路清晰而不至于迷失方向。这种模式最符合人的认知方式，所以不仅仅适用于学习，而且可以使用到别的很多地方，比如，进入一个新公司后（特别是大型公司），首先要了解一下公司都有哪些部门，各个部门之间是怎么协调配合的，弄明白整体结构之后再思考自己的业务，这样就可以理解得更加深，做得更好，如果有机会再多了解点其他部门的业务，这样成长得就会更快。
- 本书讲解的过程通俗易懂、深入浅出，对于不容易理解的内容，通过简单的例子让大家一目了然。在分析源代码的过程中还对一些代码分析了 Spring MVC 为什么要那么处理，那么处理有哪些好处，有些地方还为大家指出了需要注意的问题、可以实现的需求以及可以借鉴的东西等内容。

本书结构安排

本书一共分为四篇。

第一篇首先讲解了网站基础知识，包括网站架构的演变以及每种架构所针对的问题、Web 底层的协议以及简单的实现方法，最后分析了 Tomcat 的实现方法，这样可以让大家对 Web 有整体而且深入的理解，从而为分析 Spring MVC 打下坚实的基础。

第二篇分析了 Spring MVC 的整体结构，帮助大家理解请求是怎么到 Spring MVC 中的，以及在 Spring MVC 中都做了些什么，这部分主要是帮大家建立框架，让大家对 Spring MVC 的整体结构了然于胸，在后面内容中只需要对具体的组件进行分析即可。

第三篇分别对 Spring MVC 中的 9 大组件进行了分析，这部分又分了两步：第一步先分析了每个组件的接口、作用和用法，让大家对每个组件有个大体的认识；第二步详细分析了 9 大组件的实现。

第四篇对 Spring MVC 的整体结构做了总结，并对异步请求的原理及用法做了补充。总结分为两步，首先是对 Spring MVC 的结构进行总结，并从更高的层次分析其设计理念；然后通过跟踪一个具体的请求帮助大家整体梳理请求的处理过程。异步请求是一块相对独立的内容，如果将其放入 Spring MVC 的分析过程中将增加大家对 Spring MVC 的理解难度，所以在最后对其进行单独讲解。

本书源代码可以到 kantou.excelib.com/springmvc 下载。

致谢

我最想感谢的就是我的父亲韩志荣，正是因为他的大力支持和背后的默默付出才让笔者可以将更多的时间和精力放在本书的创作上，从而让本书可以在保证质量的前提下以最快的速度跟大家见面。

虽然笔者已经尽了自己最大的努力，但是受水平所限，难免会有遗漏或者讲解不够准确的地方，还请大家批评指正。如果大家通过本书可以对 Web 开发、对 Spring MVC 的理解以及对设计的理念有些许收获，那将是笔者最感到欣慰的事情。

Contents 目　　录

第四篇 总结与补充

第一篇 Part 1

网站基础知识

本篇主要给大家介绍网站的基础知识，为后面具体分析Spring MVC打下基础。内容主要包括架构的演变、Web中涉及的协议、协议的实现方法、Java中的Servlet以及对一个完整的产品Tomcat的分析等5部分。

本篇的很多内容，如底层协议和Tomcat的实现方法，在正常做开发的时候并不会直接使用到，不过理解了之后可以让我们在进行具体开发的时候更加得心应手，就好像数学中的基本运算，我们不需要知道原理也可以借助计算器计算出结果，但是如果明白了其中的原理就可以对计算带来很多帮助。比如，可以预先大概估计计算结果，当计算器的计算结果偏差很大时就可以看出来；可以使用一些简单的计算方法；还可以通过对具体内容的学习学到一些优秀思想，思想本身是很难学习的，需要通过一定的载体才可以传播，底层的知识就是这样的载体。

现在社会中普遍注重创新，其实创新是建立在扎实的基础之上的，如果没有扎实的基础就很难做出合理而且易用的创建成果。所以本篇的内容虽然在开发中一般不会直接使用到，但是对于提高自己的能力非常重要。

Chapter 1 第 1 章

网站架构及其演变过程

本章介绍网站的架构及其演变的过程。现在大型网站的架构变得越来越复杂，不过架构的演变过程并不是没有规律的，它们是在遇到相应问题之后为了解决问题才演变出来的。本章首先从软件的三大类型说起，然后介绍各种架构的演变过程及其背后的本质。

1.1 软件的三大类型

记得在上学的时候，计算机考试中很经典的一道题是“开电脑时应该先开主机电源还是先开显示器电源”，那个时代的软件主要以单机软件为主，如画图板、五笔打字等，当时学习使用电脑跟学习打字基本上是一个概念，那些不需要联网的单机软件就是最开始的软件。

后来有的程序需要统一管理软件中使用的数据，所以就将保存数据的数据库统一存放在一台主机中，所有的用户在需要数据时都要从主机获取，这时就分出了客户端和服务端，用户安装的软件叫客户端（Client），统一管理数据的主机中的软件就叫服务端（Server），这种结构就叫 CS 结构。再后来这种结构的服务端就不只是管理数据了，另外还可以处理一些业务逻辑，哪些业务放到客户端处理，哪些业务放到服务端处理就是见仁见智的问题了。业务放到服务端统一处理可以提供更好的安全性和稳定性而且升级比较容易，不过服务器的负担就增加了；业务放到客户端处理可以将负担分配到每个用户的机器上，从而可以节省服务器的资源，不过安全性和稳定性可能会有一些问题，而且升级也比较麻烦，每个用户安装的客户端程序都需要升级。另外，为了节省网络资源，通过网络传输的数据应该尽量少。CS 结构如图 1-1 所示。

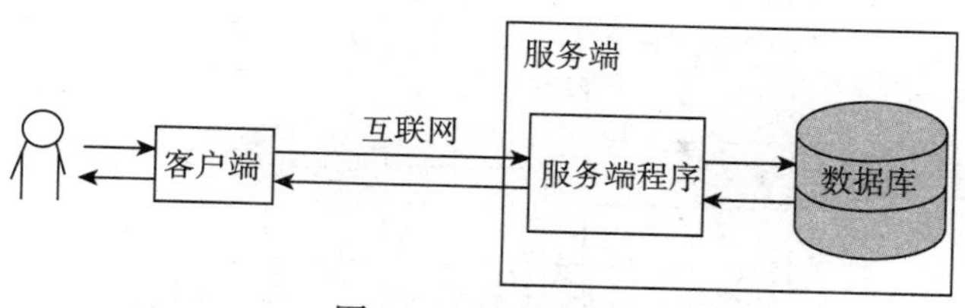

图 1-1　CS 结构图

CS 结构的程序已经可以完成网络通信了，不过使用起来还是有点麻烦，首先软件提供商需要同时开发客户端和服务端两套软件；其次每个用户在使用时都需要单独安装客户端软件，而且升级的时候也需要每个用户都进行升级。为了解决这个问题而设计了统一的客户端，而且默认安装在用户电脑里面，这就是我们电脑中的浏览器（Browser），而且一个浏览器可以访问所有同种类型的网站，当然它主要用作展示数据，具体业务处理是在不同的服务端进行的，这种结构就叫 BS 结构。BS 结构除了提供了统一的客户端，还根据相应协议和标准提供通用的服务器程序，服务器程序统一处理数据连接、封装和解析等工作。BS 结构如图 1-2 所示。

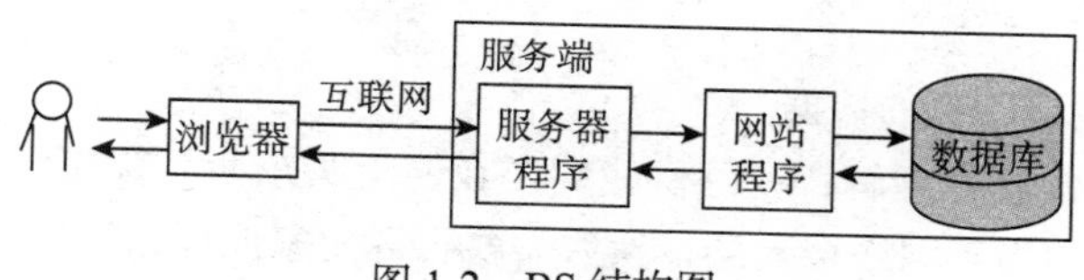

图 1-2　BS 结构图

这就是软件的三大类型：单机类型、CS 类型和 BS 类型。在这三种类型中，因为 BS 类型开发简单、使用方便而且功能强大，所以现在使用最广，当然并不是说 BS 结构是最好的，具体使用什么结构还需要根据实际的需求来决定，比如，现在我们电脑中的记事本、Office 以及压缩软件等都是单机软件，而它们使用得也非常广泛，另外 BS 结构虽然比 CS 结构在开发和使用上都简单，但是 BS 结构的灵活性和处理效率都不如 CS 结构，所以像 QQ、大型游戏等软件使用的还是 CS 结构。

1.2　基础的结构并不简单

前面介绍的 BS 结构是最基础的结构，不过即使这种最基础的结构的底层实现也并不简单，因为它需要通过互联网传输数据，而互联网是一个错综复杂的网络，其中包含的节点不计其数，而且每两个节点之间的距离以及连接的路线都是不确定的，数据在传输的过程中还可能会丢失，所以非常复杂。所有问题都有它对治的方法，对于复杂问题的对治方法就是将其分解成多个简单的问题，然后通过解决每个简单问题，最终解决复杂问题。BS 结构网络传输的分解方式有两种：一种是标准的 OSI 参考模型，另一种是 TCP/IP 参考模型。它们的分层方式及对应关系如图 1-3 所示。

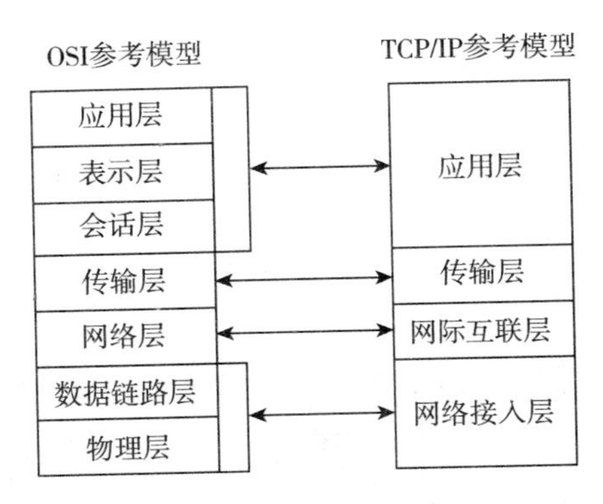

图 1-3 OSI 和 TCP/IP 分层模型及对应关系

OSI 参考模型一共分 7 层，不过它主要用于教学，实际使用中更多的是 TCP/IP 的 4 层模型。对于 TCP/IP 的 4 层模型可以简单地理解为：

- 网络接入层：将需要相互连接的节点接入网络中，从而为数据传输提供条件。
- 网际互联层：找到要传输数据的目标节点。
- 传输层：实际传输数据。
- 应用层：使用接收到的数据。

这种分层模型非常容易理解，就好像我们要在网上买东西，首先要确定自己所在的位置有相应的快递，这就相当于网络接入层，然后需要告诉卖家地址，地址就相当于网际互联层，快递送货相当于传输层，最后我们收到货物之后拆包使用就相当于应用层。

对于广泛使用的东西就需要制定相应的标准，没有规矩不成方圆，如果都按自己的想法去做就乱套了。对一个小作坊来说，做事情可以比较随意，但是一个大型公司就需要有很多制度来规范做事情的流程了。由于网络传输应用非常广泛，所以需要大家都遵守的规矩，不过网络传输中的这些规矩并不是强制性的，所以不叫制度也不叫标准而叫协议，其实 TCP/IP 参考模型也可以看作一种协议。BS 结构中 TCP/IP 模型中的网络接入层没有相应协议，网际互联层是 IP 协议，传输层是 TCP 协议，应用层是 HTTP 协议。

另外在 BS 结构中还使用到了 DNS 协议，而且在 HTTP 上层还有相关的规范，如 Java Web 开发中使用的是 Servlet 标准。

数据传输的本质就是按照晶振震动周期或者其整数倍来传输代表 0/1 的高低电平，传输过程中最核心就是各种传输协议，对直接连接的硬件来说就是各种总线协议，对网络传输来说就是网络协议，如果将传输的协议弄明白了，那么也就掌握了传输的核心，第 2 章会介绍 BS 结构中常用的协议和标准。下面先接着看网站架构的演变过程，开发一套前面介绍的那种 BS 结构的程序并非难事，特别是使用现在成形的框架来做就更加简单了，只需要写好核心的业务就可以了。不过这种基础架构的网站虽然可以用但并不代表好用，除了用户交互（那是另外一个话题），最重要的就是速度问题。如果打开一个连接的时间都可以喝完一杯咖啡，那样的系统能不能使用就看每个人自己的理解了。不过无论怎么理解，如果不是企业内部办公必须使用的系统，也不是像 12306 那种具有垄断资源的系统，相信大部分人是不会有那个耐心去等待的（其实售票系统是非常复杂的，而且 12306 现在已经优化得非常好了）。解决速度问题的核心主要就是解决海量数据操作问题和高并发问题，网站复杂的架构就是从这两个问题演变出来的。

1.3　架构演变的起点

基础架构中服务端就一台主机，其中存储了应用程序和数据库，刚上线时是没有问题的，当数据和流量变得越来越大的时候就难以应付了，这时候就需要将应用程序和数据库分别放到不同的主机中，其结构如图 1-4 所示。

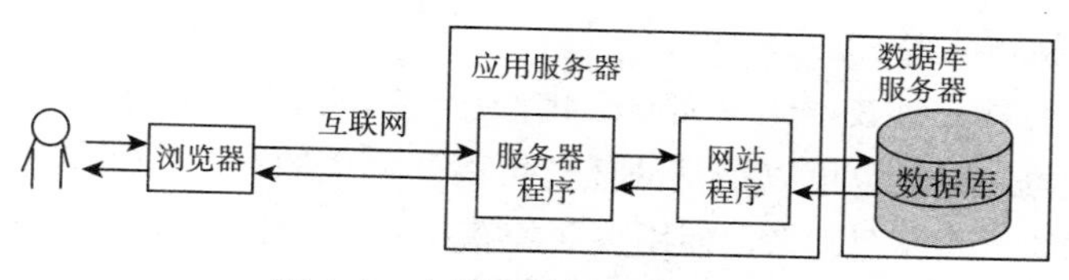

图 1-4　应用和数据分离结构图

1.4　海量数据的解决方案

现在无论是企业的业务系统还是互联网上的网站程序都面临着数据量大的问题，这个问题如果解决不好将严重影响系统的运行速度，下面就针对这个问题的各种解决方案进行系统介绍。

1.4.1　缓存和页面静态化

数据量大这个问题最直接的解决方案就是使用缓存，缓存就是将从数据库中获取的结果暂时保存起来，在下次使用的时候无需重新到数据库中获取，这样可以大大降低数据库的压力。

缓存的使用方式可以分为通过程序直接保存到内存中和使用缓存框架两种方式。程序直接操作主要是使用 Map，尤其是 ConcurrentHashMap，而常用的缓存框架有 Ehcache、Memcache 和 Redis 等。缓存使用过程中最重要问题是什么时候创建缓存和缓存的失效机制。缓存可以在第一次获取的时候创建也可以在程序启动和缓存失效之后立即创建，缓存的失效可以定期失效，也可以在数据发生变化的时候失效，如果按数据发生变化让缓存失效，还可以分粗粒度失效和细粒度失效。

多知道点

缓存中空数据的管理方法

如果缓存是在第一次获取的时候创建的，那么在使用缓存的时候最好将没有数据的缓存使用特定的类型值来保存，因为这种方式下如果从缓存中获取不到数据就会从数据库中获取，如果数据库中本来就没有相应的数据就不会创建缓存，这样将每次都会查询数据库。比如有个专门保存文章评论的缓存，不同的评论按照不同文章的Id来保存，如果有一篇文章本来就没有评论，那么就没有相应的缓存或者缓存的值为null，这样程序在每次调用这篇文章的评论时都会查询数据库。这就没起到缓存的作用，我们可以创建一个专门的类（如NoComment）来保存没有评论的缓存，这样程序从缓存中查询后就可以知道是还没有创建缓存还是本来就没有评论内容。

不过缓存也不是什么情况都适用，它主要用于数据变化不是很频繁的情况。而且如果是定期失效（数据修改时不失效）的失效机制，实时性要求也不能太高，因为这样缓存中的数据和真实数据可能会不一致。如果是文章的评论则关系不是很大，但如果是企业业务系统中要生成报表的数据则问题就大了。

跟缓存相似的另外一种技术叫页面静态化，它在原理上跟缓存非常相似，缓存是将从数据库中获取到的数据（当然也可以是别的任何可以序列化的东西）保存起来，而页面静态化是将程序最后生成的页面保存起来，使用页面静态化后就不需要每次调用都重新生成页面了，这样不但不需要查询数据库，而且连应用程序处理都省了，所以页面静态化同时对数据量大和并发量高两大问题都有好处。

页面静态化可以在程序中使用模板技术生成，如常用的Freemarker和Velocity都可以根据模板生成静态页面，另外也可以使用缓存服务器在应用服务器的上一层缓存生成的页面，如可以使用Squid，另外Nginx也提供了相应的功能。

1.4.2 数据库优化

要解决数据量大的问题，是避不开数据库优化的。数据库优化可以在不增加硬件的情况下提高处理效率，这是一种用技术换金钱的方式。数据库优化的方法非常多，常用的有表结构优化、SQL语句优化、分区和分表、索引优化、使用存储过程代替直接操作等，另外有时候合理使用冗余也能获得非常好的效果。

表结构优化

表结构优化是数据库中最基础也是最重要的，如果表结构优化得不合理，就可能导致严重的性能问题，具体怎么设计更合理也没有固定不变的准则，需要根据实际情况具体处理。

SQL语句优化

SQL语句优化也是非常重要的，基础的SQL优化是语法层面的优化，不过更重要的是处理逻辑的优化，这也需要根据实际情况具体处理，而且要和索引缓存等配合使用。不过SQL优化有一个通用的做法就是，首先要将涉及大数据的业务的SQL语句执行时间详细记录下来，其次通过仔细分析日志（同一条语句对不同条件的执行时间也可能不同，这点也需要仔细分析）找出需要优化的语句和其中的问题，然后再有的放矢地优化，而不是不分重点对每条语句都花同样的时间和精力优化。

分区

当数据量变多的时候，如果可以分区或者分表，那将起到非常好的效果。当一张表中的数据量变多的时候操作速度就慢了，所以很容易想到的就是将数据分到多个表中保存，但是这么做之后操作起来比较麻烦，想操作（增删改查）一个数据还需要先找到对应的表，如果涉及多个表还得跨表操作。其实在常用的数据库中可以不分表而达到跟分表类似的效果，那就是分区。分区就是将一张表中的数据按照一定的规则分到不同的区来保存，这样在查询数据时如果数据的范围在同一个区内那么可以只对一个区的数据进行操作，这样操作的数据量更少，速度更快，而且这种方法对程序是透明的，程序不需要做任何改动。

分表

如果一张表中的数据可以分为几种固定不变的类型，而且如果同时对多种类型共同操作的情况不多，那么都可以通过分表来处理，这也需要具体情况具体对待。笔者之前对一个业务系统进行重构开发时就将其中保存工人工作卡片的数据表分成了三个表，并且对每个表进行分区，在同时使用缓存（主要用于在保存和修改时对其他表的数据获取中，如根据工人 Id 获取工人姓名、工人类别、所在单位、所在工段及班组等信息）、索引、SQL 优化等的情况下操作速度比原来提高了 100 倍以上。那时的分表是按照工作卡片的类型来划分的，因为当时的要求是要保留所有的记录。比如，修改了卡片的信息，则需要保存是谁在什么时候对卡片进行修改，修改前的数据是什么，添加删除也一样，这种需求一般的做法就是用一个字段来做卡片状态的标志位，将卡片分成不同的类型。不过这里由于数据量非常大所以就将卡片分别保存到了三个表中，第一个表保存正常卡片，第二个表保存删除后的卡片，第三个表保存修改之前的卡片，并且对每个表都进行了分区。由于报表一般是按月份、季度、半年和年来做的，所以分区是按月份来分的，每个月一个分区，这样问题就解决了。当然随着时间的推移，如果总数据量达到一定程度，还需要进一步处理。

另外一种分表的方法是将一个表中不同类型的字段分到不同的表中保存，这么做最直接的好处就是增删改数据的时候锁定的范围减小了，没被锁定的表中的数据不受影响。如果一个表的操作频率很高，在增删改其中一部分字段数据的同时另一部分字段也可能被操作，而且（主要指查询）用不到被增删改的字段，那么就可以把不同类型的字段分别保存到不同的表中，这样可以减少操作时锁定数据的范围。不过这样分表之后，如果需要查询完整的数据就得使用多表操作了。

索引优化

索引的大致原理是在数据发生变化（增删改）的时候就预先按指定字段的顺序排列后保存到一个类似表的结构中，这样在查找索引字段为条件的记录时就可以很快地从索引中找到对应记录的指针并从表中获取到记录，这样速度就快多了。不过索引也是一把双刃剑，它在提高查询速度的同时也降低了增删改的速度，因为每次数据的变化都需要更新相应的索引。不过合理使用索引对提升查询速度的效果非常明显，所以对哪些字段使用索引、使用什么类型的索引都需要仔细琢磨，并且最好再做一些测试。

使用存储过程代替直接操作

在操作过程复杂而且调用频率高的业务中，可以通过使用存储过程代替直接操作来提高效率，因为存储过程只需要编译一次，而且可以在一个存储过程里面做一些复杂的操作。

上面这些就是经常用到的数据库优化的方法，实际环境中怎么优化还得具体情况具体分析。除了这些优化方法，更重要的是业务逻辑的优化。

1.4.3 分离活跃数据

虽然有些数据总数据量非常大，但是活跃数据并不多，这种情况就可以将活跃数据单独保存起来从而提高处理效率。比如，对网站来说，用户很多时候就是这种数据，注册用户很多，但是活跃用户却不多，而不活跃的用户中有的偶尔也会登录网站，因此还不能删除。这时就可以通过一个定期处理的任务将不活跃的用户转移到别的数据表中，在主要操作的数据表中只保存活跃用户，查询时先从默认表中查找，如果找不到再从不活跃用户表中查找，这样就可以提高查询的效率。判断活跃用户可以通过最近登录时间，也可以通过指定时间段内登录次数。除了用户外还有很多这种类型的数据，如一个网站上的文章（特别是新闻类的）、企业业务系统中按时间记录的数据等。

1.4.4 批量读取和延迟修改

批量读取和延迟修改的原理是通过减少操作的次数来提高效率，如果使用得恰当，效率将会呈数量级提升。

批量读取是将多次查询合并到一次中进行，比如，在一个业务系统中需要批量导入工人信息，在导入前需要检查工人的编码是否已经在数据库中、工人对应的部门信息是否正确（在部门表中是否存在）、工人的工种信息在工种表中是否存在等，如果每保存一条记录都查询一次数据库，那么对每个需要检查的字段，都需要查询与要保存的记录条数相同次数的数据库，这时可以先将所有要保存的数据的相应字段读取到一个变量中，然后使用in语句统一查询一次数据库，这样就可以将n（要保存记录的条数）次查询变为一次查询了。除了这种对同一个请求中的数据批量读取，在高并发的情况下还可以将多个请求的查询合并到一次进行，如将3秒或5秒内的所有请求合并到一起统一查询一次数据库，这样就可以有效减少查询数据库的次数，这种类型可以用异步请求来处理。

延迟修改主要针对高并发而且频繁修改（包括新增）的数据，如一些统计数据。这种情况可以先将需要修改的数据暂时保存到缓存中，然后定时将缓存中的数据保存到数据库中，程序在读取数据时可以同时读取数据库中和缓存中的数据。这里的缓存和前面介绍的缓存有本质的区别，前面的缓存在使用过程中，数据库中的数据一直是最完整的，但这里数据库中的数据会有一段时间不完整。这种方式下如果保存缓存的机器出现了问题将可能会丢失数据，所以如果是重要的数据就需要做一些特殊处理。笔者之前所在的单位有一个系统需要每月月末各厂分别导入自己厂当月的相应数据，每到月末那个系统就处于基本瘫痪的状态了，而且各厂从整理出数据到导入系统只有几天的时间，所以有的厂就专门等晚上人少的时候才进行操作，对于这种情况就可采用延迟修改的策略来解决。

1.4.5　读写分离

读写分离的本质是对数据库进行集群，这样就可以在高并发的情况下将数据库的操作分配到多个数据库服务器去处理从而降低单台服务器的压力，不过由于数据库的特殊性——每台服务器所保存的数据都需要一致，所以数据同步就成了数据库集群中最核心的问题。如果多台服务器都可以写数据那么数据同步将变得非常复杂，所以一般情况下是将写操作交给专门的一台服务器处理，这台专门负责写的服务器叫做主服务器。当主服务器写入（增删改）数据后从底层同步到别的服务器（从服务器），读数据的时候到从服务器读取，从服务器可以有多台，这样就可以实现读写分离，并且将读请求分配到多个服务器处理。主服务器向从服务器同步数据时，如果从服务器数量多，那么可以让主服务器先向其中一部分从服务器同步数据，第一部分从服务器接收到数据后再向另外一部分同步，这时的结构如图 1-5 所示。

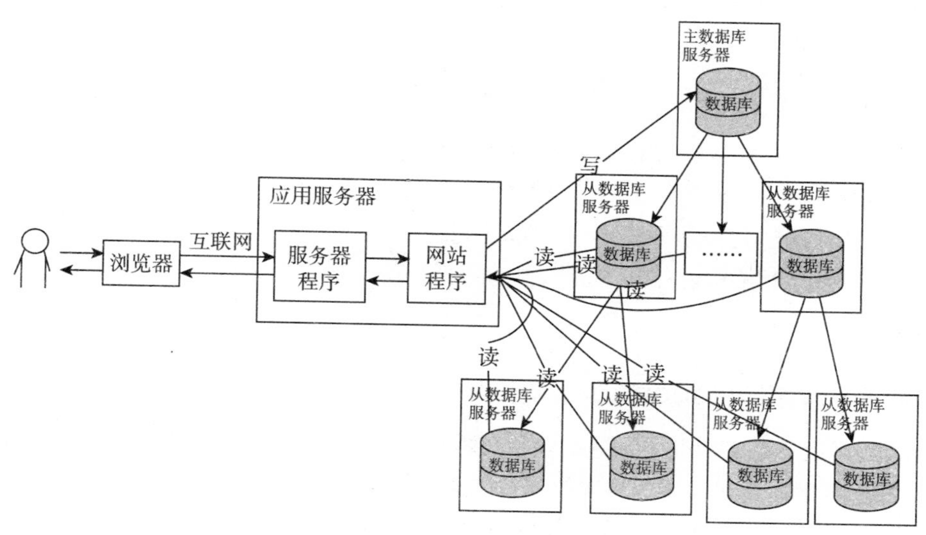

图 1-5　数据库读写分离结构图

简单的数据同步方式可以采用数据库的热备份功能，不过读取到的数据可能会存在一定的滞后性，高级的方式需要使用专门的软硬件配合。另外既然是集群就涉及负载均衡问题，负载均衡和读写分离的操作一般采用专门程序处理，而且对应用系统来说是透明的。

1.4.6 分布式数据库

分布式数据库是将不同的表存放到不同的数据库中然后再放到不同的服务器。这样在处理请求时，如果需要调用多个表，则可以让多台服务器同时处理，从而提高处理速度。

数据库集群（读写分离）的作用是将多个请求分配到不同的服务器处理，从而减轻单台服务器的压力，而分布式数据库是解决单个请求本身就非常复杂的问题，它可以将单个请求分配到多个服务器处理，使用分布式后的每个节点还可以同时使用读写分离，从而组成多个节点群，结构图如图 1-6 所示。

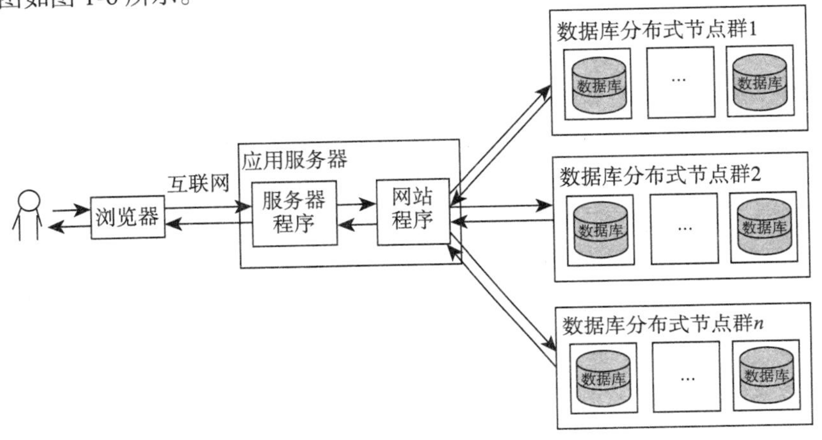

图 1-6 分布式数据库架构图

实际使用中分布式数据库有很多复杂的问题需要解决，如事务处理、多表查询等。分布式的另外一种使用的思路是将不同业务的数据表保存到不同的节点，让不同的业务调用不同的数据库，这种用法其实是和集群一样起分流的作用，不过这种情况就不需要同步数据了。使用后面这种思路时架构还是和上面图中的一样，所以技术和架构只是一个工具，真正重要的是思路，也就是工具的使用方法。

1.4.7 NoSQL 和 Hadoop

NoSQL 是近年来发展非常迅速的一项技术，它的核心就是非结构化。我们一般使用的数据库（SQL 数据库）都是需要先将表的结构定义出来，一个表有几个字段，每个字段各是什么类型，然后才能往里面按照相应的类型保存数据，而且按照数据库范式的规定，一个字段只能保存单一的信息，不可以包括多层内容，这就对使用的灵活性带来了很大的制约，NoSQL 就是突破了这些条条框框，可以非常灵活地进行操作，另外因为 NoSQL 通过多个块存储数据的特点，其操作大数据的速度也非常快，这些特性正是现在的互联网程序最需要的，所以 NoSQL 发展得非常快。现在 NoSQL 主要使用在互联网的程序中，在企业业务系统中使用的还不多，而且现在 NoSQL 还不是很成熟，但由于灵活和高效的特性，NoSQL 发展的前景是非常好的。

Hadoop 是专门针对大数据处理的一套框架，随着近年来大数据的流行 Hadoop 也水涨船高，出世不久就红得发紫。Hadoop 对数据的存储和处理都提供了相应的解决方案，底层数据的存储思路类似于 1.4.6 节介绍的分布式加集群的方案，不过 Hadoop 是将同一个表中的数据分成多块保存到多个节点（分布式），而且每一块数据都有多个节点保存（集群），这里集群除了可以并行处理相同的数据，还可以保证数据的稳定性，在其中一个节点出现问题后数据不会丢失。这里的每个节点都不包含一个完整的表的数据，但是一个节点可以保存多个表的数据，结构图如图 1-7 所示。

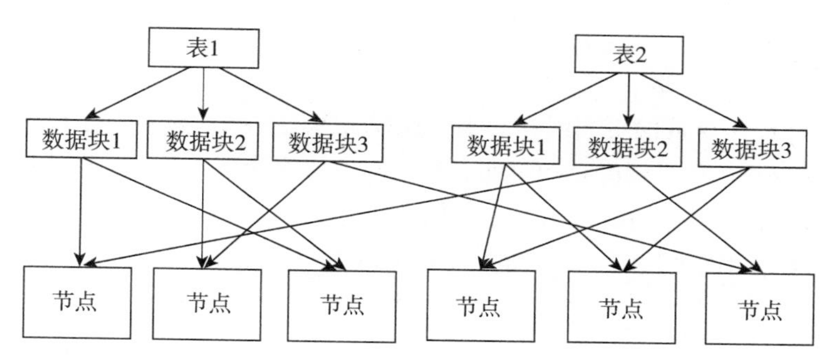

图 1-7 Hadoop 数据存储结构图

Hadoop 对数据的处理是先对每一块的数据找到相应的节点并进行处理，然后再对每一个处理的结果进行处理，最后生成最终的结果。比如，要查找符合条件的记录，Hadoop 的处理方式是先找到每一块中符合条件的记录，然后再将所有获取到的结果合并到一起，这样就可以将同一个查询分到多个服务器处理，处理的速度也就快了，这一点传统的数据库是做不到的。

1.5 高并发的解决方案

除了数据量大，另一个常见的问题就是并发量高，很多架构就是针对这个问题设计出来的，下面分别介绍。

1.5.1 应用和静态资源分离

刚开始的时候应用和静态资源是保存在一起的，当并发量达到一定程度时就需要将静态资源保存到专门的服务器中，静态资源主要包括图片、视频、js、css 和一些资源文件等，这些文件因为没有状态，所以分离比较简单，直接存放到相应的服务器就可以了，一般会使用专门的域名去访问，比如，新浪的图片保存在 sinaimg.cn 域名对应的服务器中，而百度的图片则是通过 imgsrc.baidu.com 二级域名访问的，通过不同的域名可以让浏览器直接访问资源服务器而不需要再访问应用服务器了，这时的架构如图 1-8 所示。

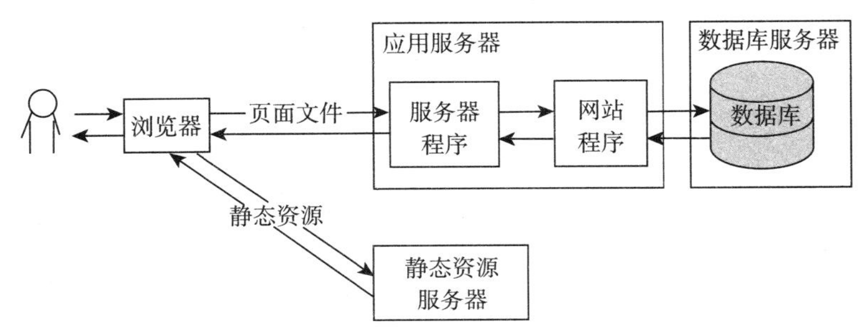

图 1-8　应用和静态资源分离架构图

1.5.2　页面缓存

页面缓存是将应用生成的页面缓存起来，这样就不需要每次都重新生成页面了，从而可以节省大量 CPU 资源，如果将缓存的页面放到内存中速度就更快了。如果使用了 Nginx 服务器就可以使用它自带的缓存功能，当然也可以使用专门的 Squid 服务器。页面缓存的默认失效机制一般是按缓存时间处理的，当然也可以在修改数据之后手动让相应缓存失效。

多知道点

有部分经常变化的数据的页面怎么使用页面缓存

页面缓存主要是使用在数据很少发生变化的页面中，但是有很多页面是大部分数据都很少发生变化，而其中有很少一部分数据变化的频率却非常高，比如，一个显示文章的页面正常来说是完全可以静态化的，但是如果在文章后面有“顶”和“踩”的功能而且显示的有相应的数量，这个数据的变化频率就比较高了，这就会影响静态化，在电商系统中显示商品详情的页面中的销售数量也是这种情况，对于这个问题可以先生成静态页面然后使用 Ajax 来读取并修改相应的数据，这样就可以一举两得了，既可以使用页面缓存也可以实时显示一些变化频率高的数据了。

1.5.3　集群与分布式

集群和分布式处理都是使用多台服务器进行处理的，集群是每台服务器都具有相同的功能，处理请求时调用哪台服务器都可以，主要起分流的作用，分布式是将不同的业务放到不同的服务器中，处理一个请求可能需要用到多台服务器，这样就可以提高一个请求的处理速度，而且集群和分布式也可以同时使用，结构图如图 1-9 所示。

集群有两个方式：一种是静态资源集群。另一种是应用程序集群。静态资源集群比较简单，而应用程序集群就有点复杂了。因为应用程序在处理过程中可能会使用到一些缓存的数据，如果集群就需要同步这些数据，其中最重要的就是 Session，Session 同步也是应用程序集群中非常核心的一个问题。Session 同步有两种处理方式：一种是在 Session 发生变化后自动同步到其他服务器，另外一种方式是用一个程序统一管理 Session。所有集群的服务器都使用同一个 Session，Tomcat 默认使用的就是第一种方式，通过简单的配置就可以实现，第二种方式可以使用专门的服务器安装 Memcached 等高效的缓存程序来统一管理 Session，然后在应用程序中通过重写 Request 并覆盖 getSession 方法来获取指定服务器中的 Session。对于集群来说还有一个核心的问题就是负载均衡，也就是接收到一个请求后具体分配到哪个服务器去处理的问题，这个问题可以通过软件处理也可以使用专门的硬件（如 F5）解决。

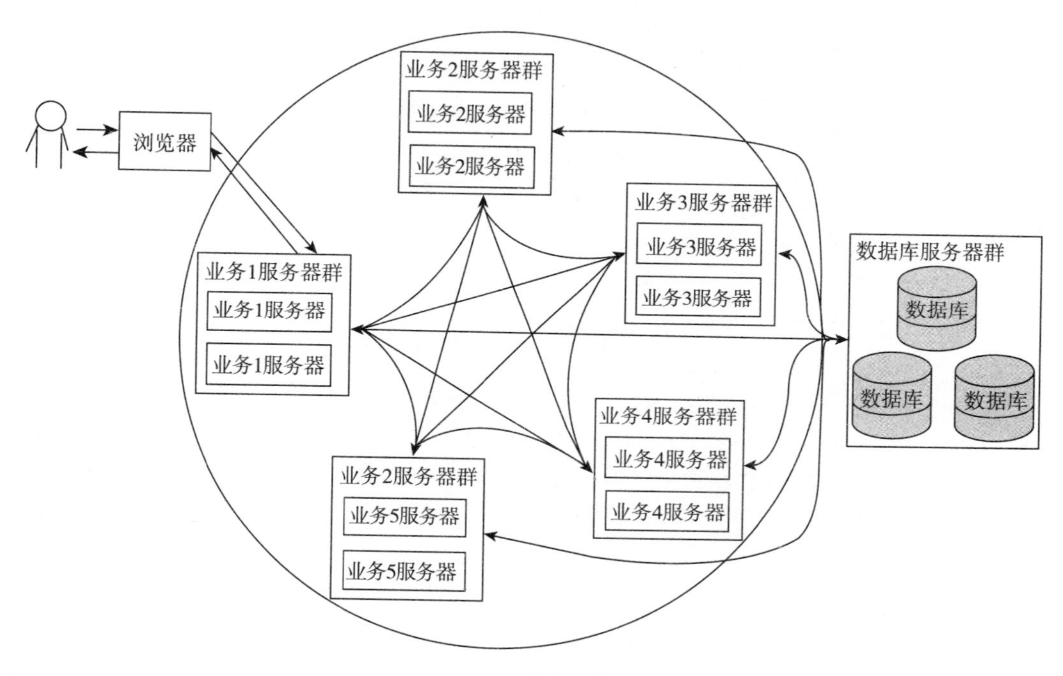

图 1-9　应用程序分布式集群结构图

另外还有种思路可以简单地解决 Session 同步的问题，Session 需要同步的本质原因就是要使用不同的服务器给同一个用户提供服务，如果负载均衡在分配请求时可以将同一个用户（如按 IP）分配到同一台服务器进行处理也就不需要 Session 同步了，而且这种方法一般也不会对负载均衡带来太大的问题，如果考虑到稳定性，为了防止有机器宕机后丢失数据还可以将集群的服务器分成多个组，然后在小范围的组（如 2、3 台服务器）内同步 Session。

架设分布式应用程序是一件非常复杂的事情，Session 同步肯定是需要的，分布式事务处理和各个节点之间复杂的依赖关系也是分布式中非常复杂的问题，如果要使用分布式一定要做好足够的准备。

1.5.4　反向代理

反向代理指的是客户端直接访问的服务器并不真正提供服务，它从别的服务器获取资源然后将结果返回给用户的，如图 1-10 所示。

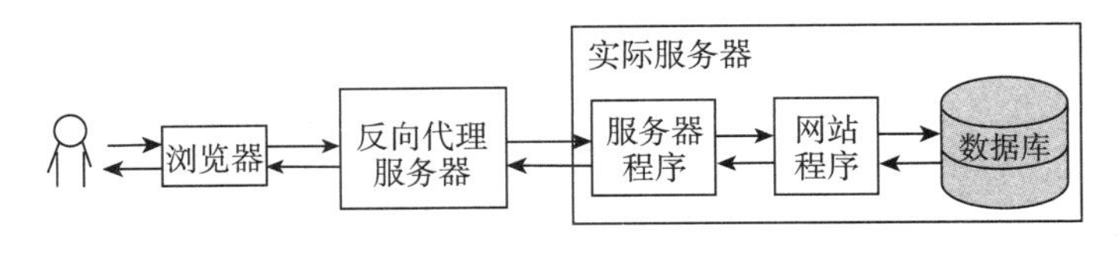

图 1-10 反向代理服务器

多知道点

反向代理服务器和代理服务器的区别

代理服务器的作用是代我们获取想要的资源然后将结果返回给我们，所要获取的资源是我们主动告诉代理服务器的，比如，我们想访问 Facebook，但是直接访问不了，这时就可以让代理服务器访问，然后将结果返回给我们。

反向代理服务器是我们正常访问一台服务器的时候，服务器自己调用了别的服务器的资源并将结果返回给我们，我们自己并不知道。

代理服务器是我们主动使用的，是为我们服务的，它不需要有自己的域名；反向代理服务器是服务器自己使用的，我们并不知道，它有自己的域名，我们访问它跟访问正常的网址没有任何区别。

反向代理服务器可以和实际处理请求的服务器在同一台主机上，而且一台反向代理服务器也可以访问多台实际处理请求的服务器。反向代理服务器主要有三个作用：①可以作为前端服务器跟实际处理请求的服务器（如 Tomcat）集成；②可以用做负载均衡；③转发请求，比如，可以将不同类型的资源请求转发到不同的服务器去处理，可以将动态资源转发到 Tomcat、Php 等动态程序而将图片等静态资源的请求转发到静态资源的服务器，另外也可以在 url 地址结构发生变化后将新地址转发到原来的旧地址上。

1.5.5 CDN

CDN 其实是一种特殊的集群页面缓存服务器，它和普通集群的多台页面缓存服务器比主要是它存放的位置和分配请求的方式有点特殊。CDN 的服务器是分布在全国各地的，当接收到用户的请求后会将请求分配到最合适的 CDN 服务器节点获取数据，比如，联通的用户会分配到联通的节点，电信的用户会分配到电信的节点；另外还会按照地理位置进行分配，北京的用户会分配到北京的节点，上海的用户会分配到上海的节点。CDN 的每个节点其实就是一个页面缓存服务器，如果没有请求资源的缓存就会从主服务器获取，否则直接返回缓存的页面。CDN 分配请求的方式比较特殊，它并不是使用普通的负载均衡服务器来分配的，而是用专门的 CDN 域名解析服务器在解析域名的时候就分配好的，一般的做法是在 ISP 那里使用 CNAME 将域名解析到一个特定的域名，然后再将解析到的那个域名用专门的 CDN 服务器解析到相应的 CDN 节点，结构图如图 1-11 所示。

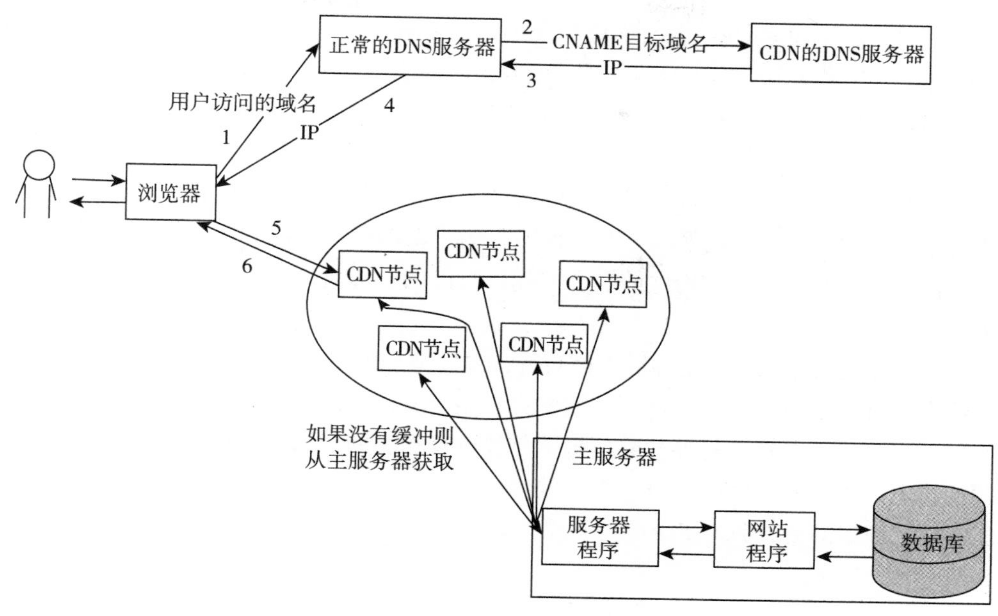

图 1-11　CDN 结构图

第二步访问 CDN 的 DNS 服务器是因为 CNAME 记录的目标域名使用 NS 记录指向了 CDN 的 DNS 服务器。CDN 的每个节点可能也是集群了多台服务器。CDN 的原理并不复杂，不过如果要自己去架设则需要投入大量的资金，现在有专门的 CDN 服务商，可以直接购买它们的服务。

1.6　底层的优化

我们前面讲到的所有架构都是建立在最前面介绍的基础架构之上的，而且很多地方都需要通过网络传输数据，如果可以加快网络传输的速度，那将会让整个系统从根本上得到改善。网络传输数据都是按照各种协议进行的，不过协议并不是不可以改变，Google 就迈出了这一步，它制定了 Quic、Spdy 等协议来传输数据，Quic 比 TCP 效率高而且比 UDP 安全，Spdy 协议在现有 HTTP 协议的基础上增加了很多新特性，提高了传输的效率，不过有些特性已经包含到了 HTTP/2 协议中，而且 Google 也已经放弃了 Spdy 而使用 HTTP/2 了。

1.7　小结

网站架构的整个演变过程主要是围绕大数据和高并发这两个问题展开的，解决的方案主要分为使用缓存和使用多资源两种类型。多资源主要指多存储（包括多内存）、多 CPU 和多网络，对于多资源来说又可以分为单个资源处理一个完整的请求和多个资源合作处理一个请求两种类型，如多存储和多 CPU 中的集群和分布式，多网络中的 CDN 和静态资源分离。理解了整个思路之后就抓住了架构演变的本质，而且自己可能还可以设计出更好的架构。

一个网站具体使用什么样的架构需要根据实际需要做出选择，网站架构并不是竞技场，更不是使用的技术越复杂越好，只要可以满足自己的需要、可以解决自己所遇到的问题就可以了。要想设计出合理的架构首先需要理解每种架构所针对的问题和它背后的本质，只有这样才能真正把架构用做解决问题的工具，而不是为了架构而架构最后问题不一定能解决还浪费了资源。另外在使用复杂架构之前一定要先将自己的业务优化好，这是基础中的基础，非常重要！

无论架构还是协议都要以正确的态度对待，它们都是为了解决特定的问题而设计出来的，我们要认真并且谦虚地学习，不过也不需要将它们当成神圣不可侵犯的东西，它们的本质还是为我们解决问题的工具。另外这些架构、协议以及相关的产品都是经过实际的考验可以解决问题的，不过也并不是说它们就是最优的解决方案，我们只有真正理解了它们所针对的问题才能对它们理解得更透彻、使用得更灵活。

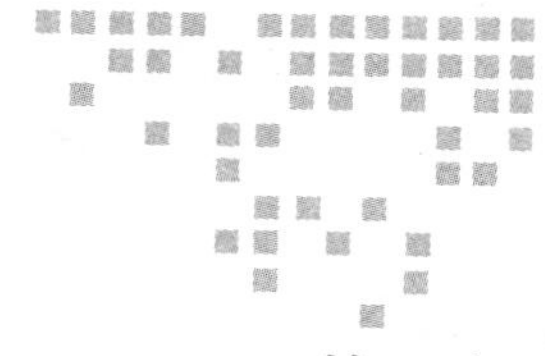

第2章 Chapter 2

常见协议和标准

本章介绍 Java Web 开发中常用的协议和标准，其中包括 DNS 协议、TCP/IP 协议、HTTP 协议和 Java Web 开发中的 Servlet。

2.1 DNS 协议

DNS 协议的作用是将域名解析为 IP。我们知道网络上每个站点的位置是使用 IP 来确定的，所以要想访问一个网站首先就要知道它的 IP，不过由数字组成的 IP 记起来实在不方便，所以就设计了比较好记的域名来代替 IP，这就像我们平时看电视的时候只需要记着“中央一套”“中央二套”，而不需要去记它们是什么频率，不过实际传输还是需要按频率来传输的（对于老式用天线接收的电视来说），在我们选择了相应的频道后电视就会自动接收相应频率的数据，频道和频率的转换过程是电视机自己来处理的，但这种方式并不适合网络上的域名和 IP 的转换，首先是因为域名的数量非常多，如果让客户端的电脑自己去处理会比较慢，另外域名和 IP 的对应关系也不像电视频道那样稳定，而是经常在变化，所以就需要有专门将域名解析为 IP 的服务器，这就是“DNS 服务器”，我们把域名发过去它就可以给我们返回相应的 IP，在 Windows 中可以使用 nslookup 命令来查看 DNS 解析的结果，如使用 nslookup 命令查看淘宝的解析记录的结果如图 2-1 所示。

```
C:\Users\    >nslookup www.taobao.com
服务器:  public1.114dns.com
Address:  114.114.114.114

非权威应答:
名称:    www.gslb.taobao.com.danuoyi.tbcache.com
Addresses:  112.25.59.51
          112.25.59.41
Aliases:  www.taobao.com
```

图 2-1　使用 nslookup 命令查看淘宝 IP

从这里可以看出我现在使用的 DNS 服务器地址是 114.114.114.114，解析到 www.

taobao.com 的 IP 是 112.25.59.51 和 112.25.59.41，而且它是通过 CNAME 方式解析的，原始设置 IP 的域名是 www.gslb.taobao.com.danuoyi.tbcache.com。

世界各地有很多 DNS 服务器，ISP 会给我们提供默认的 DNS 服务器，也有一些大型公用的 DNS 服务器可以使用，比如 Google 的 8.8.8.8 和国内的 114.114.114.114。我们直接访问的 DNS 服务器叫本地 DSN 服务器，它本身也没有域名和 IP 的对应关系，在我们发出请求的时候它会从主 DNS 服务器获取然后保存到缓存中，下次再有相同的域名请求时直接从缓存中获取就可以了。

使用域名代替 IP 主要是为了方便记忆，不过域名很多时候用起来也不是那么方便，如果再加上很长的子目录和查询参数，基本就成了只有机器和专业人员才能读得懂的内容了，正因为这样导航网站才有了很大的需求。可能有人会觉得导航站主要是将键盘输入改成点击打开从而方便了操作而不是域名的问题，当然操作方式改变也是非常重要的一个因素，不过域名本身使用不方便也是非常重要的一个因素，这一点从百度指数里查看“淘宝网”的搜索量就可以看出来，同样是输入但是很多人是通过在百度搜“淘宝网”打开淘宝的而不是直接在地址栏输入 www.taobao.com 打开的。其实微信的公众号也从一定程度满足了这方面的需求。如果从这个需求出发仔细琢磨应该还有很大的发展空间。

2.2 TCP/IP 协议与 Socket

TCP/IP 协议通常放在一起来说，不过它们是两个不同的协议，所起的作用也不一样。IP 协议是用来查找地址的，对应着网际互联层，TCP 协议是用来规范传输规则的，对应着传输层。IP 只负责找到地址，具体传输的工作交给 TCP 来完成，这就像快递送货一样，货单上填写地址的规则以及怎么根据填写的内容找到客户，这就相当于 IP 协议，而送货时要先打电话，然后将货物送过去，最后客户签收时要签字等就相当于 TCP 协议。

TCP 在传输之前会进行三次沟通，一般称为“三次握手”，传完数据断开的时候要进行四次沟通，一般称为“四次挥手”。要理解这个过程首先需要理解 TCP 中的两个序号和三个标志位的含义：

- seq：sequence number 的缩写，表示所传数据的序号。TCP 传输时每一个字节都有一个序号，发送数据时会将数据的第一个序号发送给对方，接收方会按序号检查是否接收完整了，如果没接收完整就需要重新传送，这样就可以保证数据的完整性。
- ack：acknoledgement number 的缩写，表示确认号。接收端用它来给发送端反馈已经成功接收到的数据信息的，它的值为希望接收的下一个数据包起始序号，也就是 ack 值所代表的序号前面数据已经成功接收到了。
- ACK：确认位，只有 ACK=1 的时候 ack 才起作用。正常通信时 ACK 为 1，第一次发起请求时因为没有需要确认接收的数据所以 ACK 为 0。
- SYN：同步位，用于在建立连接时同步序号。刚开始建立连接时并没有历史接收的数据，所以 ack 也就没办法设置，这时按照正常的机制就无法运行了，SYN 的作用就是来解决这个问题的，当接收端接收到 SYN=1 的报文时就会直接将 ack 设置为接收到的 seq+1 的值，注意这里的值并不是校验后设置的，而是根据 SYN 直接设置的，这样正常的机制就可以运行了，所以 SYN 叫同步位。需要注意的是，SYN 会在前两次握手时都为 1，这是因为通信的双方的 ack 都需要设置一个初始值。

- FIN：终止位，用来在数据传输完毕后释放连接。

整个传输过程如图 2-2 所示。

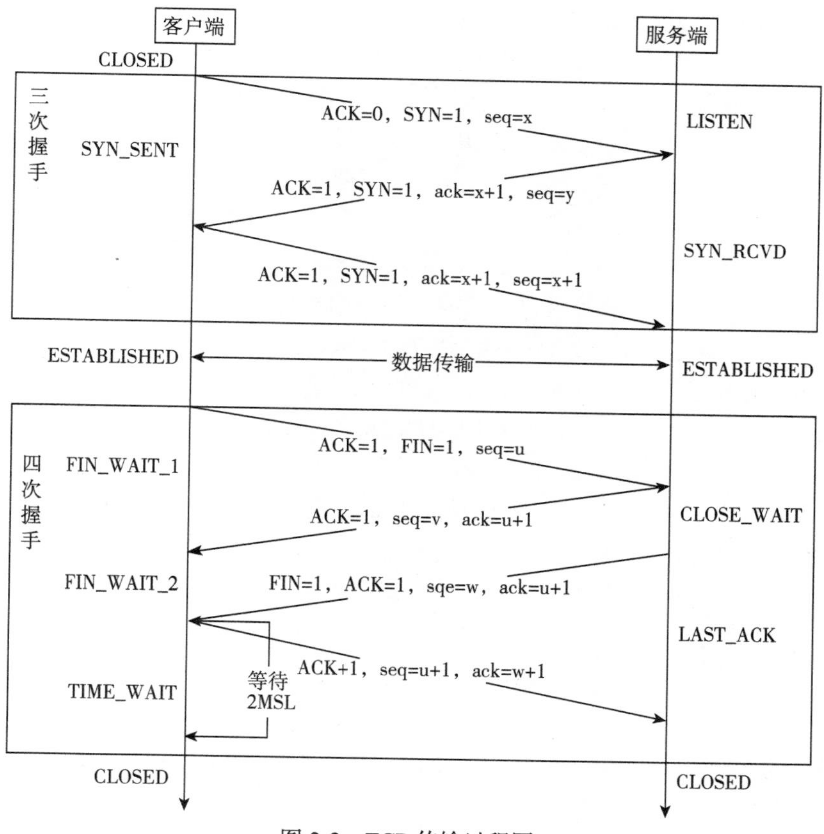

图 2-2　TCP 传输过程图

图中上部为三次握手，下部为四次挥手，这里的四次挥手中画的是客户端提出的终止连接，在实际传输过程中也有可能是服务端提出终止连接，它们的处理过程都是一样的。TCP 的传输是双全工模式，也就是说传输的双方是对等的，可以同时传输数据，所以无论连接还是关闭都需要对双方同时进行。三次握手中前两次可以保证服务端可以正确接收并返回请求，后两次可以保证客户端可以正确接收并返回请求，而且在三次握手的过程中还使用 SYN 标志初始化了双方的 ack 值。四次挥手就是双方分别发送 FIN 标志来关闭连接并让对方确认。

三次握手和四次挥手保证了连接的可靠性，不过凡事有利就有弊，这种模式也有它的缺点，首先是在传输效率上会比较低，另外三次握手的过程中客户端需要发送两次数据才可以建立连接，这种特性可能被一些别有用心的人利用，比如，发出第一次握手（并接到第二次握手）后就不回应第三次握手了，这时服务端会以为是第二次握手的数据在传输过程中丢失了，然后重新发送第二次握手，默认情况下会一直发送五次，如果发送五次后还收不到第三次握手则会丢弃请求，如果是个别这种请求当然也没什么关系，可凡事就怕一个多字，当有大量这种请求时就麻烦了，这时服务器就会浪费大量的资源甚至可能导致无法处理正常的请求，这就是 DDOS 攻击中的 SYN Flood 攻击，对于这种攻击的一种应对方法是设置第二次请求的重发次数（tcp_synack_retries），不过重发的次数太小也可能导致正常的请求中因为网络没有收到第二次握手而连接失败的情况，具体设置为多少合适，还需要根据实际情况判断，当然如果资金充足也可以使用硬防。

用于传输层的协议除了 TCP 还有 UDP，它们的区别主要是 TCP 是有连接的，UDP 是没有连接的，也就是说 TCP 协议是在沟通好后才会传数据，而 UDP 协议是拿到地址后直就传了，这样产生的结果就是 TCP 协议传输的数据更可靠，而 UDP 传输的速度更快。TCP 就像是打电话，需要先拨通对方号码才能通信，而 UDP 就像是使用对讲机，拿起来就可以直接讲话。通常视频传输、语音传输等对完整性要求不高而对传输速度要求高并且数据量大的通信使用 UDP 比较多，而邮件、网页等一般使用 TCP 协议。

HTTP 协议的底层传输默认使用的是可靠的 TCP 协议，不过它对互联网的高速发展带来了很大的制约，Google 制定了一套基于 UDP 的 QUIC（Quick UDP Internet Connection）协议，这种协议基于 TCP 和 UDP 之间，不过现在还没有广泛使用。

TCP/IP 协议只是一套规则，并不能具体工作，就像是程序中的接口一样，而 Socket 是 TCP/IP 协议的一个具体的实现，第 3 章给大家介绍 Java 中 Socket 的具体用法。

2.3 HTTP 协议

HTTP 协议是应用层的协议，在 TCP/IP 协议接收到数据之后需要通过 HTTP 协议来解析才可以使用。就像过去的发电报一样，电报机就相当于 Socket，负责选好发送的目标并将内容发过去，但是直接发过去的数据“嘀嘀嘀”并不能直接使用，还需要解码（在发送前需要先编码再发送）后才能用，电报中的编码和解码就相当于网络传输中的 HTTP 协议。

HTTP 协议中的报文结构非常重要。HTTP 中报文分为请求报文（request message）和响应报文（response message）两种类型，这两种类型都包括三部分：首行、头部和主体。请求报文的首行是请求行，包括方法（请求类型）、URL 和 HTTP 版本三项内容，响应请求的首行是状态行，包括 HTTP 版本、状态码和简短原因三项内容，其中原因可有可无。头部保存一些键值对的属性，用冒号“：”分割。主体保存具体内容，请求报文中主要保存 POST 类型的参数，响应报文中保存页面要显示的结果。首行、头部和主体以及头部的各项内容用回车换行（\r\n）分割，另外头部和主体之间多一个空行，也就是有两个连续的回车换行。它们的结构如图 2-3 所示。

请求报文	响应报文
方法 URL HTTP版本\r\n 参数1：值1\r\n 参数2：值2\r\n 。。。\r\n \r\n 主体	HTTP版本 状态码 简短原因\r\n 参数1：值1\r\n 参数2：值2\r\n 。。。\r\n \r\n 主体

图 2-3　HTTP 报文结构

请求报文中的方法指 GET、HEAD、POST、PUT、DELETE 等类型，响应报文中的状态码就是 Response 中的 status，一共可以分为 5 类：

- 1XX：信息性状态码。
- 2XX：成功状态码，如 200 表示成功。
- 3XX：重定向状态码，如 301 表示重定向。
- 4XX：客户端错误状态码，如 404 表示没找到请求的资源。
- 5XX：服务端错误状态码，如 500 表示内部错误。

报文信息可以通过 firefox 的 firebug 插件来查看，比如，要看 www.csdn.net 网址请求的报文，可以在安装好 firefox 和 firebug 插件后按 F12 打开 firebug 的面板，然后选择“网络”下面的“HTML”，并输入网址发起请求，这时 firebug 就会记录下来，如图 2-4 所示。

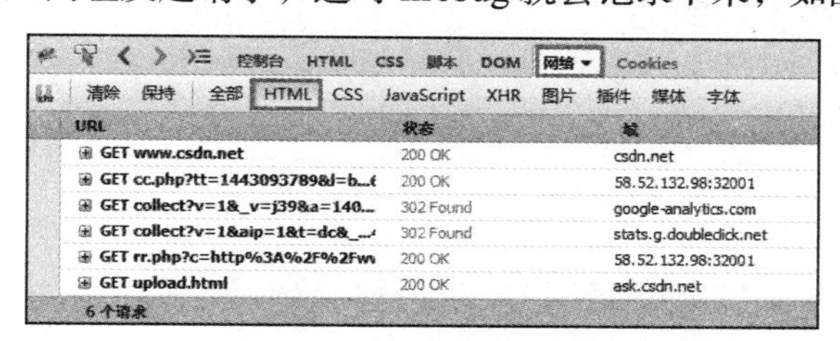

图 2-4　Firebug 记录请求

这时点击 URL 前面的加号就可以展开详细信息，如图 2-5 所示。

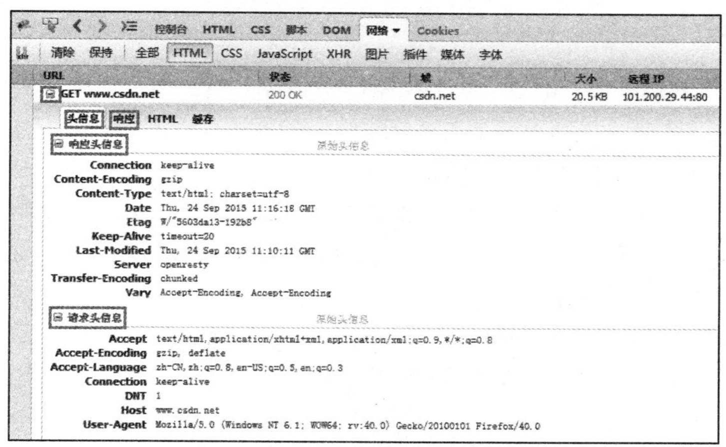

图 2-5　请求头信息

图中上边是响应的头信息，下面是请求的头信息，在“响应”选项卡中可以看到响应报文的主体。不过这时的头信息是经过格式化之后的，如果想看原始的可以点击“原始头信息”来查看，如图 2-6 所示。

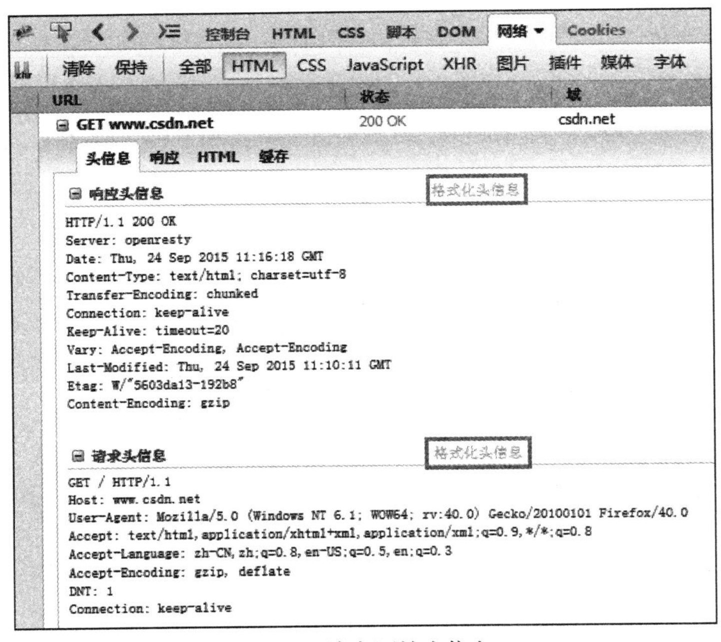

图 2-6 请求原始头信息

从这里就可以看到请求报文和响应报文的首行和头部。我们会在后面自己动手写一个实现了 HTTP 协议的简单例子。

2.4 Servlet 与 Java Web 开发

Servlet 是 J2EE 标准的一部分，是 Java Web 开发的标准。标准比协议多了强制性的意义，不过它们的作用基本是一样的，都是用来制定统一的规矩，因为 Java 是一种具体的语言，所以为了统一的实现它可以制定自己的标准。

通过前面的 TCP/IP 协议、HTTP 协议已经可以得到数据了，Servlet 的作用是对接收到的数据进行处理并生成要返回给客户端的结果，这就像电报中接收到电报并翻译成明文后还需要有人来决策并作出回复内容一样。

Servlet 制定了 Java 中处理 Web 请求的标准，我们只需要按照标准规定的去做就可以了。不过还是那句话，规范自己是不能干活的，标准一样也不能自己干活，要想使用 Servlet 需要有相应的 Servlet 容器才行，比如，我们常见的 Tomcat 就是一个 Servlet 容器，后面会给大家具体分析 Tomcat。

第 3 章 Chapter 3

DNS 的设置

本章介绍 DNS 的设置，包括 DNS 解析、Windows 7 设置 DNS 服务器和 Windows 设置本机域名和 IP 的对应关系三部分内容。

3.1 DNS 解析

我们知道 DNS 服务器可以将域名解析为相应的 IP，但是 DNS 服务器是怎么知道域名和 IP 的对应关系的呢？这个就需要域名的所有者自己将域名解析到对应的 IP 上，这样 DNS 服务器才能查找到，不同的域名运营商都有自己不同的解析页面，万网的解析页面如图 3-1 所示。

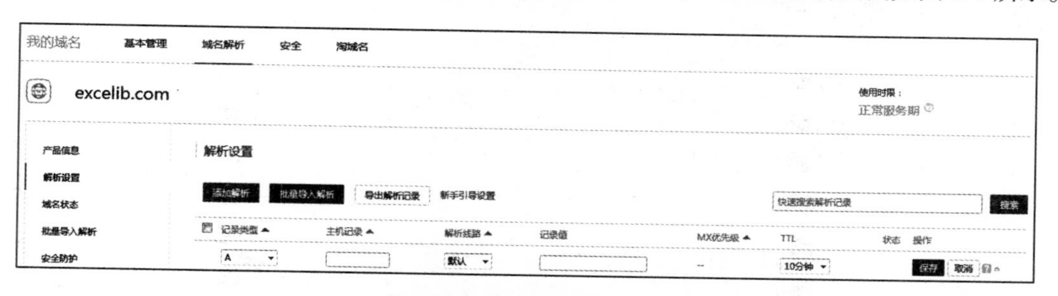

图 3-1 万网域名解析页面

进入万网的“域名解析”页面（在“域名”里找到要解析的域名，然后直接点击“解析”即可进入“域名解析”页面），在页面中点击“添加解析”按钮就可以添加解析记录了，万网的解析现在一共有 5 项内容，它们的含义分别如下：

- 记录类型：域名解析有很多种解析的类型，如常用的 A 记录和 CNAME 记录。A 记录是将域名解析到 IP（一个域名可以有多条 A 记录），CNAME 记录是将域名解析到另一个域名（也就是作为另一个域名的别名），查找时会返回目标域名所对应的 IP，如 excelib.com 可以使用 CNAME 记录解析到 www. excelib.com，这样访问 excelib.com 时 DNS 服务器就会返回 www. excelib.com 对应的 IP，这么做有三个好处：① www. excelib.com 可能会有多条解析记录，而 excelib.com 用一条 CNAME 记录就可以完成了；②在 www. excelib.com 的 IP 发生变化时，excelib.com 不需要修改解析内容直接就可以自动改变；③使用 CDN 时可以将用户直接访问的域名作为一个别名，然后将指向的域名通过 ns 记录指定 CDN 专用的 DNS 服务器进行解析，这样用户访问的域名解析使用的还是正常的 DNS 服务器但是可以获取到 CDN 的 DNS 服务器解析的结果。

- 主机记录：就是域名前面的部分，如 www、bbs 等，如果要解析顶级域名，也就是域名前面没有内容则使用 @ 代替。
- 解析线路：这是万网新增加的内容，很多别的运营商现在还没有这项功能，通过这个选项可以将不同的线路的用户解析到不同的服务器，比如，将联通的用户解析到一个服务器将电信的用户解析到另外一个服务器，这样就可以实现一种简单的 CDN。
- 记录值：解析的目标值，如 A 记录就是 IP，CNAME 记录就是对应的目标域名。
- TTL：本地 DNS 服务器缓存解析结果的时间。

设置完之后点击保存就可以了，一个域名可以添加多条解析记录。

3.2 Windows 7 设置 DNS 服务器

我们可以对自己的电脑设置自己使用的 DNS 服务器，设置方法是从控制面板中找到所使用的连接并从属性中打开 TCP/IPv4 属性设置页进行设置，在 Windows 7 中设置方法如图 3-2 所示。

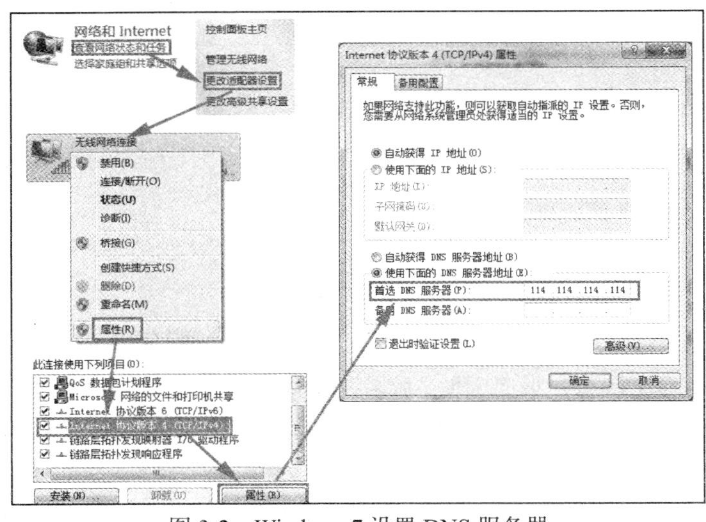

图 3-2 Windows 7 设置 DNS 服务器

有时候可能出现浏览器上不了网，而直接使用 IP 连接的程序（如 QQ）可以联网，这时很可能就是 DNS 出了问题，可以尝试试用上面的方法自己设置 DNS 服务器来试一试。

3.3 Windows 设置本机域名和 IP 的对应关系

在自己的电脑里也可以设置域名和 IP 的对应关系，具体设置是在 C:\windows\system32\drivers\etc\hosts 文件中，设置的格式是“IP+ 空格 + 域名”，一行一条记录（空格可以有多个），比如下面的设置：

```
127.0.0.1          localhost
127.0.0.1          www.test.com
123.123.123.123www.123.com
```

第一行是将 localhost 设置到了本机，所以平时使用 localhost 就可以访问本机了，第二行是将 www.test.com 设置到了本机，第三行是将 www.123.com 设置到了 123.123.123.123 地址。

本机在解析域名时首先会从 hosts 文件中查找，如果可以查找到就直接使用，如果找不到才会从 DNS 服务器获取。正常在做测试的时候可以使用 hosts 文件的设置来模拟实际主机，不过 hosts 文件也可能会被恶意程序修改，这种情况可能会带来严重的后果，比如，将 www.taobao.com 指向一个钓鱼网站，这时在访问淘宝时实际就会访问到钓鱼网站，而且看域名也没有问题。在 Windows 7 中 hosts 文件默认是只读文件。

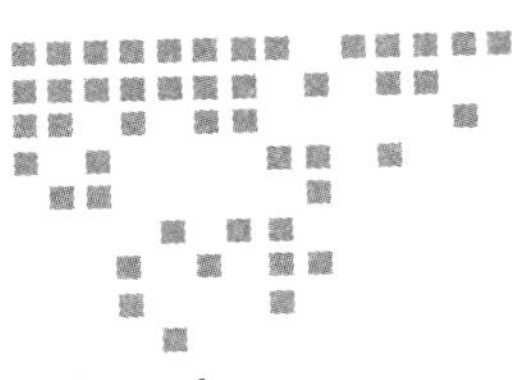

Chapter 4 第 4 章

Java 中 Socket 的用法

本章介绍 Java 中 Socket 的用法，Java 中的 Socket 可以分为普通 Socket 和 NioSocket 两种。

4.1 普通 Socket 的用法

Java 中的网络通信是通过 Socket 实现的，Socket 分为 ServerSocket 和 Socket 两大类，ServerSocket 用于服务端，可以通过 accept 方法监听请求，监听到请求后返回 Socket，Socket 用于具体完成数据传输，客户端直接使用 Socket 发起请求并传输数据。

ServerSocket 的使用可以分为三步：

1）创建 ServerSocket。ServerSocket 的构造方法一共有 5 个，用起来最方便的是 ServerSocket（int port），只需要一个 port（端口号）就可以了。

2）调用创建出来的 ServerSocket 的 accept 方法进行监听。accept 方法是阻塞方法，也就是说调用 accept 方法后程序会停下来等待连接请求，在接收到请求之前程序将不会往下走，当接收到请求后 accept 方法会返回一个 Socket。

3）使用 accept 方法返回的 Socket 与客户端进行通信。

下面写一个 ServerSocket 简单的使用示例。

```
import java.io.*;
import java.net.ServerSocket;
import java.net.Socket;

public class Server {
    public static void main(String args[]) {
        try {
```

```
            //创建一个ServerSocket监听8080端口
            ServerSocket server = new ServerSocket(8080);
            //等待请求
            Socket socket = server.accept();
            //接收到请求后使用socket进行通信，创建BufferedReader用于读取数据，
            BufferedReader is = new BufferedReader(new InputStreamReader(socket.
                getInputStream()));
            String line = is.readLine();
            System.out.println("received from client: " + line);
            //创建PrintWriter，用于发送数据
            PrintWriter pw = new PrintWriter(socket.getOutputStream());
            pw.println("received data: " + line);
            pw.flush();
            //关闭资源
            pw.close();
            is.close();
            socket.close();
            server.close();
        } catch (Exception e) {
            e.printStackTrace();
        }
    }
}
```

在上面的 Server 里面，首先创建了 ServerSocket，然后调用 accept 等待请求，当接收到请求后，用返回的 Socket 创建 Reader 和 Writer 来接收和发送数据，Reader 接收到数据后保存到 line，然后打印到控制台，再将数据发送到 client，告诉 client 接收到的是什么数据，功能非常简单。

然后再来看客户端 Socket 的用法。Socket 的使用也一样，首先创建一个 Socket，Socket 的构造方法非常多，这里用的是 Socket(String host, int port)，把目标主机的地址和端口号传入即可，Socket 创建的过程就会跟服务端建立连接，创建完 Socket 后，再用其创建 Writer 和 Reader 来传输数据，数据传输完成后释放资源关闭连接就可以了。

下面看个简单的示例。

```
import java.io.*;
import java.net.Socket;

public class Client {
    public static void main(String args[]) {
        String msg = "Client Data";
        try {
            //创建一个Socket，跟本机的8080端口连接
            Socket socket = new Socket("127.0.0.1", 8080);
            //使用Socket创建PrintWriter和BufferedReader进行读写数据
            PrintWriter pw = new PrintWriter(socket.getOutputStream());
            BufferedReader is = new BufferedReader(new InputStreamReader(socket.
                getInputStream()));
            //发送数据
            pw.println(msg);
```

```
                pw.flush();
                //接收数据
                String line = is.readLine();
                System.out.println("received from server: " + line);
                //关闭资源
                pw.close();
                is.close();
                socket.close();
            } catch (Exception e) {
                e.printStackTrace();
            }
        }
    }
```

功能也非常简单，启动后自动将msg发送给服务端，然后再接收服务端返回的数据并打印到控制台，最后释放资源关闭连接。

先启动Server然后启动Client就可以完成一次通信。我们这里只是为了说明原理，所以功能非常简单，最后Server端的控制台输出“received from client: Client Data”，Client端控制台输出“received from server: received data：Client Data”。

4.2 NioSocket的用法

从JDK1.4开始，Java增加了新的io模式——nio（new IO），nio在底层采用了新的处理方式，极大地提高了IO的效率。我们使用的Socket也属于IO的一种，nio提供了相应的工具：ServerSocketChannel和SocketChannel，它们分别对应原来的ServerSocket和Socket。

要想理解NioSocket的使用必须先理解三个概念：Buffer、Channel和Selector。为了方便大家理解，我们来看个例子。记得我上学的时候有个同学批发了很多方便面、电话卡和别的日用品在宿舍卖，而且提供送货上门的服务，只要公寓里有打电话买东西，他就送过去、收钱、返回来，然后再等下一个电话，这种模式就相当于普通Socket处理请求的模式。如果请求不是很多，这是没有问题的，当请求多起来的时候这种模式就应付不过来了，如果现在的电商网站也用这种配送方式，效果大家可想而知，所以电商网站必须采用新的配送模式，这就是现在快递的模式（也许以后还会有更合理的模式）。快递并不会一件一件地送，而是将很多件货一起拿去送，而且在中转站都有专门的分拣员负责按配送范围把货物分给不同的送货员，这样效率就提高了很多。这种模式就相当于NioSocket的处理模式，Buffer就是所要送的货物，Channel就是送货员（或者开往某个区域的配货车），Selector就是中转站的分拣员。

NioSocket使用中首先要创建ServerSocketChannel，然后注册Selector，接下来就可以用Selector接收请求并处理了。

ServerSocketChannel可以使用自己的静态工厂方法open创建。每个ServerSocketChannel对应一个ServerSocket，可以调用其socket方法来获取，不过如果直接使用获取到ServerSocket来监听请求，那还是原来的处理模式，一般使用获取到的ServerSocket来绑定端口。ServerSocketChannel 可以通过 configureBlocking 方法来设置是否采用阻塞模式，如果要采用非阻塞模式可以用 configureBlocking(false) 来设置，设置了非阻塞模式之后就可以调用 register 方法注册 Selector 来使用了（阻塞模式不可以使用 Selector）。

Selector 可以通过其静态工厂方法 open 创建，创建后通过 Channel 的 register 方法注册到 ServerSocketChannel 或者 SocketChannel 上，注册完之后 Selector 就可以通过 select 方法来等待请求，select 方法有一个 long 类型的参数，代表最长等待时间，如果在这段时间里接收到了相应操作的请求则返回可以处理的请求的数量，否则在超时后返回 0，程序继续往下走，如果传入的参数为 0 或者调用无参数的重载方法，select 方法会采用阻塞模式直到有相应操作的请求出现。当接收到请求后 Selector 调用 selectedKeys 方法返回 SelectionKey 的集合。

SelectionKey 保存了处理当前请求的 Channel 和 Selector，并且提供了不同的操作类型。Channel 在注册 Selector 的时候可以通过 register 的第二个参数选择特定的操作，这里的操作就是在 SelectionKey 中定义的，一共有 4 种：

- SelectionKey.OP_ACCEPT
- SelectionKey.OP_CONNECT
- SelectionKey.OP_READ
- SelectionKey.OP_WRITE

它们分别表示接受请求操作、连接操作、读操作和写操作，只有在 register 方法中注册了相应的操作 Selector 才会关心相应类型操作的请求。

Channel 和 Selector 并没有谁属于谁的关系，就好像一个分拣员可以为多个地区分拣货物而每个地区也可以有多个分拣员来分拣一样，它们就好像数据库里的多对多的关系，不过 Selector 这个分拣员分拣得更细，它可以按不同的类型来分拣，分拣后的结果保存在 SelectionKey 中，可以分别通过 SelectionKey 的 channel 方法和 selector 方法来获取对应的 Channel 和 Selector，而且还可以通过 isAcceptable、isConnectable、isReadable 和 isWritable 方法来判断是什么类型的操作。

NioSocket 中服务端的处理过程可以分为 5 步：

1）创建 ServerSocketChannel 并设置相应参数。

2）创建 Selector 并注册到 ServerSocketChannel 上。

3）调用 Selector 的 select 方法等待请求。

4）Selector 接收到请求后使用 selectedKeys 返回 SelectionKey 集合。

5）使用 SelectionKey 获取到 Channel、Selector 和操作类型并进行具体操作。

我们来写个例子将前面的 Server 改成使用 nio 方式进行处理的 NIOServer。

```
import java.io.IOException;
import java.net.InetSocketAddress;
import java.nio.ByteBuffer;
import java.nio.channels.SelectionKey;
import java.nio.channels.Selector;
```

```
import java.nio.channels.ServerSocketChannel;
import java.nio.channels.SocketChannel;
import java.nio.charset.Charset;
import java.util.Iterator;

public class NIOServer {
    public static void main(String[] args) throws Exception{
        //创建ServerSocketChannel，监听8080端口
        ServerSocketChannel ssc=ServerSocketChannel.open();
        ssc.socket().bind(new InetSocketAddress(8080));
        //设置为非阻塞模式
        ssc.configureBlocking(false);
        //为ssc注册选择器
        Selector selector=Selector.open();
        ssc.register(selector, SelectionKey.OP_ACCEPT);
        //创建处理器
        Handler handler = new Handler(1024);
        while(true){
            // 等待请求，每次等待阻塞3s，超过3s后线程继续向下运行，如果传入0或者不传参数将一
            // 直阻塞
            if(selector.select(3000)==0){
                System.out.println("等待请求超时……");
                continue;
            }
            System.out.println("处理请求……");
            // 获取待处理的SelectionKey
            Iterator<SelectionKey> keyIter=selector.selectedKeys().iterator();

            while(keyIter.hasNext()){
                SelectionKey key=keyIter.next();
                try{
                    // 接收到连接请求时
                    if(key.isAcceptable()){
                        handler.handleAccept(key);
                    }
                    // 读数据
                    if(key.isReadable()){
                        handler.handleRead(key);
                    }
                } catch(IOException ex) {
                    keyIter.remove();
                    continue;
                }
                // 处理完后，从待处理的SelectionKey迭代器中移除当前所使用的key
                keyIter.remove();
            }
        }
    }

    private static class Handler {
        private int bufferSize = 1024;
        private String  localCharset = "UTF-8";
```

```
            public Handler(){}
            public Handler(int bufferSize){
                this(bufferSize, null);
            }
            public Handler(String  LocalCharset){
                this(-1, LocalCharset);
            }
            public Handler(int bufferSize, String  localCharset){
                if(bufferSize>0)
                    this.bufferSize=bufferSize;
                if(localCharset!=null)
                    this.localCharset=localCharset;
            }

            public void handleAccept(SelectionKey key) throws IOException {
                SocketChannel sc=((ServerSocketChannel)key.channel()).accept();
                sc.configureBlocking(false);
                sc.register(key.selector(), SelectionKey.OP_READ, ByteBuffer.allocate
                    (bufferSize));
            }

            public void handleRead(SelectionKey key) throws IOException {
                // 获取channel
                SocketChannel sc=(SocketChannel)key.channel();
                // 获取buffer并重置
                ByteBuffer buffer=(ByteBuffer)key.attachment();
                buffer.clear();
                // 没有读到内容则关闭
                if(sc.read(buffer)==-1){
                    sc.close();
                } else {
                    // 将buffer转换为读状态
                    buffer.flip();
                    // 将buffer中接收到的值按localCharset格式编码后保存到receivedString
                    String receivedString = Charset.forName(localCharset).newDecoder().
                        decode(buffer).toString();
                    System.out.println("received from client: " + receivedString);

                    // 返回数据给客户端
                    String sendString = "received data: " + receivedString;
                    buffer = ByteBuffer.wrap(sendString.getBytes(localCharset));
                    sc.write(buffer);
                    // 关闭Socket
                    sc.close();
                }
            }
        }
    }
```

上面的处理过程都做了注释，main方法启动监听，当监听到请求时根据SelectionKey的状态交给内部类Handler进行处理，Handler可以通过重载的构造方法设置编码格式和每次读取数据的最大值。Handler处理过程中用到了Buffer，Buffer是java.nio包中的一个类，专门用于存储数据，Buffer 里有 4 个属性非常重要，它们分别是：

- capacity：容量，也就是 Buffer 最多可以保存元素的数量，在创建时设置，使用过程中不可以改变；
- limit：可以使用的上限，开始创建时 limit 和 capacity 的值相同，如果给 limit 设置一个值之后，limit 就成了最大可以访问的值，其值不可以超过 capacity。比如，一个 Buffer 的容量 capacity 为 100，表示最多可以保存 100 个数据，但是现在只往里面写了 20 个数据然后要读取，在读取的时候 limit 就会设置为 20；
- position：当前所操作元素所在的索引位置，position 从 0 开始，随着 get 和 put 方法自动更新；
- mark：用来暂时保存 position 的值，position 保存到 mark 后就可以修改并进行相关的操作，操作完后可以通过 reset 方法将 mark 的值恢复到 position。比如，Buffer 中一共保存了 20 个数据，position 的位置是 10，现在想读取 15 到 20 之间的数据，这时就可以调用 Buffer#mark() 将当前的 position 保存到 mark 中，然后调用 Buffer#position(15) 将 position 指向第 15 个元素，这时就可以读取了，读取完之后调用 Buffer#reset() 就可以将 position 恢复到 10。mark 默认值为 -1，而且其值必须小于 position 的值，如果调用 Buffer#position(int newPosition) 时传入的 newPosition 比 mark 小则会将 mark 设为 -1。

这 4 个属性的大小关系是：mark <= position <= limit <= capacity。

理解了这 4 个属性，Buffer 就容易理解了。我们这里的 NioServer 用到 clear 和 flip 方法，clear 的作用是重新初始化 limit、position 和 mark 三个属性，让 limit=capacity、position=0、mark=-1。flip 方法的作用是这样的：在保存数据时保存一个数据 position 加 1，保存完了之后如果想读出来就需要将最好 position 的位置设置给 limit，然后将 position 设置为 0，这样就可以读取所保存的数据了，flip 方法就是做这个用的，这两个方法的代码如下：

```
// java.nio.Buffer
public final Buffer clear() {
    position = 0;
    limit = capacity;
    mark = -1;
    return this;
}
public final Buffer flip() {
    limit = position;
    position = 0;
    mark = -1;
    return this;
}
```

NioSocket 就介绍到这里，当然我们所举的例子只是为了让大家理解 NioSocket 使用的方法，实际使用中一般都会采用多线程的方式来处理，不过使用单线程更容易理解，第 5 章将会把这里的例子改成多线程，在后面分析 Tomcat 的时候大家可以看到实际的用法。

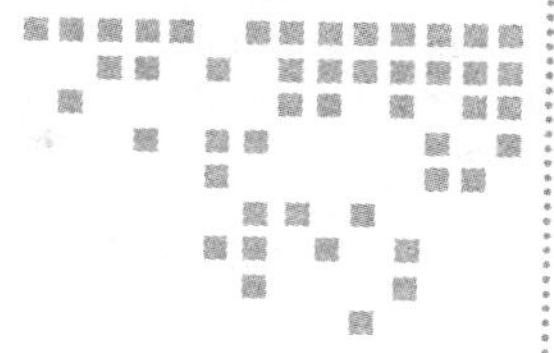

第 5 章 Chapter 5

自己动手实现 HTTP 协议

我们知道 HTTP 协议是在应用层解析内容的，只需要按照它的报文的格式封装和解析数据就可以了，具体的传输还是使用的 Socket，在第 4 章 NioServer 的基础上自己做一个简单的实现了 HTTP 协议的例子。

因为 HTTP 协议是在接收到数据之后才会用到的，所以我们只需要修改 NioServer 中的 Handler 就可以了，在修改后的 HttpHandler 中首先获取到请求报文并打印出报文的头部（包含首行）、请求的方法类型、Url 和 Http 版本，最后将接收到的请求报文信息封装到响应报文的主体中返回给客户端。这里的 HttpHandler 使用了单独的线程来执行，而且把 SelectionKey 中操作类型的选择也放在了 HttpHandler 中，不过具体处理过程和前面的 NioServer 没有太大的区别，代码如下：

```
import java.io.IOException;
import java.net.InetSocketAddress;
import java.nio.ByteBuffer;
import java.nio.channels.SelectionKey;
import java.nio.channels.Selector;
import java.nio.channels.ServerSocketChannel;
import java.nio.channels.SocketChannel;
import java.nio.charset.Charset;
import java.util.Iterator;

public class HttpServer {
    public static void main(String[] args) throws Exception{
        //创建ServerSocketChannel，监听8080端口
        ServerSocketChannel ssc=ServerSocketChannel.open();
        ssc.socket().bind(new InetSocketAddress(8080));
        //设置为非阻塞模式
        ssc.configureBlocking(false);
```

```
        //为ssc注册选择器
        Selector selector=Selector.open();
        ssc.register(selector, SelectionKey.OP_ACCEPT);
        //创建处理器
        while(true){
            // 等待请求，每次等待阻塞3s，超过3s后线程继续向下运行，如果传入0或者不传参数将一
                直阻塞
            if(selector.select(3000)==0){
                continue;
            }
            // 获取待处理的SelectionKey
            Iterator<SelectionKey> keyIter=selector.selectedKeys().iterator();

            while(keyIter.hasNext()){
                SelectionKey key=keyIter.next();
                // 启动新线程处理SelectionKey
                new Thread(new HttpHandler(key)).run();
                // 处理完后，从待处理的SelectionKey迭代器中移除当前所使用的key
                keyIter.remove();
            }
        }
    }

    private static class HttpHandler implements Runnable{
        private int bufferSize = 1024;
        private String  localCharset = "UTF-8";
        private SelectionKey key;

        public HttpHandler(SelectionKey key){
            this.key = key;
        }

        public void handleAccept() throws IOException {
            SocketChannel clientChannel=((ServerSocketChannel)key.channel()).accept();
            clientChannel.configureBlocking(false);
            clientChannel.register(key.selector(), SelectionKey.OP_READ, ByteBuffer.
                allocate(bufferSize));
        }

        public void handleRead() throws IOException {
            // 获取channel
            SocketChannel sc=(SocketChannel)key.channel();
            // 获取buffer并重置
            ByteBuffer buffer=(ByteBuffer)key.attachment();
            buffer.clear();
            // 没有读到内容则关闭
            if(sc.read(buffer)==-1){
                sc.close();
            } else {
                // 接收请求数据
                buffer.flip();
                String receivedString = Charset.forName(localCharset).newDecoder().
                    decode(buffer).toString();
```

```
            // 控制台打印请求报文头
            String[] requestMessage = receivedString.split("\r\n");
            for(String s: requestMessage){
                System.out.println(s);
                // 遇到空行说明报文头已经打印完
                if(s.isEmpty())
                    break;
            }

            // 控制台打印首行信息
            String[] firstLine = requestMessage[0].split(" ");
            System.out.println();
            System.out.println("Method:\t"+firstLine[0]);
            System.out.println("url:\t"+firstLine[1]);
            System.out.println("HTTP Version:\t"+firstLine[2]);
            System.out.println();

            // 返回客户端
            StringBuilder sendString = new StringBuilder();
            sendString.append("HTTP/1.1 200 OK\r\n");//响应报文首行，200表示处理成功
            sendString.append("Content-Type:text/html;charset=" +
                localCharset+"\r\n");
            sendString.append("\r\n");// 报文头结束后加一个空行

            sendString.append("<html><head><title>显示报文</title></head><body>");
            sendString.append("接收到请求报文是：<br/>");
            for(String s: requestMessage){
                sendString.append(s + "<br/>");
            }
            sendString.append("</body></html>");
            buffer = ByteBuffer.wrap(sendString.toString().getBytes(localCharset));
            sc.write(buffer);
            sc.close();
        }
    }

    @Override
    public void run() {
        try{
            // 接收到连接请求时
            if(key.isAcceptable()){
                handleAccept();
            }
            // 读数据
            if(key.isReadable()){
                handleRead();
            }
        } catch(IOException ex) {
            ex.printStackTrace();
        }
    }
  }
}
```

整个过程非常简单，按照报文的格式来读取和发送就可以了，接收到数据后按”\r\n”分割成每一行，在空行之前都是报文头（包含首行），空行下面如果有内容就是报文的主体，因为这里是 Get 请求所以就没有主体了，首行使用空格分割后可以得到请求的方法、Url 和 Http 的版本，如果需要请求头的值只需要把头部的每一行用冒号分割开就行了。下面就来看一下运行效果，首先启动程序，然后在浏览器中输入 http://localhost:8080/ 发起请求，这时控制台就会打印出如下信息（不同的环境打印的结果会不同）。

```
GET / HTTP/1.1
Host: localhost:8080
Connection: keep-alive
Cache-Control: max-age=0
Accept: text/html,application/xhtml+xml,application/xml;q=0.9,image/webp,*/*;q=0.8
User-Agent: Mozilla/5.0 (Windows NT 6.1; WOW64) AppleWebKit/537.36 (KHTML, like Gecko)
    Chrome/32.0.1700.76 Safari/537.36
Accept-Encoding: gzip,deflate,sdch
Accept-Language: zh-CN,zh;q=0.8,en;q=0.6

Method:    GET
url:       /
HTTP Version:     HTTP/1.1
```

浏览器显示结果如图 5-1 所示。

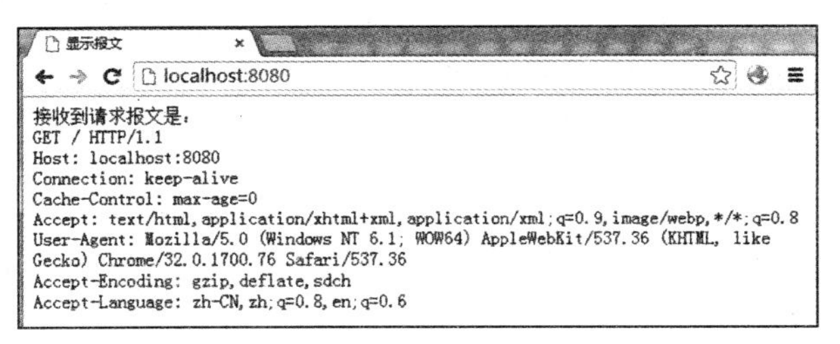

图 5-1 浏览器显示结果

这里也只是一个简单的示例，目的是让大家了解 HTTP 协议的实现方法，这里的功能还不够完善，它并不能真正处理请求，实际处理中应该根据不同的 Url 和不同的请求方法进行不同的处理并返回不同的响应报文，另外这里的请求报文也必须在 bufferSize（1024）范围内，如果太长就会接收不全，而且也不能返回图片等流类型的数据（流类型只需要在响应报文中写清楚 Content-Type 的类型，并将相应数据写入报文的主体就可以了），不过对于了解 HTTP 协议实现的方法已经够用了。

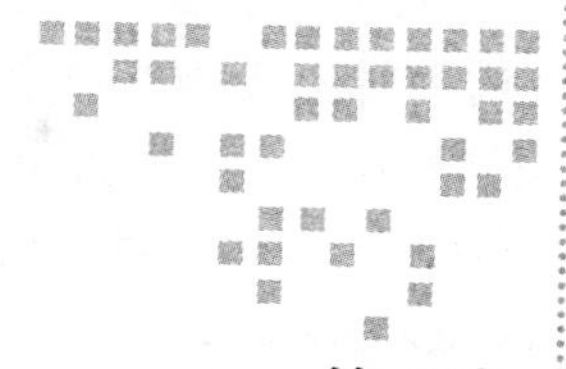

第6章 Chapter 6

详解 Servlet

Servlet 是 Server + Applet 的缩写，表示一个服务器应用。通过上面的分析我们知道 Servlet 其实就是一套规范，我们按照这套规范写的代码就可以直接在 Java 的服务器上面运行。Servlet3.1 中 Servlet 的结构如图 6-1 所示。

图 6-1　Servlet3.1 中的 Servlet 结构图

6.1　Servlet 接口

既然 Servlet 是一套规范，那么最重要的当然就是接口了。Servlet3.1 中 Servlet 的接口定义如下：

```
// javax.servlet.Servlet
public interface Servlet {
    public void init(ServletConfig config) throws
        ServletException;
    public ServletConfig getServletConfig();
    public void service(ServletRequest req, ServletResponse res)
                throws ServletException, IOException;
    public String getServletInfo();
    public void destroy();
}
```

init 方法在容器启动时被容器调用（当 load-on-startup 设置为负数或者不设置时会在 Servlet 第一次用到时才被调用），只会调用一次；getServletConfig 方法用于获取 ServletConfig，在下面会详细讲解 ServletConfig；service 方法用于具体处理一个请求；getServletInfo 方法可以获取一些 Servlet 相关的信息，如作者、版权等，这个方法需要自己实现，默认返回空字符串；

destroy 主要用于在 Servlet 销毁（一般指关闭服务器）时释放一些资源，也只会调用一次。

Init 方法被调用时会接收到一个 ServletConfig 类型的参数，是容器传进去的。ServletConfig 顾名思义指的是 Servlet 的配置，我们在 web.xml 中定义 Servlet 时通过 init-param 标签配置的参数就是通过 ServletConfig 来保存的，比如，定义 Spring MVC 的 Servlet 时指定配置文件位置的 contextConfigLocation 参数就保存在 ServletConfig 中，例如下面的配置：

```
<servlet>
    <servlet-name>demoDispatcher</servlet-name>
    <servlet-class>org.springframework.web.servlet.DispatcherServlet</servlet-class>
    <init-param>
        <param-name>contextConfigLocation</param-name>
        <param-value>demo-servlet.xml</param-value>
    </init-param>
    <load-on-startup>1</load-on-startup>
</servlet>
```

Tomcat 中 Servlet 的 init 方法是在 org.apache.catalina.core.StandardWrapper 的 initServlet 方法中调用的，ServletConfig 传入的是 StandardWrapper（里面封装着 Servlet）自身的门面类 StandardWrapperFacade。其实这个也很容易理解，Servlet 是通过 xml 文件配置的，在解析 xml 时就会把配置参数给设置进去，这样 StandardWrapper 本身就包含配置项了，当然，并不是 StandardWrapper 的所有内容都是 Config 相关的，所以就用了其门面 Facade 类。下面是 ServletConfig 接口的定义：

```
package javax.servlet;
import java.util.Enumeration;
public interface ServletConfig {
    public String getServletName();
    public ServletContext getServletContext();
    public String getInitParameter(String name);
    public Enumeration<String> getInitParameterNames();
}
```

getServletName 用于获取 Servlet 的名字，也就是我们在 web.xml 中定义的 servlet-name；getInitParameter 方法用于获取 init-param 配置的参数；getInitParameterNames 用于获取配置的所有 init-param 的名字集合；getServletContext 非常重要，它的返回值 ServletContext 代表的是我们这个应用本身，如果你看了前面 Tomcat 的分析就会想到，ServletContext 其实就是 Tomcat 中 Context 的门面类 ApplicationContextFacade（具体代码参考 StandardContext 的 getServletContext 方法）。既然 ServletContext 代表应用本身，那么 ServletContext 里边设置的参数就可以被当前应用的所有 Servlet 共享了。我们做项目的时候都知道参数可以保存在 Session 中，也可以保存在 Application 中，而后者很多时候就是保存在了 ServletContext 中。

我们可以这么理解，ServletConfig 是 Servlet 级的，而 ServletContext 是 Context（也就是 Application）级的。当然，ServletContext 的功能要强大很多，并不只是保存一下配置参数，否则就叫 ServletContextConfig 了。

有的读者可能会想，Servlet 级和 Context 级都可以操作，那有没有更高一层的站点级也就是 Tomcat 中的 Host 级的相应操作呢？在 Servlet 的标准里其实还真有，在 ServletContext 接口中有这么一个方法：public ServletContext getContext(String uripath)，它可以根据路径获取到同一个站点下的别的应用的 ServletContext！当然由于安全的原因，一般会返回 null，如果想使用需要进行一些设置。

ServletConfig 和 ServletContext 最常见的使用之一是传递初始化参数。我们就以 spring 配置中使用得最多的 contextConfigLocation 参数为例来看一下：

```
<!--web.xml-->
<?xml version="1.0" encoding="UTF-8"?>
<web-app xmlns="http://xmlns.jcp.org/xml/ns/javaee"
    xmlns:xsi="http://www.w3.org/2001/XMLSchema-instance"
    xsi:schemaLocation="http://xmlns.jcp.org/xml/ns/javaee
                  http://xmlns.jcp.org/xml/ns/javaee/web-app_3_1.xsd"
    version="3.1"
    metadata-complete="true">
        <display-name>initParam Demo</display-name>
        <context-param>
            <param-name>contextConfigLocation</param-name>
            <param-value>application-context.xml </param-value>
        </context-param>
        <servlet>
            <servlet-name>DemoServlet</servlet-name>
            <servlet-class>com.excelib.DemoServlet</servlet-class>
            <init-param>
                <param-name>contextConfigLocation</param-name>
                <param-value>demo-servlet.xml</param-value>
            </init-param>
            </servlet>
    ......
</web-app>
```

上面通过 context-param 配置的 contextConfigLocation 配置到了 ServletContext 中，而通过 servlet 下的 init-param 配置的 contextConfigLocation 配置到了 ServletConfig 中。在 Servlet 中可以分别通过它们的 getInitParameter 方法进行获取，比如：

```
String contextLocation = getServletConfig().getServletContext().getInitParameter(
    "contextConfigLocation");
String servletLocation = getServletConfig().getInitParameter("contextConfigLocation");
```

为了操作方便，GenericServlet 定义了 getInitParameter 方法，内部返回 getServletConfig().getInitParameter 的返回值，因此，我们如果需要获取 ServletConfig 中的参数，可以不再调用 getServletConfig()，而直接调用 getInitParameter。

另外 ServletContext 中非常常用的用法就是保存 Application 级的属性，这个可以使用 setAttribute 来完成，比如：

```
getServletContext().setAttribute("contextConfigLocation", "new path");
```

需要注意的是，这里设置的同名 Attribute 并不会覆盖 initParameter 中的参数值，它们是两套数据，互不干扰。ServletConfig 不可以设置属性。

6.2 GenericServlet

GenericServlet 是 Servlet 的默认实现，主要做了三件事：①实现了 ServletConfig 接口，我们可以直接调用 ServletConfig 里面的方法；②提供了无参的 init 方法；③提供了 log 方法。

GenericServlet 实现了 ServletConfig 接口，我们在需要调用 ServletConfig 中方法的时候可以直接调用，而不再需要先获取 ServletConfig 了，比如，获取 ServletContext 的时候可以直接调用 getServletContext，而无须调用 getServletConfig().getServletContext() 了，不过其底层实现其实是在内部调用了。getServletContext 的代码如下：

```
// javax.servlet.GenericServlet
public ServletContext getServletContext() {
    ServletConfig sc = getServletConfig();
    if (sc == null) {
        throw new IllegalStateException(
            lStrings.getString("err.servlet_config_not_initialized"));
    }
    return sc.getServletContext();
}
```

GenericServlet 实现了 Servlet 的 init(ServletConfig config) 方法，在里面将 config 设置给了内部变量 config，然后调用了无参的 init() 方法，这个方法是个模板方法，在子类中可以通过覆盖它来完成自己的初始化工作，代码如下：

```
// javax.servlet.GenericServlet
public void init(ServletConfig config) throws ServletException {
    this.config = config;
    this.init();
}
public void init() throws ServletException {

}
```

这种做法有三个作用：首先，将参数 config 设置给了内部属性 config，这样就可以在 ServletConfig 的接口方法中直接调用 config 的相应方法来执行；其次，这么做之后我们在写 Servlet 的时候就可以只处理自己的初始化逻辑，而不需要再关心 config 了；还有一个作用就是在重写 init 方法时也不需要再调用 super.init(config) 了。如果在自己的 Servlet 中重写了带参数的 init 方法，那么一定要记着调用 super.init(config)，否则这里的 config 属性就接收不到值，相应的 ServletConfig 接口方法也就不能执行了。

GenericServlet 提供了 2 个 log 方法，一个记录日志，一个记录异常。具体实现是通过传给 ServletContext 的日志实现的。

```
// javax.servlet.GenericServlet
public void log(String msg) {
    getServletContext().log(getServletName() + ": " + msg);
}
public void log(String message, Throwable t) {
    getServletContext().log(getServletName() + ": " + message, t);
}
```

一般我们都有自己的日志处理方式，所以这个用得不是很多。

GenericServlet 是与具体协议无关的。

6.3 HttpServlet

HttpServlet 是用 HTTP 协议实现的 Servlet 的基类，写 Servlet 时直接继承它就可以了，不需要再从头实现 Servlet 接口，我们要分析的 Spring MVC 中的 DispatcherServlet 就是继承的 HttpServlet。既然 HttpServlet 是跟协议相关的，当然主要关心的是如何处理请求了，所以 HttpServlet 主要重写了 service 方法。在 service 方法中首先将 ServletRequest 和 ServletResponse 转换为了 HttpServletRequest 和 HttpServletResponse，然后根据 Http 请求的类型不同将请求路由到了不同的处理方法。代码如下：

```
// javax.servlet.http.HttpServlet
public void service(ServletRequest req, ServletResponse res)
    throws ServletException, IOException
{
    HttpServletRequest  request;
    HttpServletResponse response;
    //如果请求类型不相符，则抛出异常
    if (!(req instanceof HttpServletRequest &&
            res instanceof HttpServletResponse)) {
        throw new ServletException("non-HTTP request or response");
    }
    //转换request和response的类型
    request = (HttpServletRequest) req;
    response = (HttpServletResponse) res;
    //调用http的处理方法
    service(request, response);
}

protected void service(HttpServletRequest req, HttpServletResponse resp)
    throws ServletException, IOException
{
    //获取请求类型
    String method = req.getMethod();
    //将不同的请求类型路由到不同的处理方法
    if (method.equals(METHOD_GET)) {
        long lastModified = getLastModified(req);
        if (lastModified == -1) {
            doGet(req, resp);
```

```
        } else {
            long ifModifiedSince = req.getDateHeader(HEADER_IFMODSINCE);
            if (ifModifiedSince < lastModified) {
                maybeSetLastModified(resp, lastModified);
                doGet(req, resp);
            } else {
                resp.setStatus(HttpServletResponse.SC_NOT_MODIFIED);
            }
        }
    } else if (method.equals(METHOD_HEAD)) {
        long lastModified = getLastModified(req);
        maybeSetLastModified(resp, lastModified);
        doHead(req, resp);
    } else if (method.equals(METHOD_POST)) {
        doPost(req, resp);
    } else if (method.equals(METHOD_PUT)) {
        doPut(req, resp);
    } else if (method.equals(METHOD_DELETE)) {
        doDelete(req, resp);
    } else if (method.equals(METHOD_OPTIONS)) {
        doOptions(req,resp);
    } else if (method.equals(METHOD_TRACE)) {
        doTrace(req,resp);
    } else {
        String errMsg = lStrings.getString("http.method_not_implemented");
        Object[] errArgs = new Object[1];
        errArgs[0] = method;
        errMsg = MessageFormat.format(errMsg, errArgs);

        resp.sendError(HttpServletResponse.SC_NOT_IMPLEMENTED, errMsg);
    }
}
```

具体处理方法是 doXXX 的结构，如最常用的 doGet、doPost 就是在这里定义的。doGet、doPost、doPut 和 doDelete 方法都是模板方法，而且如果子类没有实现将抛出异常，在调用 doGet 方法前还对是否过期做了检查，如果没有过期则直接返回 304 状态码使用缓存；doHead 调用了 doGet 的请求，然后返回空 body 的 Response；doOptions 和 doTrace 正常不需要使用，主要是用来做一些调试工作，doOptions 返回所有支持的处理类型的集合，正常情况下可以禁用，doTrace 是用来远程诊断服务器的，它会将接收到的 header 原封不动地返回，这种做法很可能会被黑客利用，存在安全漏洞，所以如果不是必须使用，最好禁用。由于 doOptions 和 doTrace 的功能非常固定，所以 HttpServlet 做了默认的实现。doGet 代码如下（doPost、doPut、doDelete 与之类似）：

```
// javax.servlet.http.HttpServlet
protected void doGet(HttpServletRequest req, HttpServletResponse resp)
    throws ServletException, IOException
{
    String protocol = req.getProtocol();
    String msg = lStrings.getString("http.method_get_not_supported");
```

```
        if (protocol.endsWith("1.1")) {
            resp.sendError(HttpServletResponse.SC_METHOD_NOT_ALLOWED, msg);
        } else {
            resp.sendError(HttpServletResponse.SC_BAD_REQUEST, msg);
        }
    }
```

这就是 HttpServlet，它主要将不同的请求方式路由到了不同的处理方法。不过 SpringMVC 中由于处理思路不一样，又将所有请求合并到了统一的一个方法进行处理，在 SpringMVC 中再详细讲解。

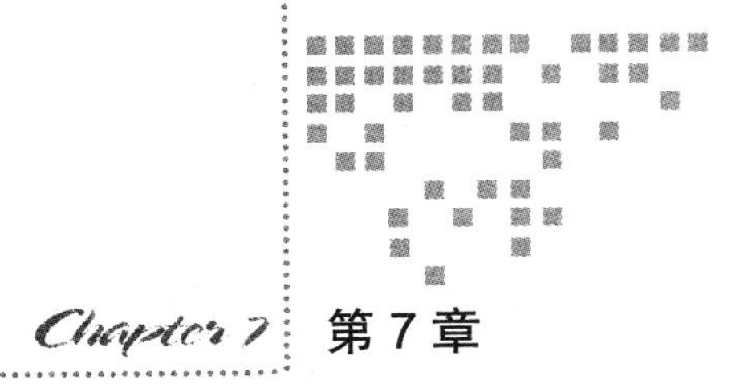

Chapter 7 第 7 章

Tomcat 分析

前面已经给大家介绍了网站处理请求时所涉及的各种协议和实现方法，不过之前的实现只是为了让大家明白原理而设计的简单示例程序，本章分析一个实际环境中经常使用的具体的实现——Tomcat。

7.1 Tomcat 的顶层结构及启动过程

7.1.1 Tomcat 的顶层结构

Tomcat 中最顶层的容器叫 Server，代表整个服务器，Server 中包含至少一个 Service，用于具体提供服务。Service 主要包含两部分：Connector 和 Container。Connector 用于处理连接相关的事情，并提供 Socket 与 request、response 的转换，Container 用于封装和管理 Servlet，以及具体处理 request 请求。一个 Tomcat 中只有一个 Server，一个 Server 可以包含多个 Service，一个 Service 只有一个 Container，但可以有多个 Connectors（因为一个服务可以有多个连接，如同时提供 http 和 https 连接，也可以提供相同协议不同端口的连接），结构图如图 7-1 所示。

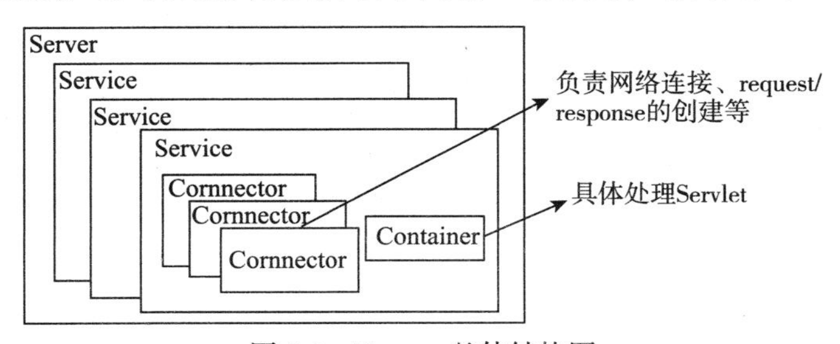

图 7-1 Tomcat 整体结构图

Tomcat 里的 Server 由 org.apache.catalina.startup.Catalina 来管理，Catalina 是整个 Tomcat 的管理类，它里面的三个方法 load、start、stop 分别用来管理整个服务器的生命周期，load 方法用于根据 conf/server.xml 文件创建 Server 并调用 Server 的 init 方法进行初始化，start 方法用于启动服务器，stop 方法用于停止服务器，start 和 stop 方法在内部分别调用了 Server 的 start 和 stop 方法，load 方法内部调用了 Server 的 init 方法，这三个方法都会按容器的结构逐层调用相应的方法，比如，Server 的 start 方法中会调用所有的 Service 中的 start 方法，Service 中的 start 方法又会调用所有包含的 Connectors 和 Container 的 start 方法，这样整个服务器就启动了，init 和 stop 方法也一样，这就是 Tomcat 生命周期的管理方式，更加具体的内容见 7.2 节。Catalina 还有个方法也很重要，那就是 await 方法，Catalina 中的 await 方法直接调用了 Server 的 await 方法，这个方法的作用是进入一个循环，让主线程不会退出。

不过 Tomcat 的入口 main 方法并不在 Catalina 类里，而是在 org.apache.catalina.startup.Bootstrap 中。Bootstrap 的作用类似一个 CatalinaAdaptor，具体处理过程还是使用 Catalina 来完成的，这么做的好处是可以把启动的入口和具体的管理类分开，从而可以很方便地创建出多种启动方式，每种启动方式只需要写一个相应的 CatalinaAdaptor 就可以了。

7.1.2　Bootstrap 的启动过程

Bootstrap 是 Tomcat 的入口，正常情况下启动 Tomcat 就是调用的 Bootstrap 的 main 方法，其代码如下：

```
// org.apache.catalina.startup.Bootstrap
public static void main(String args[]) {
    // 先新建一个Bootstrap
    if (daemon == null) {
        Bootstrap bootstrap = new Bootstrap();
        try {
            //初始化了ClassLoader，并用ClassLoader创建了Catalina实例，赋给catalinaDaemon变量
            bootstrap.init();
        } catch (Throwable t) {
            handleThrowable(t);
            t.printStackTrace();
            return;
        }
        daemon = bootstrap;
    } else {
        Thread.currentThread().setContextClassLoader(daemon.catalinaLoader);
    }
    try {
        String command = "start";
        if (args.length > 0) {
            command = args[args.length - 1];
        }
        if (command.equals("startd")) {
            args[args.length - 1] = "start";
            daemon.load(args);
```

```
                daemon.start();
            } else if (command.equals("stopd")) {
                args[args.length - 1] = "stop";
                daemon.stop();
            } else if (command.equals("start")) {
                daemon.setAwait(true);
                daemon.load(args);
                daemon.start();
            } else if (command.equals("stop")) {
                daemon.stopServer(args);
            } else if (command.equals("configtest")) {
                daemon.load(args);
                if (null==daemon.getServer()) {
                    System.exit(1);
                }
                System.exit(0);
            } else {
                log.warn("Bootstrap: command \"" + command + "\" does not exist.");
            }
        } catch (Throwable t) {
            if (t instanceof InvocationTargetException &&
                    t.getCause() != null) {
                t = t.getCause();
            }
            handleThrowable(t);
            t.printStackTrace();
            System.exit(1);
        }
    }
```

可以看到这里的 main 非常简单，只有两部分内容：首先新建了 Bootstrap，并执行 init 方法初始化；然后处理 main 方法传入的命令，如果 args 参数为空，默认执行 start。

在 init 方法里初始化了 ClassLoader，并用 ClassLoader 创建了 Catalina 实例，然后赋给 catalinaDaemon 变量，后面对命令的操作都要使用 catalinaDaemon 来具体执行。

对 start 命令的处理调用了三个方法：setAwait(true)、load(args) 和 start()。这三个方法内部都调用了 Catalina 的相应方法进行具体执行，只不过是用反射来调用的。start 方法（另外两个方法会处理一些参数，调用方法类似）的代码如下：

```
    // org.apache.catalina.startup.Bootstrap
    public void start()
        throws Exception {
        if( catalinaDaemon==null ) init();

        Method method = catalinaDaemon.getClass().getMethod("start", (Class [] )null);
        method.invoke(catalinaDaemon, (Object [])null);
    }
```

这里首先判断 catalinaDaemon 有没有初始化，如果没有则调用 init 方法对其进行初始化，然后使用 Method 进行反射调用 Catalina 的 start 方法。Method 是 java.lang.reflect 包里的类，代表一个具体的方法，可以使用其中的 invoke 方法来执行所代表的方法，invoke 方法有两个参数，第一参数是 Method 方法所在的实体，第二个参数是可变参数用于 Method 方法执行时所需要的参数，所以上面的调用相当于（(Catalina) catalinaDaemon）.start()。setAwait 和 load 也用类似的方法调用了 Catalina 中的 setAwait 和 load 方法。

7.1.3 Catalina 的启动过程

从前面的内容可以知道，Catalina 的启动主要是调用 setAwait、load 和 start 方法来完成的。setAwait 方法用于设置 Server 启动完成后是否进入等待状态的标志，如果为 true 则进入，否则不进入；load 方法用于加载配置文件，创建并初始化 Server；start 方法用于启动服务器。下面分别来看一下这三个方法。

首先来看 setAwait 方法，代码如下：

```
// org.apache.catalina.startup.Catalina
public void setAwait(boolean b) {
    await = b;
}
```

这个方法非常简单，就是设置 await 属性的值，await 属性会在 start 方法中的服务器启动完之后使用它来判断是否进入等待状态。

Catalina 的 load 方法根据 conf/server.xml 创建了 Server 对象，并赋值给 server 属性（具体解析操作是通过开源项目 Digester 完成的），然后调用了 server 的 init 方法，代码如下：

```
// org.apache.catalina.startup.Catalina
public void load() {
    long t1 = System.nanoTime();
    // 省略创建 server代码，创建过程使用Digester完成
    try {
        getServer().init();
    } catch (LifecycleException e) {
        if (Boolean.getBoolean("org.apache.catalina.startup.EXIT_ON_INIT_FAILURE")) {
            throw new java.lang.Error(e);
        } else {
            log.error("Catalina.start", e);
        }
    }

    long t2 = System.nanoTime();
    if(log.isInfoEnabled()) {
        //启动过程中，控制台可以看到
        log.info("Initialization processed in " + ((t2 - t1) / 1000000) + " ms");
    }
}
```

Catalina 的 start 方法主要调用了 server 的 start 方法启动服务器，并根据 await 属性判断是否让程序进入了等待状态，代码如下：

```
//org.apache.catalina.startup.Catalina
public void start() {
    if (getServer() == null) {
        load();
    }
    long t1 = System.nanoTime();
    try {
        // 调用Server的start方法启动服务器
        getServer().start();
    } catch (LifecycleException e) {
        log.fatal(sm.getString("catalina.serverStartFail"), e);
        try {
            getServer().destroy();
        } catch (LifecycleException e1) {
            log.debug("destroy() failed for failed Server ", e1);
        }
        return;
    }

    long t2 = System.nanoTime();
    if(log.isInfoEnabled()) {
        log.info("Server startup in " + ((t2 - t1) / 1000000) + " ms");
    }
    // 此处省略了注册关闭钩子代码
    // 进入等待状态
    if (await) {
        await();
        stop();
    }
}
```

这里首先判断 Server 是否已经存在了，如果不存在则调用 load 方法来初始化 Server，然后调用 Server 的 start 方法来启动服务器，最后注册了关闭钩子并根据 await 属性判断是否进入等待状态，之前我们已将这里的 await 属性设置为 true 了，所以需要进入等待状态。进入等待状态会调用 await 和 stop 两个方法，await 方法直接调用了 Server 的 await 方法，Server 的 await 方法内部会执行一个 while 循环，这样程序就停到了 await 方法，当 await 方法里的 while 循环退出时，就会执行 stop 方法，从而关闭服务器。

7.1.4 Server 的启动过程

Server 接口中提供 addService(Service service)、removeService(Service service) 来添加和删除 Service，Server 的 init 方法和 start 方法分别循环调用了每个 Service 的 init 方法和 start 方法来启动所有 Service。

Server 的默认实现是 org.apache.catalina.core.StandardServer，StandardServer 继承自 LifecycleMBeanBase，LifecycleMBeanBase 又继承自 LifecycleBase，init 和 start 方法就定义在了 LifecycleBase 中，LifecycleBase 里的 init 方法和 start 方法又调用 initInternal 方法和 startInternal 方法，这两个方法都是模板方法，由子类具体实现，所以调用 StandardServer 的 init 和 start 方法时会执行

StandardServer 自己的 initInternal 和 startInternal 方法，这就是 Tomcat 生命周期的管理方式，更详细的过程见 7.2 节。StandardServer 中的 initInternal 和 startInternal 方法分别循环调用了每一个 service 的 start 和 init 方法，代码如下：

```
//org.apache.catalina.core.StandardServer
protected void startInternal() throws LifecycleException {
    ......
    synchronized (servicesLock) {
        for (int i = 0; i < services.length; i++) {
            services[i].start();
        }
    }
}
protected void initInternal() throws LifecycleException {
    ......
    for (int i = 0; i < services.length; i++) {
        services[i].init();
    }
}
```

除了 startInternal 和 initInternal 方法，StandardServer 中还实现了 await 方法，Catalina 中就是调用它让服务器进入等待状态的，其核心代码如下：

```
//org.apache.catalina.core.StandardServer
public void await() {
    // 如果端口为-2则不进入循环，直接返回
    if( port == -2 ) {
        return;
    }
    // 如果端口为-1则进入循环，而且无法通过网络退出
    if( port==-1 ) {
        try {
            awaitThread = Thread.currentThread();
            while(!stopAwait) {
                try {
                    Thread.sleep( 10000 );
                } catch( InterruptedException ex ) {
                    // continue and check the flag
                }
            }
        } finally {
            awaitThread = null;
        }
        return;
    }

    // 如果端口不是-1和-2（应该大于0），则会新建一个监听关闭命令的ServerSocket
    awaitSocket = new ServerSocket(port, 1,InetAddress.getByName(address));
    while (!stopAwait) {
    ServerSocket serverSocket = awaitSocket;
    if (serverSocket == null) {
        break;
```

```
        }

        Socket socket = null;
        StringBuilder command = new StringBuilder();

        InputStream stream;
        socket = serverSocket.accept();
        socket.setSoTimeout(10 * 1000);
        stream = socket.getInputStream();

        // 检查在指定端口接收到的命令是否和shutdown命令相匹配
        boolean match = command.toString().equals(shutdown);
        // 如果匹配则跳出循环
        if (match) {
            break;
        }
    }
```

await 方法比较长，为了便于大家理解，这里省略了一些处理异常、关闭 Socket 以及对接收到数据处理的代码。处理的大概逻辑是首先判断端口号 port，然后根据 port 的值分为三种处理方法：

- port 为 -2，则会直接退出，不进入循环。
- port 为 -1，则会进入一个 while（!stopAwait）的循环，并且在内部没有 break 跳出的语句，stopAwait 标志只有调用了 stop 方法才会设置为 true，所以 port 为 -1 时只有在外部调用 stop 方法才会退出循环。
- port 为其他值，则也会进入一个 while（!stopAwait）的循环，不过同时会在 port 所在端口启动一个 ServerSocket 来监听关闭命令，如果接收到了则会使用 break 跳出循环。

这里的端口 port 和关闭命令 shutdown 是在 conf/server.xml 文件中配置 Server 时设置的，默认设置如下：

```
<!-- server.xml -->
<Server port="8005" shutdown="SHUTDOWN">
```

这时会在 8005 端口监听 "SHUTDOWN" 命令，如果接收到了就会关闭 Tomcat。如果不想使用网络命令来关闭服务器可以将端口设置为 -1。另外 await 方法中从端口接收到数据后还会进行简单处理，如果接收到的数据中有 ASCII 码小于 32 的（ASCII 中 32 以下的为控制符）则会从小于 32 的那个字符截断并丢弃后面的数据，为了便于大家理解这部分代码我们在上面省略掉了。

7.1.5 Service 的启动过程

Service 的默认实现是 org.apache.catalina.core.StandardService，StandardService 也继承自 LifecycleMBeanBase 类，所以 init 和 start 方法最终也会调用 initInternal 和 startInternal 方法，我们来看一下这两个方法的核心内容（省略了异常处理和日志打印代码）。

```
// org.apache.catalina.core.StandardService
protected void initInternal() throws LifecycleException {
```

```
        super.initInternal();
        if (container != null) {
            container.init();
        }

        for (Executor executor : findExecutors()) {
            if (executor instanceof JmxEnabled) {
                ((JmxEnabled) executor).setDomain(getDomain());
            }
            executor.init();
        }

        mapperListener.init();

        synchronized (connectorsLock) {
            for (Connector connector : connectors) {
                connector.init();
            }
        }
    }

    protected void startInternal() throws LifecycleException {
        setState(LifecycleState.STARTING);
        if (container != null) {
            synchronized (container) {
                container.start();
            }
        }

        synchronized (executors) {
            for (Executor executor: executors) {
                executor.start();
            }
        }

        mapperListener.start();

        synchronized (connectorsLock) {
            for (Connector connector: connectors) {
                if (connector.getState() != LifecycleState.FAILED) {
                    connector.start();
                }
            }
        }
    }
```

可以看到，StandardService 中的 initInternal 和 startInternal 方法主要调用 container、executors、mapperListener、connectors 的 init 和 start 方法。这里的 container 和 connectors 前面已经介绍过，mapperListener 是 Mapper 的监听器，可以监听 container 容器的变化，executors 是用在 connectors 中管理线程的线程池，在 serverx.xml 配置文件中有参考用法，不过默认是注释起来的，打开注释就可以看到其使用方法，如下所示：

```
<Service name="Catalina">
    <Executor name="tomcatThreadPool" namePrefix="catalina-exec-"
        maxThreads="150" minSpareThreads="4"/>
    <Connector executor="tomcatThreadPool"
            port="8080" protocol="HTTP/1.1"
            connectionTimeout="20000"
            redirectPort="8443" />
......
</Service>
```

这样 Connector 就配置了一个叫 tomcatThreadPool 的线程池，最多可以同时启动 150 个线程，最少要有 4 个可用线程。

现在整个 Tomcat 服务器就启动了，整个启动流程如图 7-2 所示。

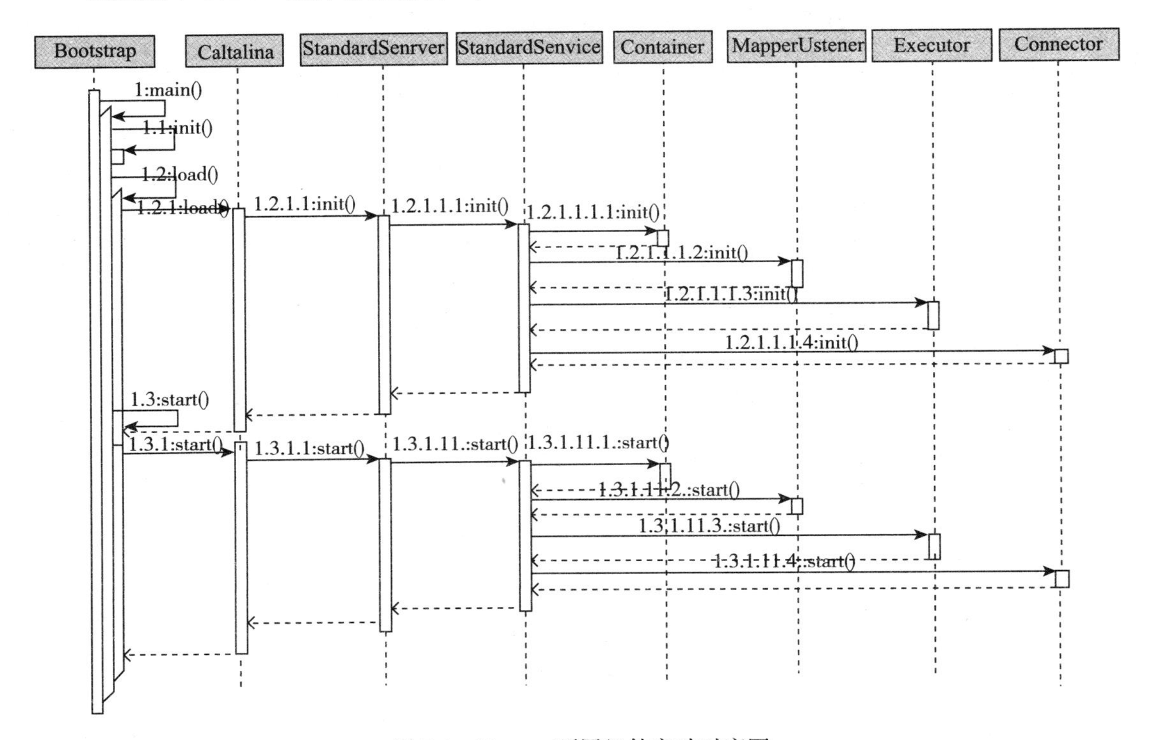

图 7-2 Tomcat 顶层组件启动时序图

7.2 Tomcat 的生命周期管理

7.2.1 Lifecycle 接口

Tomcat 通过 org.apache.catalina.Lifecycle 接口统一管理生命周期，所有有生命周期的组件都要实现 Lifecycle 接口。Lifecycle 接口一共做了 4 件事：

- 定义了 13 个 String 类型常量，用于 LifecycleEvent 事件的 type 属性中，作用是区分组件发出的 LifecycleEvent 事件时的状态（如初始化前、启动前、启动中等）。这种设计方式可以让多种状态都发送同一种类型的事件（LifecycleEvent）然后用其中的一个属性来区分状态而不用定义多种事件，我们要学习和借鉴这种方式。
- 定义了三个管理监听器的方法 addLifecycleListener、findLifecycleListeners 和 removeLifecycleListener，分别用来添加、查找和删除 LifecycleListener 类型的监听器。
- 定义了 4 个生命周期的方法：init、start、stop 和 destroy，用于执行生命周期的各个阶段的操作。
- 定义了获取当前状态的两个方法 getState 和 getStateName，用来获取当前的状态，getState 的返回值 LifecycleState 是枚举类型，里边列举了生命周期的各个节点，getStateName 方法返回 String 类型的状态的名字，主要用于 JMX 中。

Lifecycle 接口定义如下：

```
// org.apache.catalina.Lifecycle
public interface Lifecycle {
    // 13种LifecycleEvent事件的类型
    public static final String BEFORE_INIT_EVENT = "before_init";
    public static final String AFTER_INIT_EVENT = "after_init";
    public static final String START_EVENT = "start";
    public static final String BEFORE_START_EVENT = "before_start";
    public static final String AFTER_START_EVENT = "after_start";
    public static final String STOP_EVENT = "stop";
    public static final String BEFORE_STOP_EVENT = "before_stop";
    public static final String AFTER_STOP_EVENT = "after_stop";
    public static final String AFTER_DESTROY_EVENT = "after_destroy";
    public static final String BEFORE_DESTROY_EVENT = "before_destroy";
    public static final String PERIODIC_EVENT = "periodic";
    public static final String CONFIGURE_START_EVENT = "configure_start";
    public static final String CONFIGURE_STOP_EVENT = "configure_stop";
    // 3个管理监听器的方法
    public void addLifecycleListener(LifecycleListener listener);
    public LifecycleListener[] findLifecycleListeners();
    public void removeLifecycleListener(LifecycleListener listener);
    // 4个生命周期方法
    public void init() throws LifecycleException;
    public void start() throws LifecycleException;
    public void stop() throws LifecycleException;
    public void destroy() throws LifecycleException;
    // 2个获取当前状态的方法
    public LifecycleState getState();
    public String getStateName();
}
```

7.2.2 LifecycleBase

Lifecycle 的默认实现是 org.apache.catalina.util.LifecycleBase，所有实现了生命周期的

组件都直接或间接地继承自 LifecycleBase，LifecycleBase 为 Lifecycle 里的接口方法提供了默认实现：监听器管理是专门使用了一个 LifecycleSupport 类来完成的，LifecycleSupport 中定义了一个 LifecycleListener 数组类型的属性来保存所有的监听器，然后并定义了添加、删除、查找和执行监听器的方法；生命周期方法中设置了相应的状态并调用了相应的模板方法，init、start、stop 和 destroy 所对应的模板方法分别是 initInternal、startInternal、stopInternal 和 destroyInternal 方法，这四个方法由子类具体实现，所以对于子类来说，执行生命周期处理的方法就是 initInternal、startInternal、stopInternal 和 destroyInternal；组件当前的状态在生命周期的四个方法中已经设置好了，所以这时直接返回去就可以了。下面分别来看一下实现的过程。

三个管理监听器的方法

管理监听器的添加、查找和删除的方法是使用 LifecycleSupport 来管理的，代码如下：

```
// org.apache.catalina.util.LifecycleBase
private final LifecycleSupport lifecycle = new LifecycleSupport(this);
@Override
public void addLifecycleListener(LifecycleListener listener) {
    lifecycle.addLifecycleListener(listener);
}
public LifecycleListener[] findLifecycleListeners() {
    return lifecycle.findLifecycleListeners();
}
@Override
public void removeLifecycleListener(LifecycleListener listener) {
    lifecycle.removeLifecycleListener(listener);
}
```

LifecycleBase 中 的 addLifecycleListener、findLifecycleListeners 和 removeLifecycleListener 方法分别调用了 LifecycleSupport 中的同名方法，LifecycleSupport 监听器是通过一个数组属性 listeners 来保存的，代码如下：

```
//org.apache.catalina.util.LifecycleSupport
// 用于保存监听器
private LifecycleListener listeners[] = new LifecycleListener[0];
// 当监听器发生变化时进行同步的同步锁
private final Object listenersLock = new Object();
// 添加一个监听器
public void addLifecycleListener(LifecycleListener listener) {
    synchronized (listenersLock) {
        LifecycleListener results[] = new LifecycleListener[listeners.length + 1];
        for (int i = 0; i < listeners.length; i++)
            results[i] = listeners[i];
        results[listeners.length] = listener;
        listeners = results;
    }
}
// 获取所有监听器
public LifecycleListener[] findLifecycleListeners() {
```

```
        return listeners;
    }
    // 删除一个监听器
    public void removeLifecycleListener(LifecycleListener listener) {
        synchronized (listenersLock) {
            int n = -1;
            for (int i = 0; i < listeners.length; i++) {
                if (listeners[i] == listener) {
                    n = i;
                    break;
                }
            }
            if (n < 0)
                return;
            LifecycleListener results[] =
              new LifecycleListener[listeners.length - 1];
            int j = 0;
            for (int i = 0; i < listeners.length; i++) {
                if (i != n)
                    results[j++] = listeners[i];
            }
            listeners = results;
        }
    }
```

这三个方法的实现非常简单，就是对listeners属性进行操作，只是因为listeners是数组类型，所以具体操作起来有点复杂，添加的时候先新建一个比当前数组大1的数组，然后将原来的数据按顺序保存进去，并将新的添加进去，最后将新建的数组赋给listeners属性，删除的时候要先找到要删除的监听器在数组中的序号，然后也是新建一个比当前数组小1的数组，接着将除了要删除的监听器所在序号的元素按顺序添加进去，最后再赋值给listeners属性。另外LifecycleSupport中还定义了处理LifecycleEvent事件的fireLifecycleEvent方法，代码如下：

```
//org.apache.catalina.util.LifecycleSupport
public void fireLifecycleEvent(String type, Object data) {
    LifecycleEvent event = new LifecycleEvent(lifecycle, type, data);
    LifecycleListener interested[] = listeners;
    for (int i = 0; i < interested.length; i++)
        interested[i].lifecycleEvent(event);
}
```

这里按事件的类型（组件的状态）创建了LifecycleEvent事件，然后遍历所有的监听器进行了处理。

四个生命周期方法

四个生命周期方法的实现中首先判断当前的状态和要处理的方法是否匹配，如果不匹配就会执行相应方法使其匹配（如在init之前调用了start，这时会先执行init方法），或者不处理甚至抛出异常，如果匹配或者处理后匹配了，则会调用相应的模板方法并设置相应的状态。

LifecycleBase中的状态是通过LifecycleState类型的state属性来保存的，最开始初始化值为LifecycleState.NEW。我们来看一下init方法：

```
// org.apache.catalina.util.LifecycleBase
public final synchronized void init() throws LifecycleException {
//开始的状态必须是LifecycleState.NEW，否则就会抛出异常
    if (!state.equals(LifecycleState.NEW)) {
        invalidTransition(Lifecycle.BEFORE_INIT_EVENT);
    }
//初始化前将状态设置为LifecycleState.INITIALIZING
    setStateInternal(LifecycleState.INITIALIZING, null, false);

    try {
        // 通过模板方法具体执行初始化
        initInternal();
    } catch (Throwable t) {
        ExceptionUtils.handleThrowable(t);
        setStateInternal(LifecycleState.FAILED, null, false);
        throw new LifecycleException(
                sm.getString("lifecycleBase.initFail",toString()), t);
    }

    //初始化后将状态设置为LifecycleState.INITIALIZED
    setStateInternal(LifecycleState.INITIALIZED, null, false);
}
```

因为init方法是最开始，所以状态必须是LifecycleState.NEW，如果不是就抛出异常。如果开始的状态是LifecycleState.NEW，在具体初始化之前会将状态设置为LifecycleState.INITIALIZING，然后调用模板方法initInternal让子类具体执行初始化，初始化完成后将状态设置为LifecycleState.INITIALIZED。

init方法中如果状态不是LifecycleState.NEW会调用invalidTransition方法抛出异常，invalidTransition方法专门用于处理不符合要求的状态，在另外三个方法中如果状态也不合适而且不能进行别的处理，也会调用invalidTransition方法，其代码如下：

```
// org.apache.catalina.util.LifecycleBase
private void invalidTransition(String type) throws LifecycleException {
    String msg = sm.getString("lifecycleBase.invalidTransition", type,
            toString(), state);
    throw new LifecycleException(msg);
}
```

其内部就是抛出了一个LifecycleException类型的异常。

start方法要稍微复杂一点，我们来看一下：

```
// org.apache.catalina.util.LifecycleBase
public final synchronized void start() throws LifecycleException {
    // 通过状态检查是否已经启动，如果已经启动则打印日志并直接返回
    if (LifecycleState.STARTING_PREP.equals(state) ||
            LifecycleState.STARTING.equals(state) ||
            LifecycleState.STARTED.equals(state)) {
```

```
        if (log.isDebugEnabled()) {
            Exception e = new LifecycleException();
            log.debug(sm.getString("lifecycleBase.alreadyStarted",toString()), e);
        } else if (log.isInfoEnabled()) {
            log.info(sm.getString("lifecycleBase.alreadyStarted",toString()));
        }
        return;
    }

    //如果没有初始化先进行初始化，如果启动失败则关闭，如果状态无法处理则抛出异常
    if (state.equals(LifecycleState.NEW)) {
        init();
    } else if (state.equals(LifecycleState.FAILED)){
        stop();
    } else if (!state.equals(LifecycleState.INITIALIZED) &&
            !state.equals(LifecycleState.STOPPED)) {
        invalidTransition(Lifecycle.BEFORE_START_EVENT);
    }

    //启动前将状态设置为LifecycleState.STARTING_PREP
    setStateInternal(LifecycleState.STARTING_PREP, null, false);

    try {
// 通过调用模板方法具体启动组件
        startInternal();
    } catch (Throwable t) {
        ExceptionUtils.handleThrowable(t);
//启动失败后会将状态设置为LifecycleState.FAILED
        setStateInternal(LifecycleState.FAILED, null, false);
        throw new LifecycleException(
                sm.getString("lifecycleBase.startFail",toString()), t);
    }

//如果启动失败则调用stop方法停止
    if (state.equals(LifecycleState.FAILED) ||
            state.equals(LifecycleState.MUST_STOP)) {
        stop();
    } else {
        // 如果启动后状态不是LifecycleState.STARTING则抛出异常
        if (!state.equals(LifecycleState.STARTING)) {
            invalidTransition(Lifecycle.AFTER_START_EVENT);
        }
//成功启动后将状态设置为LifecycleState.STARTED
        setStateInternal(LifecycleState.STARTED, null, false);
    }
}
```

start 方法在启动前先判断是不是已经启动了，如果已经启动了则直接返回，如果没有初始化会先执行初始化，如果是失败在状态就会调用 stop 方法进行关闭，如果状态不是前面那些也不是刚初始化完或者已经停止了则会抛出异常。如果状态是刚初始化完或者已经停止了，则会先将状态设置为 LifecycleState.STARTING_PREP，然后执行 startInternal 模板方法调用子

类的具体启动逻辑进行启动，最后根据是否启动成功设置相应的状态。其实主要就是各种状态的判断设置，stop 和 destroy 方法的实现过程也差不多，就不具体分析了。

设置状态的 setStateInternal 方法中除了设置状态还可以检查设置的状态合不合逻辑，并且会在最后发布相应的事件，其代码如下：

```
// org.apache.catalina.util.LifecycleBase
private synchronized void setStateInternal(LifecycleState state,
        Object data, boolean check) throws LifecycleException {

    if (log.isDebugEnabled()) {
        log.debug(sm.getString("lifecycleBase.setState", this, state));
    }

    if (check) {
        // 如果状态为空直接抛出异常并退出，正常情况下状态是不会为空的
        if (state == null) {
            invalidTransition("null");
            return;
        }

        // 如果状态不符合逻辑则抛出异常
        if (!(state == LifecycleState.FAILED ||
            (this.state == LifecycleState.STARTING_PREP &&
                    state == LifecycleState.STARTING) ||
            (this.state == LifecycleState.STOPPING_PREP &&
                    state == LifecycleState.STOPPING) ||
            (this.state == LifecycleState.FAILED &&
                    state == LifecycleState.STOPPING))) {
            invalidTransition(state.name());
        }
    }

 // 设置为新状态
    this.state = state;
 // 发布事件
    String lifecycleEvent = state.getLifecycleEvent();
    if (lifecycleEvent != null) {
        fireLifecycleEvent(lifecycleEvent, data);
    }
}
```

setStateInternal 方法中通过 check 参数判断是否需要检查传入的状态，如果需要检查则会检查传入的状态是否为空和是否符合逻辑，最后将传入的状态设置到 state 属性，并调用 fireLifecycleEvent 方法处理事件，fireLifecycleEvent 方法调用了 LifecycleSupport 的 fireLifecycleEvent 方法来具体处理，代码如下：

```
// org.apache.catalina.util.LifecycleBase
protected void fireLifecycleEvent(String type, Object data) {
    lifecycle.fireLifecycleEvent(type, data);
}
```

LifecycleSupport 的 fireLifecycleEvent 方法前面已经介绍过了，它里面首先创建了 LifecycleEvent

事件，然后遍历所有的监听器进行处理。

两个获取当前状态的方法

在生命周期的相应方法中已经将状态设置到了 state 属性，所以获取状态的两个方法的实现就非常简单了，直接将 state 返回就可以了，代码如下：

```
// org.apache.catalina.util.LifecycleBase
@Override
public LifecycleState getState() {
    return state;
}
@Override
public String getStateName() {
    return getState().toString();
}
```

7.3 Container 分析

7.3.1 ContainerBase 的结构

Container 是 Tomcat 中容器的接口，通常使用的 Servlet 就封装在其子接口 Wrapper 中。Container 一共有 4 个子接口 Engine、Host、Context、Wrapper 和一个默认实现类 ContainerBase，每个子接口都是一个容器，这 4 个子容器都有一个对应的 StandardXXX 实现类，并且这些实现类都继承 ContainerBase 类。另外 Container 还继承 Lifecycle 接口，而且 ContainerBase 间接继承 LifecycleBase，所以 Engine、Host、Context、Wrapper 4 个子容器都符合前面讲过的 Tomcat 生命周期管理模式，结构图如图 7-3 所示。

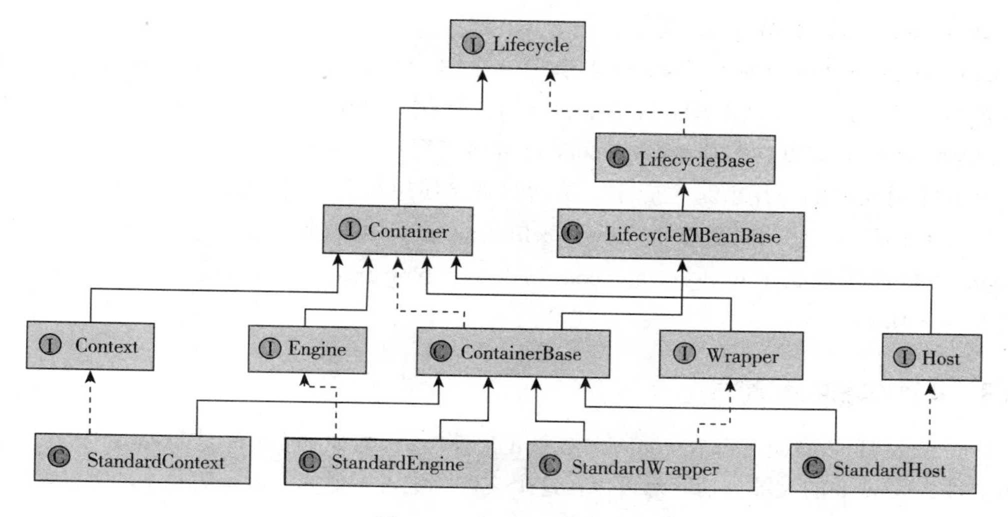

图 7-3　Container 结构图

7.3.2 Container 的 4 个子容器

Container 的子容器 Engine、Host、Context、Wrapper 是逐层包含的关系，其中 Engine 是最顶层，每个 service 最多只能有一个 Engine，Engine 里面可以有多个 Host，每个 Host 下可以有多个 Context，每个 Context 下可以有多个 Wrapper，它们的装配关系如图 7-4 所示。

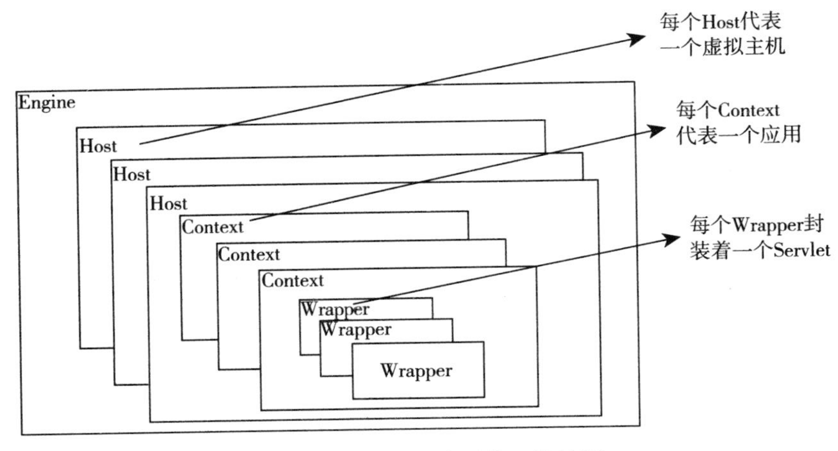

图 7-4 Container 容器装配结构图

4 个容器的作用分别是：

- Engine：引擎，用来管理多个站点，一个 Service 最多只能有一个 Engine。
- Host：代表一个站点，也可以叫虚拟主机，通过配置 Host 就可以添加站点。
- Context：代表一个应用程序，对应着平时开发的一套程序，或者一个 WEB-INF 目录以及下面的 web.xml 文件。
- Wrapper：每个 Wrapper 封装着一个 Servlet。

Context 和 Host 的区别是 Context 表示一个应用，比如，默认配置下 webapps 下的每个目录都是一个应用，其中 ROOT 目录中存放着主应用，其他目录存放着别的子应用，而整个 webapps 是一个站点。假如 www.excelib.com 域名对应着 webapps 目录所代表的站点，其中的 ROOT 目录里的应用就是主应用，访问时直接使用域名就可以，而 webapps/test 目录存放的是 test 子应用，访问时需要用 www.excelib.com/test，每一个应用对应一个 Context，所有 webapps 下的应用都属于 www.excelib.com 站点，而 blog.excelib.com 则是另外一个站点，属于另外一个 Host。

7.3.3 4 种容器的配置方法

Engine 和 Host 的配置都在 conf/server.xml 文件中，server.xml 文件是 Tomcat 中最重要的配置文件，Tomcat 的大部分功能都可以在这个文件中配置，比如下面是简化了的默认配置：

```
<?xml version='1.0' encoding='utf-8'?>
```

```
<Server port="8005" shutdown="SHUTDOWN">
    <Service name="Catalina">
        <Connector port="8080" protocol="HTTP/1.1"
            connectionTimeout="20000"
            redirectPort="8443" />
        <Connector port="8009" protocol="AJP/1.3" redirectPort="8443" />

        <Engine name="Catalina" defaultHost="localhost">
            <Host name="localhost"  appBase="webapps"
                unpackWARs="true" autoDeploy="true">
            </Host>
        </Engine>
    </Service>
</Server>
```

这里首先定义了一个 Server，在 8005 端口监听关闭命令“SHUTDOWN”；Server 里定义了一个名为 Catalina 的 Service；Service 里定义了两个 Connector，一个是 HTTP 协议，一个是 AJP 协议，AJP 主要用于集成（如与 Apache 集成）；Service 里还定义了一个名为 Catalina 的 Engine；Engine 里定义了一个名为 localhost 的 Host。

Engine 和 Host 直接用 Engine、Host 标签定义到相应位置就可以了。Host 标签中的 name 属性代表域名，所以上面定义的站点可以通过 localhost 访问，appBase 属性指定站点的位置，比如，上面定义的站点就是默认的 webapps 目录，unpackWARs 属性表示是否自动解压 war 文件，autoDeploy 属性表示是否自动部署，如果 autoDeploy 为 true 那么 Tomcat 在运行过程中在 webapps 目录中加入新的应用将会自动部署并启动。另外 Host 还有一个 Alias 子标签，可以通过这个标签来定义别名，如果有多个域名访问同一个站点就可以这么定义，如 www.excelib.com 和 excelib.com 要访问同一个站点，可以做如下配置：

```
<Host name="www.excelib.com" appBase="/hosts/excelib.com"
        unpackWARs="true" autoDeploy="true">
    <Alias> excelib.com</Alias>
</Host>
```

Engine 在定义的时候有个 defaultHost 属性，它表示接收到请求的域名如果在所有的 Host 的 name 和 Alias 中都找不到时使用的默认 Host，比如，我们定义了 www.excelib.com 和 excelib.com 的 Host，但是 blog.excelib.com 也解析到了这台主机的 IP，但是 Tomcat 却找不到 blog.excelib.com 对应的 Host，这时就会使用 Engine 中配置的 defaultHost 来处理，另外如果使用的是 IP 直接访问也会用到 defaultHost，如果将 Engine 的 defaultHost 属性删除，然后启动后用 127.0.0.1 来访问本机的 Tomcat 就不可能了。

Context 有三种配置方法：①通过文件配置；②将 WAR 应用直接放到 Host 目录下，Tomcat 会自动查找并添加到 Host 中；③将应用的文件夹放到 Host 目录下，Tomcat 也会自动查找并添加到 Host 中。

Context 通过文件配置的方式一共有 5 个位置可以配置：

- conf/server.xml 文件中的 Context 标签。

- conf/[enginename]/[hostname]/ 目录下以应用命名的 xml 文件。
- 应用自己的 /META-INF/context.xml 文件。
- conf/context.xml 文件。
- conf/[enginename]/[hostname]/context.xml.default 文件。

其中前三个位置用于配置单独的应用，后两个配置的 Context 是共享的，conf/context.xml 文件中配置的内容在整个 Tomcat 中共享，第 5 种配置的内容在对应的站点（Host）中共享。另外，因为 conf/server.xml 文件只有在 Tomcat 重启的时候才会重新加载，所以第一种配置方法不推荐使用。

Wrapper 的配置就是我们在 web.xml 中配置的 Servlet，一个 Servlet 对应一个 Wrapper。另外也可以在 conf/web.xml 文件中配置全局的 Wrapper，处理 Jsp 的 JspServlet 就配置在这里，所以不需要自己配置 Jsp 就可以处理 Jsp 请求了。

4 个 Container 容器配置的方法就介绍完了。需要注意的是，同一个 Service 下的所有站点由于是共享 Connector，所以监听的端口都一样。如果想要添加监听不同端口的站点，可以通过不同的 Service 来配置，Service 也是在 conf/server.xml 文件中配置的。

7.3.4 Container 的启动

Container 的启动是通过 init 和 start 方法来完成的，在前面分析过这两个方法会在 Tomcat 启动时被 Service 调用。Container 也是按照 Tomcat 的生命周期来管理的，init 和 start 方法也会调用 initInternal 和 startInternal 方法来具体处理，不过 Container 和前面讲的 Tomcat 整体结构启动的过程稍微有点不一样，主要有三点区别：

- Container 的 4 个子容器有一个共同的父类 ContainerBase，这里定义了 Container 容器的 initInternal 和 startInternal 方法通用处理内容，具体容器还可以添加自己的内容；
- 除了最顶层容器的 init 是被 Service 调用的，子容器的 init 方法并不是在容器中逐层循环调用的，而是在执行 start 方法的时候通过状态判断还没有初始化才会调用；
- start 方法除了在父容器的 startInternal 方法中调用，还会在父容器的添加子容器的 addChild 方法中调用，这主要是因为 Context 和 Wrapper 是动态添加的，我们在站点目录下放一个应用的文件夹或者 war 包就可以添加一个 Context，在 web.xml 文件中配置一个 Servlet 就可以添加一个 Wrapper，所以 Context 和 Wrapper 是在容器启动的过程中才动态查找出来添加到相应的父容器中的。

先分析一下 Container 的基础实现类 ContainerBase 中的 initInternal 和 startInternal 方法，然后再对具体容器进行分析。

ContainerBase

ContainerBase 的 initInternal 方法主要初始化 ThreadPoolExecutor 类型的 startStopExecutor 属性，用于管理启动和关闭的线程，具体代码如下：

```
// org.apache.catalina.core.ContainerBase
protected void initInternal() throws LifecycleException {
    BlockingQueue<Runnable> startStopQueue = new LinkedBlockingQueue<>();
    startStopExecutor = new ThreadPoolExecutor(
            getStartStopThreadsInternal(),
            getStartStopThreadsInternal(), 10, TimeUnit.SECONDS,
            startStopQueue,
            new StartStopThreadFactory(getName() + "-startStop-"));
    startStopExecutor.allowCoreThreadTimeOut(true);
    super.initInternal();
}
```

ThreadPoolExecutor 继承自 Executor 用于管理线程，特别是 Runable 类型的线程，具体用法在异步处理的相关内容中再具体讲解。另外需要注意的是，这里并没有设置生命周期的相应状态，所以如果具体容器也没有设置相应生命周期状态，那么即使已经调用 init 方法进行了初始化，在 start 进行启动前也会再次调用 init 方法。

ContainerBase 的 startInternal 方法主要做了 5 件事：

- 如果有 Cluster 和 Realm 则调用其 start 方法；
- 调用所有子容器的 start 方法启动子容器；
- 调用管道中 Value 的 start 方法来启动管道（管道的内容 7.4 节会详细讲解）；
- 启动完成后将生命周期状态设置为 LifecycleState.STARTING 状态；
- 启用后台线程定时处理一些事情。

代码如下：

```
protected synchronized void startInternal() throws LifecycleException {
    logger = null;
    getLogger();

    //如果有Cluster和Realm则启动
    Cluster cluster = getClusterInternal();
    if ((cluster != null) && (cluster instanceof Lifecycle))
        ((Lifecycle) cluster).start();
    Realm realm = getRealmInternal();
    if ((realm != null) && (realm instanceof Lifecycle))
        ((Lifecycle) realm).start();

    // 获取所有子容器
    Container children[] = findChildren();
    List<Future<Void>> results = new ArrayList<>();
    for (int i = 0; i < children.length; i++) {
        //这里通过线程调用子容器的start方法，相当于children[i].start();
        results.add(startStopExecutor.submit(new StartChild(children[i])));
    }

    // 处理子容器启动线程的Future
    boolean fail = false;
    for (Future<Void> result : results) {
        try {
```

```
            result.get();
        } catch (Exception e) {
            log.error(sm.getString("containerBase.threadedStartFailed"), e);
            fail = true;
        }
    }
    if (fail) {
        throw new LifecycleException(
                sm.getString("containerBase.threadedStartFailed"));
    }

    // 启动管道
    if (pipeline instanceof Lifecycle)
        ((Lifecycle) pipeline).start();

    //将生命周期状态设置为LifecycleState.STARTING
    setState(LifecycleState.STARTING);

    // 启动后台线程
    threadStart();
}
```

这里首先启动了 Cluster 和 Realm，启动方法是直接调用它们的 start 方法。Cluster 用于配置集群，在 server.xml 中有注释的参考配置，它的作用就是同步 Session，Realm 是 Tomcat 的安全域，可以用来管理资源的访问权限。

子容器是使用 startStopExecutor 调用新线程来启动的，这样可以用多个线程来同时启动，效率更高，具体启动过程是通过一个 for 循环对每个子容器启动了一个线程，并将返回的 Future 保存到一个 List 中（更多线程相关内容会在异步处理中介绍），然后遍历每个 Future 并调用其 get 方法。遍历 Future 主要有两个作用：①其 get 方法是阻塞的，只有线程处理完之后才会向下走，这就保证了管道 Pipeline 启动之前容器已经启动完成了；②可以处理启动过程中遇到的异常。

启动子容器的线程类型 StartChild 是一个实现了 Callable 的内部类，主要作用就是调用子容器的 start 方法，代码如下：

```
// org.apache.catalina.core.ContainerBase
private static class StartChild implements Callable<Void> {
    private Container child;
    public StartChild(Container child) {
        this.child = child;
    }
    @Override
    public Void call() throws LifecycleException {
        child.start();
        return null;
    }
}
```

因为这里的 startInternal 方法是定义在所有容器的父类 ContainerBase 中的，所以所有容器启动的过程中都会调用子容器的start方法来启动子容器。

使用多线程在实际运行过程中可以提高效率，但调试起来会比较麻烦，在调试分析Tomcat代码的过程中可以直接调用子容器的start方法，也就是将如下代码：

```
for (int i = 0; i < children.length; i++) {
    results.add(startStopExecutor.submit(new StartChild(children[i])));
}
```

改为

```
for (int i = 0; i < children.length; i++) {
    children[i].start();
}
```

这样调试就简单了，Future相关的代码也可以注释起来。

子容器启动完成后接着启动容器的管道，管道在7.4节详细讲解，管道启动也是直接调用start方法来完成的。管道启动完之后设置了生命周期的状态，然后调用threadStart方法启动了后台线程。

threadStart方法启动的后台线程是一个while循环，内部会定期调用backgroundProcess方法做一些事情，间隔时间的长短是通过ContainerBase的backgroundProcessorDelay属性来设置的，单位是秒，如果小于0就不启动后台线程了，不过其backgroundProcess方法会在父容器的后台线程中调用。backgroundProcess方法是Container接口中的一个方法，一共有3个实现，分别在ContainerBase、StandardContext和StandardWrapper中，ContainerBase中提供了所有容器共同的处理过程，StandardContext和StandardWrapper的backgroundProcess方法除了处理自己相关的业务，也调用ContainerBase中的处理。ContainerBase的backgroundProcess方法中调用了Cluster、Realm和管道的backgroundProcess方法；StandardContext的backgroundProcess方法中对Session过期和资源变化进行了处理；StandardWrapper的backgroundProcess方法会对Jsp生成的Servlet定期进行检查。

Engine

Service会调用最顶层容器的init和start方法，如果使用了Engine就会调用Engine的。Engine的默认实现类StandardEngine中的initInternal和startInternal方法如下：

```
// org.apache.catalina.core.StandardEngine
protected void initInternal() throws LifecycleException {
    getRealm();
    super.initInternal();
}
protected synchronized void startInternal() throws LifecycleException {
    if(log.isInfoEnabled())
        log.info( "Starting Servlet Engine: " + ServerInfo.getServerInfo());
    super.startInternal();
}
```

它们分别调用了ContainerBase中的相应方法，initInternal方法还调用了getRealm方法，其作用是如果没有配置 Realm，则使用一个默认的 NullRealm，代码如下：

```
// org.apache.catalina.core.StandardEngine
public Realm getRealm() {
    Realm configured = super.getRealm();
    if (configured == null) {
        configured = new NullRealm();
        this.setRealm(configured);
    }
    return configured;
}
```

Host

Host 的默认实现类 StandardHost 没有重写 initInternal 方法，初始化默认调用 ContainerBase 的 initInternal 方法，startInternal 方法代码如下：

```
//org.apache.catalina.core.StandardHost
@Override
protected synchronized void startInternal() throws LifecycleException {
    // 如果管道中没有ErrorReportValve则将其加入管道
    String errorValve = getErrorReportValveClass();
    if ((errorValve != null) && (!errorValve.equals(""))) {
        try {
            boolean found = false;
            Valve[] valves = getPipeline().getValves();
            for (Valve valve : valves) {
                if (errorValve.equals(valve.getClass().getName())) {
                    found = true;
                    break;
                }
            }
            if(!found) {
                Valve valve =
                    (Valve) Class.forName(errorValve).newInstance();
                getPipeline().addValve(valve);
            }
        } catch (Throwable t) {
            ExceptionUtils.handleThrowable(t);
            log.error(sm.getString(
                    "standardHost.invalidErrorReportValveClass",
                    errorValve), t);
        }
    }
    super.startInternal();
}
```

这里的代码看起来虽然比较多，但功能却非常简单，就是检查 Host 的管道中有没有指定的 Value，如果没有则添加进去。检查的方法是遍历所有的 Value 然后通过名字判断的，检查的 Value 的类型通过 getErrorReportValveClass 方法获取，它返回 errorReportValveClass 属性，可以配置，默认值是 org.apache.catalina.valves.ErrorReportValve，代码如下：

```
//org.apache.catalina.core.StandardHost
private String errorReportValveClass ="org.apache.catalina.valves.ErrorReportValve";
```

```
public String getErrorReportValveClass() {
    return (this.errorReportValveClass);
}
```

这就是StandardHost的startInternal方法处理的过程。Host的启动除了startInternal方法，还有HostConfig中相应的方法，HostConfig继承自LifecycleListener的监听器（Engine也有对应的EngineConfig监听器，不过里面只是简单地做了日志记录），在接收到Lifecycle.START_EVENT事件时会调用start方法来启动，HostConfig的start方法会检查配置的Host站点配置的位置是否存在以及是不是目录，最后调用deployApps方法部署应用，deployApps方法代码如下：

```
// org.apache.catalina.startup.HostConfig
protected void deployApps() {
    File appBase = host.getAppBaseFile();
    File configBase = host.getConfigBaseFile();
    String[] filteredAppPaths = filterAppPaths(appBase.list());
    // 部署XML描述文件
    deployDescriptors(configBase, configBase.list());
    // 部署WAR文件
    deployWARs(appBase, filteredAppPaths);
    // 部署文件夹
    deployDirectories(appBase, filteredAppPaths);
}
```

一共有三种部署方式：通过XML描述文件、通过WAR文件和通过文件夹部署。XML文件指的是conf/[enginename]/[hostname]/*.xml文件，WAR文件和文件夹是Host站点目录下的WAR文件和文件夹，这里会自动找出来并部署上，所以我们如果要添加应用只需要直接放在Host站点的目录下就可以了。部署完成后，会将部署的Context通过StandardHost的addChild方法添加到Host里面。StandardHost的addChild方法会调用父类ContainerBase的addChild方法，其中会调用子类（这里指Context）的start方法来启动子容器。

Context

Context的默认实现类StandardContext在startInternal方法中调用了在web.xml中定义的Listener，另外还初始化了其中的Filter和load-on-startup的Servlet，代码如下：

```
// org.apache.catalina.core.StandardContext
protected synchronized void startInternal() throws LifecycleException {
......
// 触发listener
if (ok) {
    if (!listenerStart()) {
        log.error( "Error listenerStart");
        ok = false;
    }
}

// 初始化Filter
if (ok) {
```

```
        if (!filterStart()) {
            log.error("Error filterStart");
            ok = false;
        }
    }

    // 初始化Servlets
    if (ok) {
        if (!loadOnStartup(findChildren())){
            log.error("Error loadOnStartup");
            ok = false;
        }
    }
    ......
    }
```

listenerStart、filterStart 和 loadOnStartup 方法分别调用配置在 Listener 的 contextInitialized 方法以及 Filter 和配置了 load-on-startup 的 Servlet 的 init 方法。

Context 和 Host 一样也有一个 LifecycleListener 类型的监听器 ContextConfig，其中 configureStart 方法用来处理 CONFIGURE_START_EVENT 事件，这个方法里面调用 webConfig 方法，webConfig 方法中解析了 web.xml 文件，相应地创建了 Wrapper 并使用 addChild 添加到了 Context 里面。

Wrapper

Wrapper 的默认实现类 StandardWrapper 没有重写 initInternal 方法，初始化时会默认调用 ContainerBase 的 initInternal 方法，startInternal 方法代码如下：

```
// org.apache.catalina.core.StandardWrapper
@Override
protected synchronized void startInternal() throws LifecycleException {
    if (this.getObjectName() != null) {
        Notification notification =
            new Notification("j2ee.state.starting",this.getObjectName(),sequenceNumber++);
        broadcaster.sendNotification(notification);
    }

    super.startInternal();

    setAvailable(0L);

    if (this.getObjectName() != null) {
        Notification notification =
            new Notification("j2ee.state.running", this.getObjectName(), sequenceNumber++);
        broadcaster.sendNotification(notification);
    }
}
```

这里主要做了三件事情：

- 用 broadcaster 发送通知，主要用于 JMX；

- ❑ 调用了父类 ContainerBase 中的 startInternal 方法；
- ❑ 调用 setAvailable 方法让 Servlet 有效。

这里的 setAvailable 方法是 Wrapper 接口中的方法，其作用是设置 Wrapper 所包含的 Servlet 有效的起始时间，如果所设置的时间为将来的时间，那么调用所对应的 Servlet 就会产生错误，直到过了所设置的时间之后才可以正常调用，它的类型是 long，如果设置为 Long.MAX_VALUE 就一直不可以调用了。

Wrapper 没有别的容器那种 XXXConfig 样式的 LifecycleListener 监听器。

7.4 Pipeline-Valve 管道

7.3 节讲了 Container 自身的创建过程，Container 处理请求是使用 Pipeline-Valve 管道来处理的，本节就详细分析一下 Pipeline-Valve 管道。首先介绍它的处理模式，然后分析其实现方法。

7.4.1 Pipeline-Valve 处理模式

Pipeline-Valve 是责任链模式，责任链模式是指在一个请求处理的过程中有多个处理者依次对请求进行处理，每个处理者负责做自己相应的处理，处理完成后将处理后的请求返回，再让下一个处理者继续处理，就好像驾车的过程中可能会遇到很多次交警检查，可能有查酒驾的也可能有查违章的，在一次驾车的过程中可能会遇到多次检查，这就是责任链模式，Pipeline 就相当于驾车的过程，Valve 相当于检查的交警。

不过 Pipeline-Valve 的管道模型和普通的责任链模式稍微有点不同，区别主要有两点：①每个 Pipeline 都有特定的 Valve，而且是在管道的最后一个执行，这个 Valve 叫 BaseValve，BaseValve 是不可删除的；②在上层容器的管道的 BaseValve 中会调用下层容器的管道。这就好像快递的配货车，配货车除了在路途中可能遇到交警检查外，到达目的地后必然还会被中转站检查货物，这是必不可少的，如果在中转站检查后没有问题就会把货物交给另外的货车去派送，直到将货物送到客户手中，被客户检查并签收。4 个容器的 BaseValve 分别是 StandardEngineValve、StandardHostValve、StandardContextValve 和 StandardWrapperValve， 整个处理的流程如图 7-5 所示。

在 Engine 的管道中依次执行 Engine 的各个 Valve，最后执行 StandardEngineValve，用于调用 Host 的管道，然后执行 Host 的 Valve，这样依次类推最后执行 Wrapper 管道中的 StandardWrapperValve。

在 Filter 中用到的 FilterChain 其实就是这种模式，FilterChain 相当于 Pipeline，每个 Filter 都相当于一个 Valve，Servlet 相当于最后的 BaseValve。

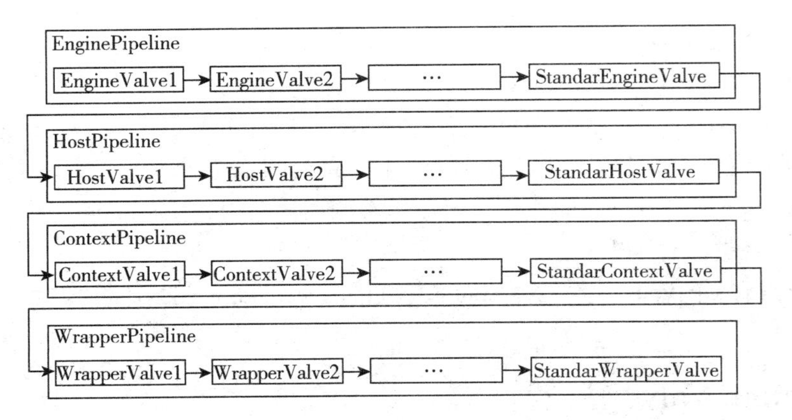

图 7-5 Pipeline 处理流程图

7.4.2 Pipeline-Valve 的实现方法

Pipeline 管道的实现分为生命周期管理和处理请求两部分，下面分别介绍。

Pipeline 管道生命周期的实现方法

Container 中的 Pipeline 在抽象实现类 ContainerBase 中定义，并在生命周期的 startInternal、stopInternal、destroyInternal 方法中调用管道的相应生命周期方法（因为管道不需要初始化所以 initInternal 方法中并没有调用），代码如下：

```
//org.apache.catalina.core.ContainerBase
protected final Pipeline pipeline = new StandardPipeline(this);

protected synchronized void startInternal() throws LifecycleException {
    ...
    // 调用管道的启动方法
    if (pipeline instanceof Lifecycle)
        ((Lifecycle) pipeline).start();
...
}
protected synchronized void stopInternal() throws LifecycleException {
...
    if (pipeline instanceof Lifecycle &&
            ((Lifecycle) pipeline).getState().isAvailable()) {
        ((Lifecycle) pipeline).stop();
    }
...
}
protected void destroyInternal() throws LifecycleException {
...
    if (pipeline instanceof Lifecycle) {
        ((Lifecycle) pipeline).destroy();
    }
...
}
```

Container 的 4 个子容器都继承自 ContainerBase，所以 4 个子容器在执行生命周期的方法时都会调用管道相应的生命周期方法。

Pipeline 使用的是 StandardPipeline 类型，它里面的 Valve 保存在 first 属性中，Valve 是链式结构，可以通过 getNext 方法依次获取每个 Valve，BaseValve 单独保存在 basic 属性中（basic 不可以为空，在调用 addValve 方法添加 Valve 时 basic 会同时保存到 first 的最后一个，如果没调用 addValve 方法则 first 可能为空）。StandardPipeline 继承自 LifecycleBase，所以实际处理生命周期的方法是 startInternal、stopInternal 和 destroyInternal，代码如下：

```
// org.apache.catalina.core.StandardPipeline
@Override
protected synchronized void startInternal() throws LifecycleException {
    // 使用临时变量current来遍历Valve链里的所有Valve，如果first为空则使用basic
    Valve current = first;
    if (current == null) {
        current = basic;
    }
    //遍历所有Valve并调用start方法
    while (current != null) {
        if (current instanceof Lifecycle)
            ((Lifecycle) current).start();
        current = current.getNext();
    }
    //设置LifecycleState.STARTING状态
    setState(LifecycleState.STARTING);
}
@Override
protected synchronized void stopInternal() throws LifecycleException {
    setState(LifecycleState.STOPPING);
    Valve current = first;
    if (current == null) {
        current = basic;
    }
    while (current != null) {
        if (current instanceof Lifecycle)
            ((Lifecycle) current).stop();
        current = current.getNext();
    }
}
@Override
protected void destroyInternal() {
    Valve[] valves = getValves();
    for (Valve valve : valves) {
        removeValve(valve);
    }
}
```

startInternal 方法和 stopInternal 方法处理的过程非常相似，都是使用临时变量 current 来遍历 Valve 链里的所有 Valve，如果 first 为空则使用 basic，然后遍历所有 Valve 并调用相应的 start 和 stop 方法，然后设置相应的生命周期状态。destroyInternal 方法是删除所有 Valve， getValves 方法可以得到包括 basic 在内的所有 Valve 的集合，代码如下：

```
// org.apache.catalina.core.StandardPipeline
@Override
public Valve[] getValves() {
    ArrayList<Valve> valveList = new ArrayList<>();
    Valve current = first;
    if (current == null) {
        current = basic;
    }
    while (current != null) {
        valveList.add(current);
        current = current.getNext();
    }
    return valveList.toArray(new Valve[0]);
}
```

Pipeline 管道处理请求的实现方法

Pipeline 调用所包含 Valve 的 invoke 方法来处理请求，并且在 BaseValve 里又调用了子容器 Pipeline 所包含 Valve 的 invoke 方法，直到最后调用了 Wrapper 的 Pipeline 所包含的 BaseValve——StandardWrapperValve。

Connector 在接收到请求后会调用最顶层容器的 Pipeline 来处理，顶层容器的 Pipeline 处理完之后就会在其 BaseValve 里调用下一层容器的 Pipeline 进行处理，这样就可以逐层调用所有容器的 Pipeline 来处理了。Engine 的 BaseValve 是 StandardEngineValve，它的 invoke 代码如下：

```
// org.apache.catalina.core.StandardEngineValve
public final void invoke(Request request, Response response)
    throws IOException, ServletException {

    // Host已经事先设置到request中，其他各层容器也一样都会事先设置到request中
    Host host = request.getHost();
    if (host == null) {
        response.sendError
            (HttpServletResponse.SC_BAD_REQUEST,
             sm.getString("standardEngine.noHost",
                 request.getServerName()));
        return;
    }
    if (request.isAsyncSupported()) {
        request.setAsyncSupported(host.getPipeline().isAsyncSupported());
    }

    // 将请求传递到Host的管道
    host.getPipeline().getFirst().invoke(request, response);
}
```

这里的实现非常简单，首先从 request 中获取到 Host，然后调用其管道的第一个 Valve 的 invoke 方法进行处理。Host 的 BaseValve 也同样会调用 Context 的 Pipeline，Context 的 BaseValue 会调用 Wrapper 的 Pipeline，Wrapper 的 Pipeline 最后会在其 BaseValve（Standard-

WrapperValve）中创建 FilterChain 并调用其 doFilter 方法来处理请求，FilterChain 包含着我们配置的与请求相匹配的 Filter 和 Servlet，其 doFilter 方法会依次调用所有 Filter 的 doFilter 方法和 Servlet 的 service 方法，这样请求就得到处理了。

Filter 和 Servlet 实际处理请求的方法在 Wrapper 的管道 Pipeline 的 BaseValve——Standard-WrapperValve 中调用，生命周期相关的方法是在 Wrapper 的实现类 StandardWrapper 中调用。

7.5　Connector 分析

Connector 用于接收请求并将请求封装成 Request 和 Response 来具体处理，最底层是使用 Socket 来进行连接的，Request 和 Response 是按照 HTTP 协议来封装的，所以 Connector 同时实现了 TCP/IP 协议和 HTTP 协议，Request 和 Response 封装完之后交给 Container 进行处理，Container 就是 Servlet 的容器，Container 处理完之后返回给 Connector，最后 Connector 使用 Socket 将处理结果返回给客户端，这样整个请求就处理完了。

7.5.1　Connector 的结构

Connector 中具体是用 ProtocolHandler 来处理请求的，不同的 ProtocolHandler 代表不同的连接类型，比如，Http11Protocol 使用的是普通 Socket 来连接的，Http11NioProtocol 使用的是 NioSocket 来连接的。

ProtocolHandler 里面有 3 个非常重要的组件：Endpoint、Processor 和 Adapter。Endpoint 用于处理底层 Socket 的网络连接，Processor 用于将 Endpoint 接收到的 Socket 封装成 Request，Adapter 用于将封装好的 Request 交给 Container 进行具体处理。也就是说 Endpoint 用来实现 TCP/IP 协议，Processor 用来实现 HTTP 协议，Adapter 将请求适配到 Servlet 容器进行具体处理。

Endpoint 的抽象实现 AbstractEndpoint 里面定义的 Acceptor 和 AsyncTimeout 两个内部类和一个 Handler 接口。Acceptor 用于监听请求，AsyncTimeout 用于检查异步 request 的超时，Handler 用于处理接收到的 Socket，在内部调用了 Processor 进行处理。

Connector 的结构如图 7-6 所示。

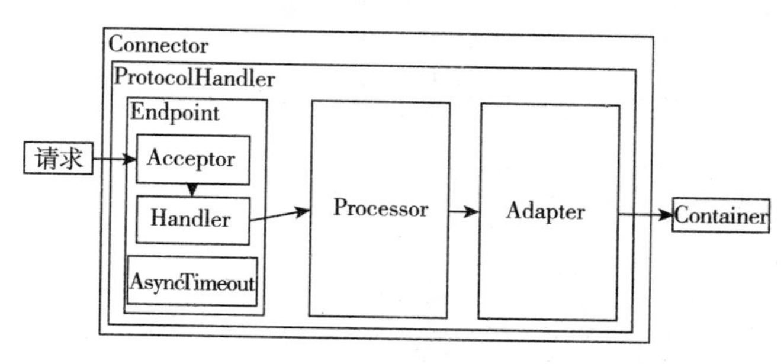

图 7-6　Connector 结构关系图

7.5.2 Connector 自身类

Connector 类本身的作用主要是在其创建时创建 ProtocolHandler，然后在生命周期的相关方法中调用了 ProtocolHandler 的相关生命周期方法。Connector 的使用方法是通过 Connector 标签配置在 conf/server.xml 文件中，所以 Connector 是在 Catalina 的 load 方法中根据 conf/server.xml 配置文件创建 Server 对象时创建的。Connector 的生命周期方法是在 Service 中调用的。

Connector 的创建

Connector 的创建过程主要是初始化 ProtocolHandler。server.xml 配置文件中 Connector 标签的 protocol 属性会设置到 Connector 构造函数的参数中，它用于指定 ProtocolHandler 的类型，Connector 的构造函数代码如下：

```
// org.apache.catalina.connector.Connector
public Connector(String protocol) {
    //根据protocol参数指定protocolHandlerClassName
    setProtocol(protocol);
    // 实例化ProtocolHandler
    ProtocolHandler p = null;
    try {
        Class<?> clazz = Class.forName(protocolHandlerClassName);
        //初始化代码
        p = (ProtocolHandler) clazz.newInstance();
    } catch (Exception e) {
        log.error(sm.getString(
                "coyoteConnector.protocolHandlerInstantiationFailed"), e);
    } finally {
        // 赋值给protocolHandler属性
        this.protocolHandler = p;
    }

    if (!Globals.STRICT_SERVLET_COMPLIANCE) {
        URIEncoding = "UTF-8";
        URIEncodingLower = URIEncoding.toLowerCase(Locale.ENGLISH);
    }
}
```

这里首先根据传入的 protocol 参数调用 setProtocol 方法设置了 protocolHandlerClassName 属性，接着用 protocolHandlerClassName 所代表的类创建了 ProtocolHandler 并赋值给了 protocol-Handler 属性。

设置 protocolHandlerClassName 属性的 setProtocol 方法代码如下：

```
// org.apache.catalina.connector.Connector
public void setProtocol(String protocol) {
    if (AprLifecycleListener.isAprAvailable()) {
        if ("HTTP/1.1".equals(protocol)) {
            setProtocolHandlerClassName
                ("org.apache.coyote.http11.Http11AprProtocol");
        } else if ("AJP/1.3".equals(protocol)) {
```

```
            setProtocolHandlerClassName
                ("org.apache.coyote.ajp.AjpAprProtocol");
        } else if (protocol != null) {
            setProtocolHandlerClassName(protocol);
        } else {
            setProtocolHandlerClassName
                ("org.apache.coyote.http11.Http11AprProtocol");
        }
    } else {
        if ("HTTP/1.1".equals(protocol)) {
            setProtocolHandlerClassName
                ("org.apache.coyote.http11.Http11NioProtocol");
        } else if ("AJP/1.3".equals(protocol)) {
            setProtocolHandlerClassName
                ("org.apache.coyote.ajp.AjpNioProtocol");
        } else if (protocol != null) {
            setProtocolHandlerClassName(protocol);
        }
    }
}
```

Apr 是 Apache Portable Runtime 的缩写，是 Apache 提供的一个运行时环境，如果要使用 Apr 需要先安装，安装后 Tomcat 可以自己检测出来。如果安装了 Apr，setProtocol 方法会根据配置的 HTTP/1.1 属性对应地将 protocolHandlerClassName 设置为 org.apache.coyote.http11.Http11AprProtocol，如果没有安装 Apr，会根据配置的 HTTP/1.1 属性将 protocolHandler-ClassName 设置为 org.apache.coyote.http11.Http11NioProtocol，然后就会根据 protocol-Handler ClassName 来创建 ProtocolHandler。

Connector 生命周期处理方法

Connector 的生命周期处理方法中主要调用了 ProtocolHandler 的相应生命周期方法，代码如下：

```
// org.apache.catalina.connector.Connector
protected void initInternal() throws LifecycleException {
    super.initInternal();
    // 新建Adapter，并设置到protocolHandler
    adapter = new CoyoteAdapter(this);
    protocolHandler.setAdapter(adapter);
    ...
    try {
        // 初始化protocolHandler
        protocolHandler.init();
    } catch (Exception e) {
        throw new LifecycleException
            (sm.getString
             ("coyoteConnector.protocolHandlerInitializationFailed"), e);
    }
}
@Override
protected void startInternal() throws LifecycleException {
```

```
        if (getPort() < 0) {
            throw new LifecycleException(sm.getString(
                "coyoteConnector.invalidPort", Integer.valueOf(getPort())));
        }

        setState(LifecycleState.STARTING);

        try {
            protocolHandler.start();
        } catch (Exception e) {
            String errPrefix = "";
            if(this.service != null) {
                errPrefix += "service.getName(): \"" + this.service.getName() + "\"; ";
            }
            throw new LifecycleException
                (errPrefix + " " + sm.getString
                    ("coyoteConnector.protocolHandlerStartFailed"), e);
        }
    }
    @Override
    protected void stopInternal() throws LifecycleException {
        setState(LifecycleState.STOPPING);
        try {
            protocolHandler.stop();
        } catch (Exception e) {
            throw new LifecycleException
                (sm.getString
                 ("coyoteConnector.protocolHandlerStopFailed"), e);
        }
    }
    @Override
    protected void destroyInternal() throws LifecycleException {
        try {
            protocolHandler.destroy();
        } catch (Exception e) {
            throw new LifecycleException
                (sm.getString
                 ("coyoteConnector.protocolHandlerDestroyFailed"), e);
        }
        if (getService() != null) {
            getService().removeConnector(this);
        }
        super.destroyInternal();
    }
```

在initInternal方法中首先新建了一个Adapter并设置到ProtocolHandler中，然后对ProtocolHandler进行初始化；在startInternal方法中首先判断设置的端口是否小于0，如果小于0就抛出异常，否则就调用ProtocolHandler的start方法来启动；在stopInternal方法中先设置了生命周期状态，然后调用了ProtocolHandler的stop方法；在destroyInternal方法中除了调用ProtocolHandler的destroy方法，还会将当前的Connector从Service中删除并调用父类的

destroyInternal 方法。

7.5.3　ProtocolHandler

Tomcat 中 ProtocolHandler 的继承结构如图 7-7 所示。

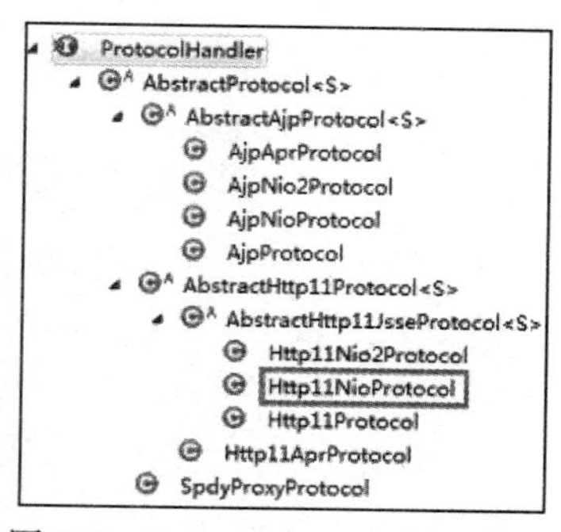

图 7-7　ProtocolHandler 继承结构

ProtocolHandler 有一个抽象实现类 AbstractProtocol，AbstractProtocol 下面分了三种类型：Ajp、HTTP 和 Spdy。Ajp 是 Apache JServ Protocol 的缩写，Apache 的定向包协议，主要用于与前端服务器（如 Apache）进行通信，它是长连接，不需要每次通信都重新建立连接，这样就节省了开销；HTTP 协议前面已经介绍过了，就不重复介绍了；Spdy 协议是 Google 开发的协议，作用类似 HTTP，比 HTTP 效率高，不过这只是 Google 制定的企业级协议，使用并不广泛，而且在 HTTP/2 协议中已经包含了 Spdy 所提供的优势，所以 Spdy 协议平常很少使用，不过 Tomcat 提供了支持。

这里的 ProtocolHandler 以默认配置中的 org.apache.coyote.http11.Http11NioProtocol 为例来分析，它使用 HTTP1.1 协议，TCP 层使用 NioSocket 来传输数据。

Http11NioProtocol 的构造函数中创建了 NioEndpoint 类型的 Endpoint，并新建了 Http11-ConnectionHandler 类型的 Handler 然后设置到了 Endpoint 中，代码如下：

```
// org.apache.coyote.http11.Http11NioProtocol
public Http11NioProtocol() {
    endpoint=new NioEndpoint();
    cHandler = new Http11ConnectionHandler(this);
    ((NioEndpoint) endpoint).setHandler(cHandler);
    setSoLinger(Constants.DEFAULT_CONNECTION_LINGER);
    setSoTimeout(Constants.DEFAULT_CONNECTION_TIMEOUT);
    setTcpNoDelay(Constants.DEFAULT_TCP_NO_DELAY);
}
```

四个生命周期方法是在父类 AbstractProtocol 中实现的，其中主要调用了 Endpoint 的生命周期方法。

7.5.4　处理 TCP/IP 协议的 Endpoint

Endpoint 用于处理具体连接和传输数据，NioEndpoint 继承自 org.apache.tomcat.util.net.AbstractEndpoint，在 NioEndpoint 中新增了 Poller 和 SocketProcessor 内部类，NioEndpoint 中处理请求的具体流程如图 7-8 所示。

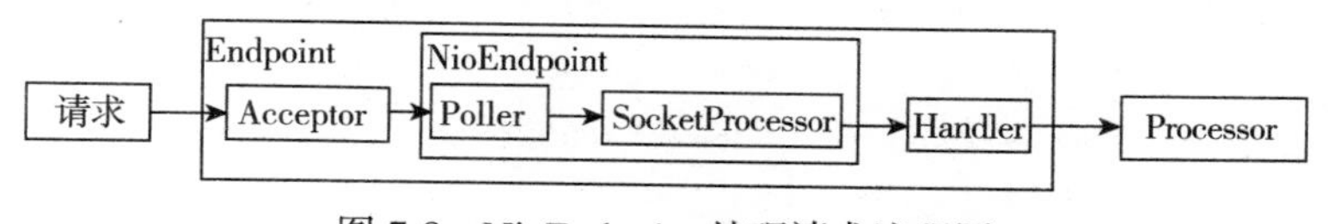

图 7-8　NioEndpoint 处理请求流程图

NioEndpoint的init和start方法在父类AbstractEndpoin中，代码如下：

```
// org.apache.tomcat.util.net.AbstractEndpoint
public final void init() throws Exception {
    if (bindOnInit) {
        bind();
        bindState = BindState.BOUND_ON_INIT;
    }
}

public final void start() throws Exception {
    if (bindState == BindState.UNBOUND) {
        bind();
        bindState = BindState.BOUND_ON_START;
    }
    startInternal();
}
```

这两个方法主要调用bind和startInternal方法，它们是模板方法，在NioEndpoint中实现，bind方法代码如下：

```
// org.apache.tomcat.util.net.NioEndpoint
public void bind() throws Exception {
    serverSock = ServerSocketChannel.open();
    socketProperties.setProperties(serverSock.socket());
    InetSocketAddress addr = (getAddress()!=null?new InetSocketAddress(getAddres
        s(),getPort()):new InetSocketAddress(getPort()));
    serverSock.socket().bind(addr,getBacklog());
    serverSock.configureBlocking(true);
    serverSock.socket().setSoTimeout(getSocketProperties().getSoTimeout());

    // 初始化需要启动acceptor线程的个数，如果为0则改为1，否则将不能工作
    if (acceptorThreadCount == 0) {
        acceptorThreadCount = 1;
    }
    // 初始化需要启动poller线程的个数，如果小于等于0则改为1
    if (pollerThreadCount <= 0) {
        pollerThreadCount = 1;
    }
    stopLatch = new CountDownLatch(pollerThreadCount);

    // 如果需要则初始化SSL
    if (isSSLEnabled()) {
        SSLUtil sslUtil = handler.getSslImplementation().getSSLUtil(this);

        sslContext = sslUtil.createSSLContext();
        sslContext.init(wrap(sslUtil.getKeyManagers()),sslUtil.getTrustManagers(),
            null);

        SSLSessionContext sessionContext =sslContext.getServerSessionContext();
        if (sessionContext != null) {
            sslUtil.configureSessionContext(sessionContext);
        }
```

```
            enabledCiphers = sslUtil.getEnableableCiphers(sslContext);
            enabledProtocols = sslUtil.getEnableableProtocols(sslContext);
        }

        if (oomParachute>0) reclaimParachute(true);
        selectorPool.open();
    }
```

这里的 bind 方法中首先初始化了 ServerSocketChannel，然后检查了代表 Acceptor 和 Poller 初始化的线程数量的 acceptorThreadCount 属性和 pollerThreadCount 属性，它们至少为 1，Acceptor 用于接收请求，接收到请求后交给 Poller 处理，它们都是启动线程来处理的。另外还处理了初始化 SSL 等内容。

NioEndpoint 的 startInternal 方法代码如下：

```
// org.apache.tomcat.util.net.NioEndpoint
@Override
public void startInternal() throws Exception {
    if (!running) {
        running = true;
        paused = false;

        processorCache = new SynchronizedStack<>(SynchronizedStack.DEFAULT_
            SIZE,socketProperties.getProcessorCache());
        keyCache = new SynchronizedStack<>(SynchronizedStack.DEFAULT_
            SIZE,socketProperties.getKeyCache());
        eventCache = new SynchronizedStack<>(SynchronizedStack.DEFAULT_
            SIZE,socketProperties.getEventCache());
        nioChannels = new SynchronizedStack<>(SynchronizedStack.DEFAULT_
            SIZE,socketProperties.getBufferPool());

        // 创建Executor
        if ( getExecutor() == null ) {
            createExecutor();
        }

        initializeConnectionLatch();

        //启动poller线程
        pollers = new Poller[getPollerThreadCount()];
        for (int i=0; i<pollers.length; i++) {
            pollers[i] = new Poller();
            Thread pollerThread = new Thread(pollers[i], getName() + "-ClientPoller-"+i);
            pollerThread.setPriority(threadPriority);
            pollerThread.setDaemon(true);
            pollerThread.start();
        }

        startAcceptorThreads();
    }
}
```

这里首先初始化了一些属性，然后启动了 Poller 和 Acceptor 来处理请求，初始化的属性中的 processorCache 属性是 SynchronizedStack<SocketProcessor> 类型，SocketProcessor 并不是前面介绍的 Processor，而是 NioEndpoint 的一个内部类，Poller 接收到请求后就会交给它处理，SocketProcessor 又会将请求传递到 Handler。启动 Acceptor 的 startAcceptorThreads 方法在 AbstractEndpoint 中，代码如下：

```
// org.apache.tomcat.util.net.AbstractEndpoint
protected final void startAcceptorThreads() {
    int count = getAcceptorThreadCount();
    acceptors = new Acceptor[count];

    for (int i = 0; i < count; i++) {
        acceptors[i] = createAcceptor();
        String threadName = getName() + "-Acceptor-" + i;
        acceptors[i].setThreadName(threadName);
        Thread t = new Thread(acceptors[i], threadName);
        t.setPriority(getAcceptorThreadPriority());
        t.setDaemon(getDaemon());
        t.start();
    }
}
```

这里的 getAcceptorThreadCount 方法就是获取的 init 方法中处理过的 acceptorThreadCount 属性，获取到后就会启动相应数量的 Acceptor 线程来接收请求。

7.5.5 处理 HTTP 协议的 Processor

Processor 用于处理应用层协议（如 HTTP），它的继承结构如图 7-9 所示。

Processor 有两个 AbstractProtocol 抽象继承类，图 7-9 中上面的 AbstractProtocol 是在 org.apache.coyote.http11.upgrade 包中，下面的 AbstractProtocol 在 org.apache.coyote 包中。正常处理协议使用的是下面的 AbstractProtocol 及其实现类，上面的 AbstractProtocol 是 Servlet3.1 之后才新增的，用于处理 HTTP 的升级协议，当正常（下面）的 Processor 处理之后如果 Socket 的状态是 UPGRADING，那么 Endpoint 中的 Handler 将会接着创建并调用 org.apache.coyote.http11.upgrade 包中的 Processor 进行处理，这里的 HTTP 升级协议指的是 WebSocket 协议。

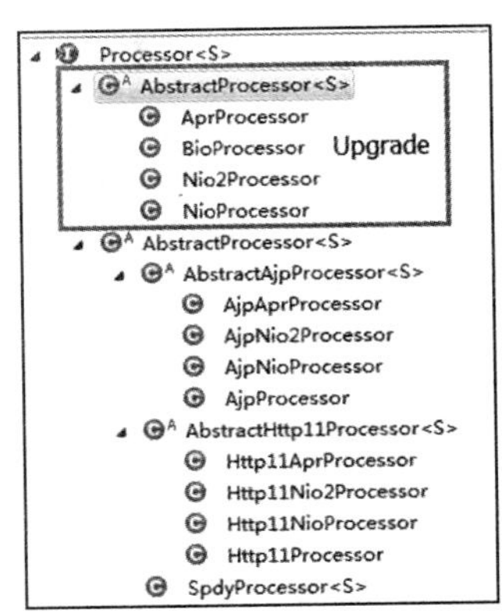

图 7-9 Processor 的继承结构图

图 7-9 中下方 org.apache.coyote 包中的 Processor 和前面介绍过的 ProtocolHandler 一一对应，这里就不详细解释了，具体实现应用层协议处理请求的是 AbstractAjpProcessor 和 Abst-ractHttp11Processor 中的 process 方法，这个方法中首先封装了 Request 和 Response，然后调用 Adapter 将请求传递到了 Container 中，最后对处理的结果进行了处理，如有没有启动异步处理、处理过程中有没有抛出异常等。

7.5.6 适配器 Adapter

Adapter只有一个实现类，那就是org.apache.catalina.connector包下的CoyoteAdapter类。Processor在其process方法中会调用Adapter的service方法来处理请求，Adapter的service方法主要是调用Container管道中的invoke方法来处理请求，在处理之前对Request和Response做了处理，将原来创建的org.apache.coyote包下的Request和Response封装成了org.apache.catalina.connector的Request和Response，并在处理完成后判断是否启动了Comet（长连接推模式）和是否启动了异步请求，并作出相应处理。调用Container管道的相应代码片段如下：

```
// org.apache.catalina.connector.CoyoteAdapter.process
connector.getService().getContainer().getPipeline().getFirst().invoke(request,
    response);
```

这里首先从Connector中获取到Service（Connector在initInternal方法中创建CoyoteAdapter的时候已经将自己设置到了CoyoteAdapter中），然后从Service中获取Container，接着获取管道，再获取管道的第一个Value，最后调用invoke方法执行请求。Service中保存的是最顶层的容器，当调用最顶层容器管道的invoke方法时，管道将逐层调用各层容器的管道中Value的invoke方法，直到最后调用Wrapper的管道中的BaseValue（StandardWrapperValve）来处理Filter和Servlet。

第二篇 Part 2

俯视 Spring MVC

Spring MVC 的本质其实就是一个 Servlet，本篇将从顶层分析 Spring MVC 的结构，让大家对 Spring MVC 有个整体的认识。

对一个框架的学习，首先要知道怎么用，然后才好进行分析。由于 Spring MVC 的结构比较复杂，所以对其分析需要有一定的策略，否则很容易陷到具体的细节里面，感觉代码大概也能看明白，但具体怎么回事也说不清。

古人说“工欲善其事，必先利其器”，我们要分析的 Spring MVC 就是这么一个器。首先 Spring MVC 是一个工具，然后才能用来干活，既然是个工具，首先就要将其制造（创建）出来，然后才可以用它干活，所以 Spring MVC 的代码可以分成两步来进行分析，第一步分析 Spring MVC 是怎么创建出来的，第二步分析它是怎么干活的。这种方法可以在一个复杂的类的很多看似杂乱无章的方法中快速梳理出头绪，所以它不仅可以用于分析 Spring MVC 的源码，分析别的源码也可以使用，特别是分析一些复杂源码的时候。

本书不仅是在分析 Spring MVC 整体结构时用了这种思路，在后面分析组件的过程中也还会有很多地方使用这种思路。为了方便称呼，就将要分析的目标叫作“器”，用法叫作“用”，先分析“器”的创建再分析“用”的方法的分析法称为“器用分析法”。

本篇一共有 3 章内容：

- Spring MVC 之初体验：搭建环境并介绍简单的使用方法。
- 创建 Spring MVC 之器：分析 Spring MVC 本身的创建过程。
- Spring MVC 之用：分析 Spring MVC 如何工作。

Chapter 8　第 8 章

Spring MVC 之初体验

本章将带大家把环境建起来，然后通过一个简单的例子体验 Spring MVC 是怎么用的。

8.1　环境搭建

Spring MVC 的环境搭建非常简单，首先建一个 web 项目，如果是 maven 项目，只需要简单地加入 Spring MVC 和 Servlet 的依赖就可以了（Tomcat8 默认使用的是 Servlet3.1，Tomcat7 默认使用的是 Servlet3.0）。

```
<dependency>
    <groupId>javax.servlet</groupId>
    <artifactId>javax.servlet-api</artifactId>
    <version>3.1.0</version>
    <scope>provided</scope>
</dependency>
<dependency>
    <groupId>org.springframework</groupId>
    <artifactId>spring-webmvc</artifactId>
    <version> 4.1.5.RELEASE</version>
</dependency>
```

如果没用使用 maven，将图 8-1 所示的包下载后放入 WEB-INF/lib 目录下就可以了。

- aopalliance-1.0.jar
- commons-logging-1.2.jar
- spring-aop-4.1.5.RELEASE.jar
- spring-beans-4.1.5.RELEASE.jar
- spring-context-4.1.5.RELEASE.jar
- spring-core-4.1.5.RELEASE.jar
- spring-expression-4.1.5.RELEASE.jar
- spring-web-4.1.5.RELEASE.jar
- spring-webmvc-4.1.5.RELEASE.jar

图 8-1　Spring MVC 最小依赖包

8.2　Spring MVC 最简单的配置

配置一个 Spring MVC 只需要三步：①在 web.xml 中配置

Servlet；②创建 Spring MVC 的 xml 配置文件；③创建 Controller 和 view。下面分别介绍。

8.2.1 在 web.xml 中配置 Servlet

```
<?xml version="1.0" encoding="UTF-8"?>
<web-app xmlns="http://xmlns.jcp.org/xml/ns/javaee"
         xmlns:xsi="http://www.w3.org/2001/XMLSchema-instance"
         xsi:schemaLocation="http://xmlns.jcp.org/xml/ns/javaee
http://xmlns.jcp.org/xml/ns/javaee/web-app_3_1.xsd"
         version="3.1">

    <!-- spring mvc配置开始  -->
    <servlet>
        <servlet-name>let'sGo</servlet-name>
        <servlet-class>org.springframework.web.servlet.DispatcherServlet</servlet-class>
        <load-on-startup>1</load-on-startup>
    </servlet>

    <servlet-mapping>
        <servlet-name>let'sGo</servlet-name>
        <url-pattern>/</url-pattern>
    </servlet-mapping>
    <!-- spring mvc配置结束  -->

    <welcome-file-list>
        <welcome-file>index</welcome-file>
    </welcome-file-list>
</web-app>
```

这里配置了一个叫 let'Go 的 Servlet，自动启动，然后 mapping 到所有的请求。所配置的 Servlet 是 DispatcherServlet 类型，它就是 Spring MVC 的入口，Spring MVC 的本质就是一个 Servlet。在配置 DispatcherServlet 的时候可以设置 contextConfigLocation 参数来指定 Spring MVC 配置文件的位置，如果不指定就默认使用 WEB-INF/[ServletName]-servlet.xml 文件，这里使用了默认值，也就是 WEB-INF/let'sGo -servlet.xml 文件。

8.2.2 创建 Spring MVC 的 xml 配置文件

首先在 WEB-INF 目录下新建 let'sGo -servlet.xml 文件，然后使用 Spring MVC 最简单的配置方式来进行配置。

```
<!--WEB-INF/let'sGo -servlet.xml -->
<?xml version="1.0" encoding="UTF-8"?>
<beans xmlns="http://www.springframework.org/schema/beans"
    xmlns:xsi="http://www.w3.org/2001/XMLSchema-instance"
xmlns:p="http://www.springframework.org/schema/p"
    xmlns:context="http://www.springframework.org/schema/context"
    xmlns:mvc="http://www.springframework.org/schema/mvc"
    xsi:schemaLocation="http://www.springframework.org/schema/beans
http://www.springframework.org/schema/beans/spring-beans.xsd
    http://www.springframework.org/schema/context
http://www.springframework.org/schema/context/spring-context.xsd
```

```
    http://www.springframework.org/schema/mvc
http://www.springframework.org/schema/mvc/spring-mvc.xsd">

    <mvc:annotation-driven/>
    <context:component-scan base-package="com.excelib" />
</beans>
```

<mvc:annotation-driven/> 是 Spring MVC 提供的一键式的配置方法，配置此标签后 Spring MVC 会帮我们自动做一些注册组件之类的事情。这种配置方法非常简单，<mvc:-annotation-driven/> 背后的原理会在后面详细解释。另外还配置了 context:component-scan 标签来扫描通过注释配置的类，如果使用了 Spring 可以通过 context:include-filter 子标签来设置只扫描 @Controller 就可以了，别的交给 Spring 容器去管理，不过这里只配置了 Spring MVC，所以就全部放到 Spring MVC 里了。只扫描 @Controller 的配置如下：

```
<context:component-scan base-package="com.excelib" use-default-filters="false">
    <context:include-filter  type="annotation"expression="org.springframework.
        stereotype.Controller" />
</context:component-scan>
```

8.2.3 创建 Controller 和 view

到现在 Spring MVC 的环境就已经搭建完成了。下面写个 Controller 和 View，这样就可以运行了。

首先在 com.excelib.controller 包下建一个类——GoController。

```
package com.excelib.controller;

import org.apache.commons.logging.Log;
import org.apache.commons.logging.LogFactory;
import org.springframework.stereotype.Controller;
import org.springframework.ui.Model;
import org.springframework.web.bind.annotation.RequestMapping;
import org.springframework.web.bind.annotation.RequestMethod;

@Controller
public class GoController {
    private final Log logger = LogFactory.getLog(GoController.class);
    //处理HEAD类型的" /" 请求
    @RequestMapping(value={"/"},method= {RequestMethod.HEAD})
    public String head() {
        return "go.jsp";
    }
    //处理GET类型的"/index"和" /" 请求
    @RequestMapping(value={"/index","/"},method= {RequestMethod.GET})
    public String index(Model model) throws Exception {
        logger.info("======processed by index=======");
        //返回msg参数
        model.addAttribute("msg", "Go Go Go!");
        return "go.jsp";
    }
}
```

这里单独写了处理 HEAD 请求的方法，此方法可以用来检测服务器的状态，因为它不返回 body 所以比 GET 请求更节省网络资源。而单独写一个处理方法而不跟 GET 请求使用同一个方法，然后返回没有 Body 的 Response 是因为 GET 请求的处理过程可能会处理一些别的内容，如初始化一些首页需要显示的内容，还可能会连接数据库，而这些都比较浪费资源，并且对于 HEAD 请求来说也是不需要的，所以最好单独写一个方法。

如果没有配置 ViewResolver，Spring MVC 将默认使用 org.springframework.web.servlet.view.InternalResourceViewResolver 作为 ViewResolver，而且 prefix 和 suffix 都为空。所以 go.jsp 返回值对应的就是根目录下的 go.jsp 文件。我们就把它建出来。

```
<%@ page contentType="text/html;charset=UTF-8" language="java" %>
<html>
<head>
    <title> let'sGo</title>
</head>
<body>
${msg}
</body>
</html>
```

好了，现在编译后部署到 Tomcat 就可以运行了，运行结果如图 8-2 所示。

图 8-2　运行结果图

8.3　关联 spring 源代码

到这里 Spring MVC 的一个简单的例子就做完了，下面将 spring 的源代码关联上去。在关联之前首先需要将代码下载到本地。Spring 源码的下载地址是 http://repo.spring.io，打开后点击 Artifacts 选项卡，然后在右上角的搜索框输入 spring-framework-4.1.5.RELEASE 进行搜索（图 8-3），在搜索结果（图 8-4）中下载 spring-framework-4.1.5.RELEASE-dist.zip 就可以了。

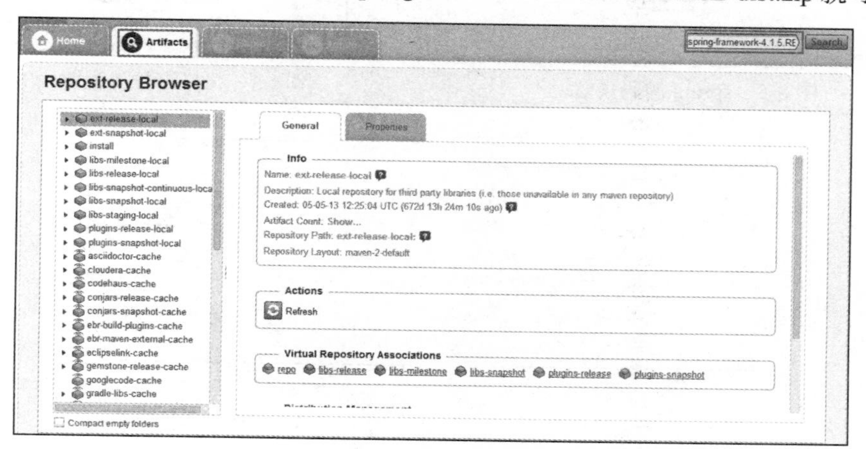

图 8-3　搜索 spring 包网页界面

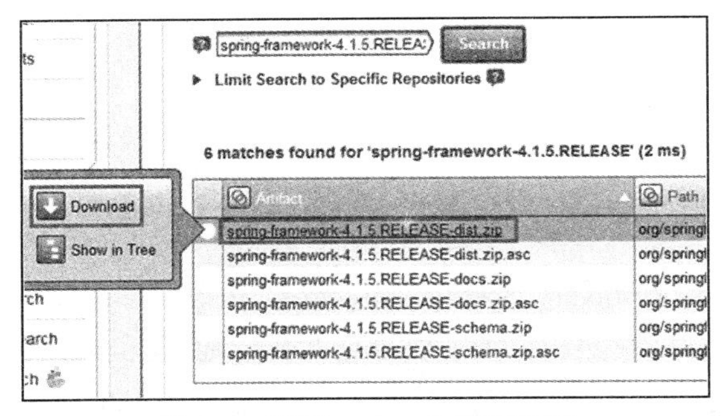

图 8-4　下载 spring 包网页界面

下载后压缩包的 libs 目录下以 -sources 结尾的 jar 包就是源码（图 8-5），然后将其关联到 IDE 就可以了。

如果使用的是 MyEclipse，在 Web App Libraries（如果使用了 maven 是 Maven Dependencies）目录下找到需要关联源码的包，点击右键找到最下面的 properties，在打开的对话框中的右侧选择 External location，然后点击 Extenrnal File…按钮，选择下载好的源码文件关联就可以了，如图 8-6 和图 8-7 所示。

检测文件 spring-framework-4.1.5.RELEASE-dist.zip\spring-framework-4.1.5.RELEASE\libs

名称	大小	压缩后大小	类型
spring-aop-4.1.5.RELEASE.jar	350.68 KB	308.76 KB	Exe
spring-aop-4.1.5.RELEASE-javadoc.jar	815.07 KB	781.37 KB	Exe
spring-aop-4.1.5.RELEASE-sources.jar	345.41 KB	312.97 KB	Exe
spring-aspects-4.1.5.RELEASE.jar	55.49 KB	47.37 KB	Exe
spring-aspects-4.1.5.RELEASE-javadoc.jar	61.96 KB	55.41 KB	Exe
spring-aspects-4.1.5.RELEASE-sources.jar	33.57 KB	27.58 KB	Exe
spring-beans-4.1.5.RELEASE.jar	691.90 KB	618.97 KB	Exe
spring-beans-4.1.5.RELEASE-javadoc.jar	1.35 MB	1.30 MB	Exe
spring-beans-4.1.5.RELEASE-sources.jar	656.45 KB	601.32 KB	Exe
spring-context-4.1.5.RELEASE.jar	1002.45 KB	867.35 KB	Exe
spring-context-4.1.5.RELEASE-javadoc.jar	2.30 MB	2.19 MB	Exe
spring-context-4.1.5.RELEASE-sources.jar	1003.96 KB	898.16 KB	Exe
spring-context-support-4.1.5.RELEASE.jar	173.93 KB	154.84 KB	Exe
spring-context-support-4.1.5.RELEASE-javadoc.jar	421.90 KB	403.59 KB	Exe
spring-context-support-4.1.5.RELEASE-sources.jar	172.07 KB	154.81 KB	Exe
spring-core-4.1.5.RELEASE.jar	984.58 KB	879.56 KB	Exe
spring-core-4.1.5.RELEASE-javadoc.jar	1.29 MB	1.24 MB	Exe

图 8-5　spring 源码位置图

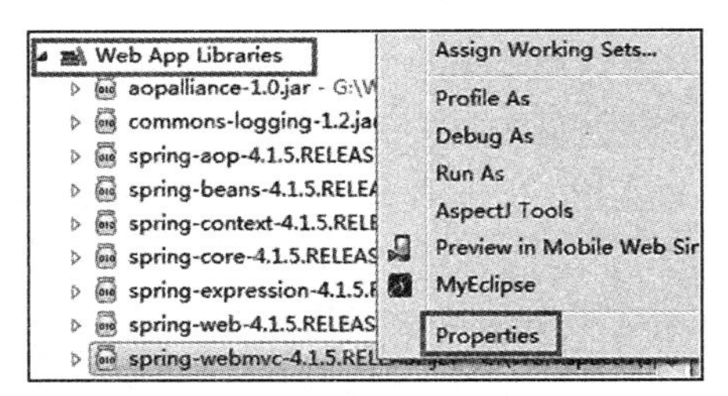

图 8-6　选择需要关联源码的 jar 包

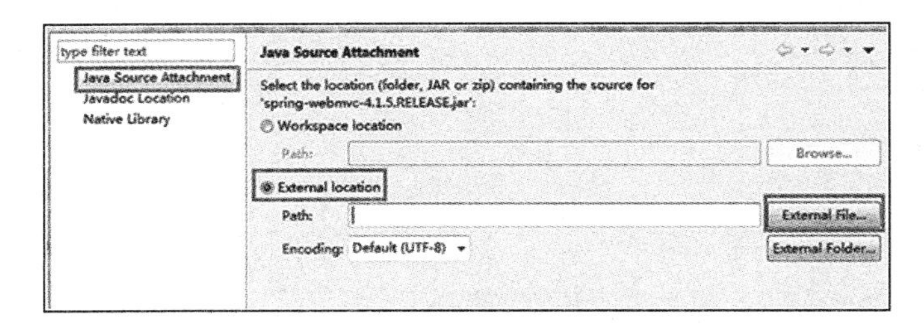

图 8-7　关联源码

8.4　小结

本章和大家一起做了个简单的 Spring MVC 的例子，主要是让不熟悉 Spring MVC 的读者能对其有一个初步的体验，然后介绍了下载和关联源代码的方法，可以为后面的分析做好准备。

Chapter 9　第 9 章

创建 Spring MVC 之器

本章将分析 Spring MVC 自身的创建过程。首先分析 Spring MVC 的整体结构，然后具体分析每一层的创建过程。

9.1　整体结构介绍

Spring MVC 中核心 Servlet 的继承结构如图 9-1 所示。

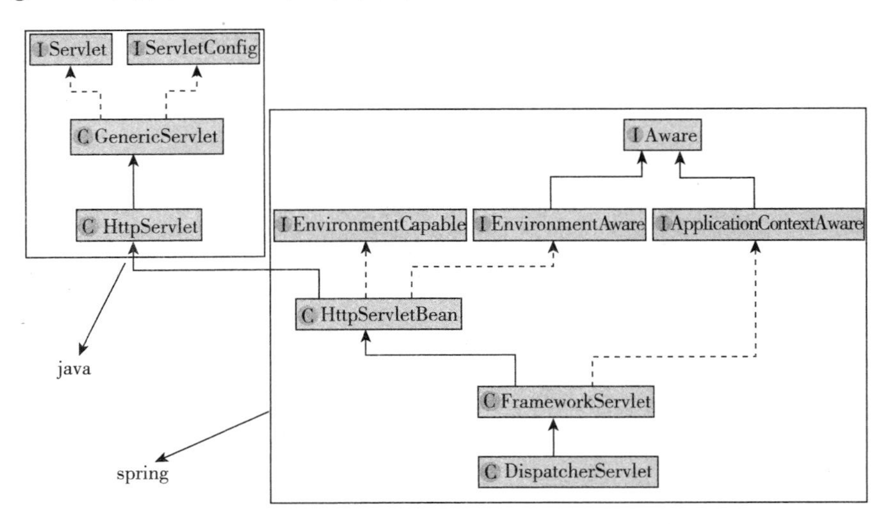

图 9-1　Spring MVC 核心 Servlet 结构图

可以看到在 Servlet 的继承结构中一共有 5 个类，GenericServlet 和 HttpServlet 在 java 中，前面已经讲过，剩下的三个类 HttpServletBean、FrameworkServlet 和 DispatcherServlet 是 Spring MVC 中的，本章主要讲解这三个类的创建过程。

这三个类直接实现三个接口：EnvironmentCapable、EnvironmentAware 和 ApplicationContextAware。XXXAware 在 spring 里表示对 XXX 可以感知，通俗点解释就是：如果在某个类里面想要使用 spring 的一些东西，就可以通过实现 XXXAware 接口告诉 spring，spring 看到后就会给你送过来，而接收的方式是通过实现接口唯一的方法 set-XXX。比如，有一个类想要使用当前的 ApplicationContext，那么我们只需要让它实现 ApplicationContextAware 接口，然后实现接口中唯一的方法 void setApplicationContext（ApplicationContext applicationContext）就可以了，spring 会自动调用这个方法将 applicationContext 传给我们，我们只需要接收就可以了！很方便吧！ EnvironmentCapable，顾名思义，当然就是具有 Environment 的能力，也就是可以提供 Environment，所以 EnvironmentCapable 唯一的方法是 Environment getEnvironment()，用于实现 EnvironmentCapable 接口的类，就是告诉 spring 它可以提供 Environment，当 spring 需要 Environment 的时候就会调用其 getEnvironment 方法跟它要。

了解了 Aware 和 Capable 的意思，下面再来看一下 ApplicationContext 和 Environment。前者相信大家都很熟悉了，后者是环境的意思，具体功能与之前讲过的 ServletContext 有点类似。实际上在 HttpServletBean 中 Environment 使用的是 Standard-Servlet-Environment（在 createEnvironment 方法中创建），这里确实封装了 ServletContext，同时还封装了 ServletConfig、JndiProperty、系统环境变量和系统属性，这些都封装到了其 propertySources 属性下。为了让大家理解得更深刻，在前面项目的 GoController 中获取 Environment，然后通过调试看一下。首先让 GoController 实现 EnvironmentAware 接口，这样 spring 就会将 Environment 传给我们，然后在处理请求的方法中加入断点，这样就可以查看 spring 传进来的内容了。修改后代码如下：

```
package com.excelib.controller;
// 省略了imports
@Controller
public class GoController implements EnvironmentAware {
    private final Log logger = LogFactory.getLog(GoController.class);

    @RequestMapping(value={"/"},method= {RequestMethod.HEAD})
    public String head() {
        return "go.jsp";
    }

    @RequestMapping(value={"/index","/"},method= {RequestMethod.GET})
    public String index(Model model) throws Exception {
        logger.info("======processed by index=======");
        //这里设置断点
        model.addAttribute("msg", "Go Go Go!");
```

```
        return "go.jsp";
    }

    private Environment environment = null;

    @Override
    public void setEnvironment(Environment environment) {
        this.environment=environment;
    }
}
```

为了看得更加清楚，显示设置 Servlet 定义时的 contextConfigLocation 属性。

```
<!--web.xml -->
<servlet>
    <servlet-name>let'sGo</servlet-name>
    <servlet-class>org.springframework.web.servlet.DispatcherServlet</servlet-class>
    <init-param>
        <param-name>contextConfigLocation</param-name>
        <param-value>WEB-INF/let'sGo-servlet.xml</param-value>
    </init-param>
    <load-on-startup>1</load-on-startup>
</servlet>
```

然后启动调试，并且打开浏览器发送一个根路径的请求。程序会中断到我们设置的断点的地方。这时将鼠标放到变量上就可以看到其内容了，如图 9-2 所示。

可以看到 propertySources 中确实包含前面所说的 5 个属性，然后再来看一下 ServletConfig-PropertySource 的内部结构，如图 9-3 所示。

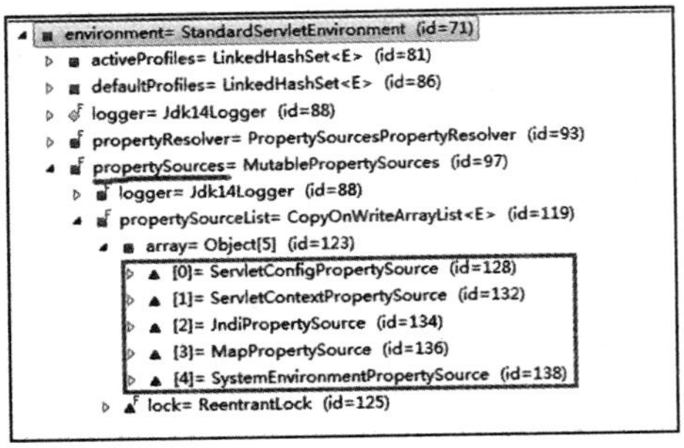

图 9-2 Environment 结构及内容图

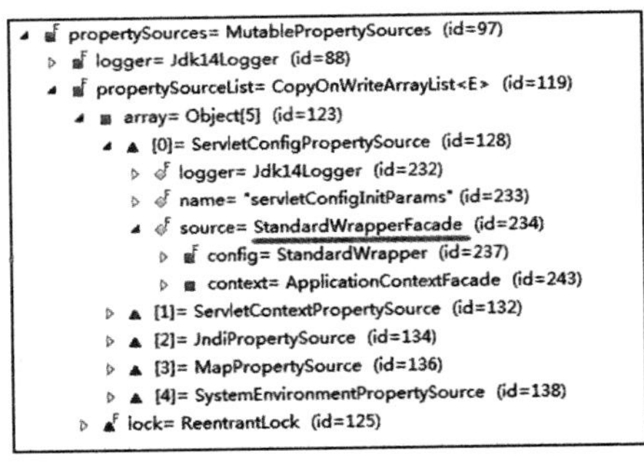

图 9-3 ServletConfigPropertySource 结构图

从图中可以看到 ServletConfigPropertySource 的 source 的类型是 StandardWrapperFacade，也就是 Tomcat 里定义的 ServletConfig 类型，所以 ServletConfigPropertySource 封装的就是 ServletConfig。在 web.xml 中定义的 contextConfigLocation 可以在 config 下的 parameters 里看到，这里还可以看到 name 以及 parent 等属性。当然，这里的 config 是私有的，不可以直接调用，config 其实是 Tomcat 中的 StandardWrapper——存放 Servlet 的容器（图 9-4）。

ServletContextPropertySource 中保存的是 ServletContext（图 9-5）。

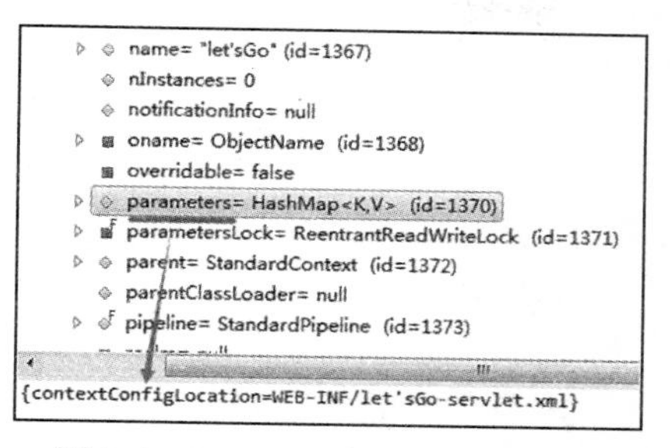

图 9-4　ServletConfigPropertySource 之 config 属性结构图

propertySources= MutablePropertySources (id=97)
logger= Jdk14Logger (id=88)
propertySourceList= CopyOnWriteArrayList<E> (id=119)
array= Object[5] (id=123)
[0]= ServletConfigPropertySource (id=128)
[1]= ServletContextPropertySource (id=132)
logger= Jdk14Logger (id=1410)
name= "servletContextInitParams" (id=1411)
source= ApplicationContextFacade (id=243)
[2]= JndiPropertySource (id=134)
[3]= MapPropertySource (id=136)
[4]= SystemEnvironmentPropertySource (id=138)
lock= ReentrantLock (id=125)

图 9-5　ServletContextPropertySource

JndiPropertySource 从名字就很容易理解，存放的是 Jndi，由于这里没有使用 Jndi，所以就不细讲了。MapPropertySource 存放的是我们所用的虚拟机的属性，如 Java 的版本、所用操作系统的名称、操作系统的版本号、用户主目录、临时目录、Catalina（Tomcat）的目录等内容；SystemEnvironmentPropertySource 存放的是环境变量，也就是我们设置的 JAVA_HOME、Path 等属性。

可见 Environment 的功能非常强大。通过慢慢体会 Environment，我们就可以对程序中的“环境”这个词有更深入的理解。

看完整体结构，接下来分别看一下 spring 中三个类的具体创建过程。

9.2　HttpServletBean

通过前面对 Servlet 的分析，我们知道 Servlet 创建时可以直接调用无参数的 init 方法。HttpServletBean 的 init 方法如下：

```
// org.springframework.web.servlet.HttpServletBean
public final void init() throws ServletException {
    if (logger.isDebugEnabled()) {
        logger.debug("Initializing servlet '" + getServletName() + "'");
    }

    try {
//将Servlet中配置的参数封装到pvs变量中，requiredProperties为必需参数，如果没配置将报异常
        PropertyValues pvs = new ServletConfigPropertyValues(getServletConfig(),
            this.requiredProperties);
        BeanWrapper bw = PropertyAccessorFactory.forBeanPropertyAccess(this);
        ResourceLoader resourceLoader = new ServletContextResourceLoader(getServ
            letContext());
        bw.registerCustomEditor(Resource.class, new esourceEditor(resourceLoader,
            getEnvironment()));
        //模板方法，可以在子类调用，做一些初始化工作。bw代表DispatcherServlet
        initBeanWrapper(bw);
        //将配置的初始化值（如contextConfigLocation）设置到DispatcherServlet
        bw.setPropertyValues(pvs, true);
```

```
    }catch (BeansException ex) {
        logger.error("Failed to set bean properties on servlet '" + getServletName()
            + "'", ex);
        throw ex;
    }

    // 模板方法，子类初始化的入口方法
    initServletBean();

    if (logger.isDebugEnabled()) {
        logger.debug("Servlet '" + getServletName() + "' configured successfully");
    }
}
```

可以看到，在 HttpServletBean 的 init 中，首先将 Servlet 中配置的参数使用 BeanWrapper 设置到 DispatcherServle 的相关属性，然后调用模板方法 initServletBean，子类就通过这个方法初始化。

多知道点

BeanWrapper 是什么，怎么用

BeanWrapper 是 Spring 提供的一个用来操作 JavaBean 属性的工具，使用它可以直接修改一个对象的属性，示例如下：

```
public class User {
    String userName;
    public String getUserName() {
        return userName;
    }
    public void setUserName(String userName) {
        this.userName = userName;
    }
}
public class BeanWrapperTest {
    public static void main(String[] args) {
        User user = new User();
        BeanWrapper bw = PropertyAccessorFactory.forBeanPropertyAccess(user);
        bw.setPropertyValue("userName", "张三");
        System.out.println(user.getUserName()); //输出张三
        PropertyValue value = new PropertyValue("userName", "李四");
        bw.setPropertyValue(value);
        System.out.println(user.getUserName()); //输出李四
    }
}
```

这个例子首先新建了一个 User 对象，其次使用 PropertyAccessorFactory 封装成 BeanWrapper 对象，这样就可以使用 BeanWrapper 对象对其属性 userName 进行操作。BeanWrapper 的使用就是这么简单，理解了这个例子，也就可以理解 HttpServletBean 中设置属性的方法了。

9.3　FrameworkServlet

从 HttpServletBean 中可知，FrameworkServlet 的初始化入口方法应该是 initServletBean，其代码如下：

```
// org.springframework.web.servlet.FrameworkServlet
protected final void initServletBean() throws ServletException {
    getServletContext().log("Initializing Spring FrameworkServlet '" +
        getServletName() + "'");
    if (this.logger.isInfoEnabled()) {
        this.logger.info("FrameworkServlet '" + getServletName() + "': initialization
            started");
    }
    long startTime = System.currentTimeMillis();

    try {
        this.webApplicationContext = initWebApplicationContext();
        initFrameworkServlet();
    }catch (ServletException ex) {
        this.logger.error("Context initialization failed", ex);
        throw ex;
    }catch (RuntimeException ex) {
        this.logger.error("Context initialization failed", ex);
        throw ex;
    }

    if (this.logger.isInfoEnabled()) {
        long elapsedTime = System.currentTimeMillis() - startTime;
        this.logger.info("FrameworkServlet '" + getServletName() + "':
            initialization completed in " +
            elapsedTime + " ms");
    }
}
```

可以看到这里的核心代码只有两句：一句用于初始化 WebApplicationContext，另一句用于初始化 FrameworkServlet，而且 initFrameworkServlet 方法是模板方法，子类可以覆盖然后在里面做一些初始化的工作，但子类并没有使用它。这两句代码如下：

```
// org.springframework.web.servlet.FrameworkServlet.initServletBean
this.webApplicationContext = initWebApplicationContext();
initFrameworkServlet();
```

可见 FrameworkServlet 在构建的过程中的主要作用就是初始化了 WebApplicationContext。下面来看一下 initWebApplicationContext 方法。

```
// org.springframework.web.servlet.FrameworkServlet
protected WebApplicationContext initWebApplicationContext() {
//获取rootContext
    WebApplicationContext rootContext =
         WebApplicationContextUtils.getWebApplicationContext(getServletContext());
    WebApplicationContext wac = null;
```

```
    //如果已经通过构造方法设置了webApplicationContext
    if (this.webApplicationContext != null) {
        wac = this.webApplicationContext;
        if (wac instanceof ConfigurableWebApplicationContext) {
            ConfigurableWebApplicationContext cwac = (ConfigurableWebApplication
                Context) wac;
            if (!cwac.isActive()) {
                if (cwac.getParent() == null) {
                    cwac.setParent(rootContext);
                }
                configureAndRefreshWebApplicationContext(cwac);
            }
        }
    }
    if (wac == null) {
       // 当webApplicationContext已经存在ServletContext中时，通过配置在Servlet中的
            contextAttribute参数获取
       wac = findWebApplicationContext();
   }
    if (wac == null) {
        // 如果webApplicationContext还没有创建，则创建一个
        wac = createWebApplicationContext(rootContext);
    }

    if (!this.refreshEventReceived) {
        // 当ContextRefreshedEvent事件没有触发时调用此方法，模板方法，可以在子类重写
           onRefresh(wac);
    }

    if (this.publishContext) {
        // 将ApplicationContext保存到ServletContext中
        String attrName = getServletContextAttributeName();
        getServletContext().setAttribute(attrName, wac);
        if (this.logger.isDebugEnabled()) {
            this.logger.debug("Published WebApplicationContext of servlet '" +
                getServletName() +
                "' as ServletContext attribute with name [" + attrName + "]");
        }
    }
    return wac;
}
```

initWebApplicationContext 方法做了三件事：

- 获取 spring 的根容器 rootContext。
- 设置 webApplicationContext 并根据情况调用 onRefresh 方法。
- 将 webApplicationContext 设置到 ServletContext 中。

获取 spring 的根容器 rootContext

获取根容器的原理是，默认情况下 spring 会将自己的容器设置成 ServletContext 的属性，默认根容器的 key 为 org.springframework.web.context.WebApplicationContext.ROOT，定义在

org.springframework.web.context.WebApplicationContext中。

```
String ROOT_WEB_APPLICATION_CONTEXT_ATTRIBUTE = WebApplicationContext.class.
    getName() + ".ROOT";
```

所以获取根容器只需要调用ServletContext的getAttribute就可以了。

```
ServletContext#getAttribute( "org.springframework.web.context.WebApplicationContext.
    ROOT" )
```

设置webApplicationContext并根据情况调用onRefresh方法

设置webApplicationContext一共有三种方法。

第一种方法是在构造方法中已经传递webApplicationContext参数，这时只需要对其进行一些设置即可。这种方法主要用于Servlet3.0以后的环境中，Servlet3.0之后可以在程序中使用ServletContext.addServlet方式注册Servlet，这时就可以在新建FrameworkServlet和其子类的时候通过构成方法传递已经准备好的webApplicationContext。

第二种方法是webApplicationContext已经在ServletContext中了。这时只需要在配置Servlet的时候将ServletContext中的webApplicationContext的name配置到contextAttribute属性就可以了。比如，在ServletContext中有一个叫haha的webApplicationContext，可以这么将它配置到Spring MVC中：

```
<!--Web.xml -->
<servlet>
    <servlet-name>let'sGo</servlet-name>
    <servlet-class>org.springframework.web.servlet.DispatcherServlet</servlet-class>
    <init-param>
        <param-name>contextAttribute</param-name>
        <param-value>haha</param-value>
    </init-param>
    <load-on-startup>1</load-on-startup>
</servlet>
```

第三种方法是在前面两种方式都无效的情况下自己创建一个。正常情况下就是使用的这种方式。创建过程在createWebApplicationContext方法中，createWebApplicationContext内部又调用了configureAndRefreshWebApplicationContext方法，代码如下：

```
// org.springframework.web.servlet.FrameworkServlet
protected WebApplicationContext createWebApplicationContext(ApplicationContext
    parent) {
    //获取创建类型
    Class<?> contextClass = getContextClass();
    if (this.logger.isDebugEnabled()) {
        this.logger.debug("Servlet with name '" + getServletName() +
                "' will try to create custom WebApplicationContext context of class '" +
                contextClass.getName() + "'" + ", using parent context [" + parent + "]");
    }
//检查创建类型
    if (!ConfigurableWebApplicationContext.class.isAssignableFrom(contextClass)) {
```

```
            throw new ApplicationContextException(
                "Fatal initialization error in servlet with name '" + getServletName() +
                "': custom WebApplicationContext class [" + contextClass.getName() +
                "] is not of type ConfigurableWebApplicationContext");
        }
//具体创建
        ConfigurableWebApplicationContext wac =
            (ConfigurableWebApplicationContext) BeanUtils.instantiateClass(contextClass);

        wac.setEnvironment(getEnvironment());
        wac.setParent(parent);
//将设置的contextConfigLocation参数传给wac，默认传入WEB-INFO/[ServletName]-Servlet.xml
wac.setConfigLocation(getContextConfigLocation());

        configureAndRefreshWebApplicationContext(wac);

        return wac;
}

protected void configureAndRefreshWebApplicationContext(ConfigurableWebApplication
    Context wac) {
    if (ObjectUtils.identityToString(wac).equals(wac.getId())) {
        // The application context id is still set to its original default value
        // -> assign a more useful id based on available information
        if (this.contextId != null) {
            wac.setId(this.contextId);
        }else {
            wac.setId(ConfigurableWebApplicationContext.APPLICATION_CONTEXT_ID_PREFIX +
            ObjectUtils.getDisplayString(getServletContext().getContextPath())  +
                "/" + getServletName());
        }
    }

    wac.setServletContext(getServletContext());
    wac.setServletConfig(getServletConfig());
    wac.setNamespace(getNamespace());
    //添加监听ContextRefreshedEvent的监听器
    wac.addApplicationListener(new SourceFilteringListener(wac, new ContextRefreshListener()));

    // The wac environment's #initPropertySources will be called in any case when the context
    // is refreshed; do it eagerly here to ensure servlet property sources are in place for
    // use in any post-processing or initialization that occurs below prior to #refresh
    ConfigurableEnvironment env = wac.getEnvironment();
    if (env instanceof ConfigurableWebEnvironment) {
        ((ConfigurableWebEnvironment) env).initPropertySources(getServletConte
            xt(), getServletConfig());
    }

    postProcessWebApplicationContext(wac);
    applyInitializers(wac);
    wac.refresh();
}
```

这里首先调用 getContextClass 方法获取要创建的类型，它可以通过 contextClass 属性设置到 Servlet 中，默认使用 org.springframework.web.context.support.Xml-WebApplication-Context。然后检查属不属于 ConfigurableWebApplicationContext 类型，如果不属于就抛出异常。接下来通过 BeanUtils.instantiateClass（contextClass）进行创建，创建后将设置的 contextConfigLocation 传入，如果没有设置，默认传入 WEB-INFO/[ServletName]-Servlet.xml，然后进行配置。其他内容基本上都很容易理解，需要说明的是，在 configureAndRefreshWebApplicationContext 方法中给 wac 添加了监听器。

```
wac.addApplicationListener(new SourceFilteringListener(wac, new ContextRefreshListener()));
```

SourceFilteringListener 可以根据输入的参数进行选择，所以实际监听的是 ContextRefresh-Listener 所监听的事件。ContextRefreshListener 是 FrameworkServlet 的内部类，监听 Context-RefreshedEvent 事件，当接收到消息时调用 FrameworkServlet 的 onApplicationEvent 方法，在 onApplicationEvent 中会调用一次 onRefresh 方法，并将 refreshEventReceived 标志设置为 true，表示已经 refresh 过，代码如下：

```
// org.springframework.web.servlet.FrameworkServlet
private class ContextRefreshListener implements ApplicationListener<ContextRefreshedEvent> {
    @Override
    public void onApplicationEvent(ContextRefreshedEvent event) {
        FrameworkServlet.this.onApplicationEvent(event);
    }
}

public void onApplicationEvent(ContextRefreshedEvent event) {
    this.refreshEventReceived = true;
    onRefresh(event.getApplicationContext());
}
```

再回到 initWebApplicationContext 方法，可以看到后面会根据 refreshEventReceived 标志来判断是否要运行 onRefresh。

```
// org.springframework.web.servlet.FrameworkServlet.initWebApplicationContext
if (!this.refreshEventReceived) {
    onRefresh(wac);
}
```

当使用第三种方法初始化时已经 refresh，不需要再调用 onRefresh。同样在第一种方式中也调用了 configureAndRefreshWebApplicationContext 方法，也 refresh 过，所以只有使用第二种方式初始化 webApplicationContext 的时候才会在这里调用 onRefresh 方法。不过不管用哪种方式调用，onRefresh 最终肯定会而且只会调用一次，而且 DispatcherServlet 正是通过重写这个模板方法来实现初始化的。

将 webApplicationContext 设置到 ServletContext 中

最后会根据 publishContext 标志判断是否将创建出来的 webApplicationContext 设置到

ServletContext 的属性中，publishContext 标志可以在配置 Servlet 时通过 init-param 参数进行设置，HttpServletBean 初始化时会将其设置到 publishContext 参数。之所以将创建出来的 webApplicationContext 设置到 ServletContext 的属性中，主要是为了方便获取，在前面获取 RootApplicationContext 的时候已经介绍过。

前面介绍了配置 Servlet 时可以设置的一些初始化参数，总结如下：

- contextAttribute：在 ServletContext 的属性中，要用作 WebApplicationContext 的属性名称。
- contextClass：创建 WebApplicationContext 的类型。
- contextConfigLocation：Spring MVC 配置文件的位置。
- publishContext：是否将 webApplicationContext 设置到 ServletContext 的属性。

9.4 DispatcherServlet

onRefresh 方法是 DispatcherServlet 的入口方法。onRefresh 中简单地调用了 initStrategies，在 initStrategies 中调用了 9 个初始化方法：

```
// org.springframework.web.servlet.DispatcherServlet
protected void onRefresh(ApplicationContext context) {
    initStrategies(context);
}

protected void initStrategies(ApplicationContext context) {
    initMultipartResolver(context);
    initLocaleResolver(context);
    initThemeResolver(context);
    initHandlerMappings(context);
    initHandlerAdapters(context);
    initHandlerExceptionResolvers(context);
    initRequestToViewNameTranslator(context);
    initViewResolvers(context);
    initFlashMapManager(context);
}
```

可能有读者不理解为什么要这么写，为什么不将 initStrategies 的具体实现直接写到 onRefresh 中呢？ initStrategies 方法不是多余的吗？其实这主要是分层的原因，onRefresh 是用来刷新容器的，initStrategies 用来初始化一些策略组件。如果把 initStrategies 里面的代码直接写到 onRefresh 里面，对于程序的运行也没有影响，不过这样一来，如果在 onRefresh 中想再添加别的功能，就会没有将其单独写一个方法出来逻辑清晰，不过这并不是最重要的，更重要的是，如果在别的地方也需要调用 initStrategies 方法（如需要修改一些策略后进行热部署），但 initStrategies 没独立出来，就只能调用 onRefresh，那样在 onRefresh 增加了新功能的时候就麻烦了。另外单独将 initStrategies 写出来还可以被子类覆盖，使用新的模式进行初始化。

initStrategies 的具体内容非常简单，就是初始化的 9 个组件，下面以 LocaleResolver 为例来分析具体的初始化方式：

```
// org.springframework.web.servlet.DispatcherServlet
private void initLocaleResolver(ApplicationContext context) {
    try {
        // 在context中获取
        this.localeResolver = context.getBean(LOCALE_RESOLVER_BEAN_NAME,
            LocaleResolver.class);
        if (logger.isDebugEnabled()) {
            logger.debug("Using LocaleResolver [" + this.localeResolver + "]");
        }
    }catch (NoSuchBeanDefinitionException ex) {
        // 使用默认策略
        this.localeResolver = getDefaultStrategy(context, LocaleResolver.class);
        if (logger.isDebugEnabled()) {
            logger.debug("Unable to locate LocaleResolver with name '" + LOCALE_
                RESOLVER_BEAN_NAME +
            "': using default [" + this.localeResolver + "]");
        }
    }
}
```

初始化方式分两步：首先通过 context.getBean 在容器里面按注册时的名称或类型（这里指”localeResolver”名称或者 LocaleResolver.class 类型）进行查找，所以在 Spring MVC 的配置文件中只需要配置相应类型的组件，容器就可以自动找到。如果找不到就调用 getDefaultStrategy 按照类型获取默认的组件。需要注意的是，这里的 context 指的是 FrameworkServlet 中创建的 WebApplicationContext，而不是 ServletContext。下面介绍 getDefaultStrategy 是怎样获取默认组件的。

```
// org.springframework.web.servlet.DispatcherServlet
protected<T> T getDefaultStrategy(ApplicationContext context, Class<T>
strategyInterface) {
    List<T> strategies = getDefaultStrategies(context, strategyInterface);
    if (strategies.size() != 1) {
        throw new BeanInitializationException(
            "DispatcherServlet needs exactly 1 strategy for interface [" +
                strategyInterface.getName() + "]");
    }
    return strategies.get(0);
}
protected <T> List<T> getDefaultStrategies(ApplicationContext context, Class<T>
    strategyInterface) {
    String key = strategyInterface.getName();
    //从defaultStrategies获取所需策略的类型
    String value = defaultStrategies.getProperty(key);
    if (value != null) {
        //如果有多个默认值，以逗号分割为数组
        String[] classNames = StringUtils.commaDelimitedListToStringArray(value);
        List<T> strategies = new ArrayList<T>(classNames.length);
```

```
            //按获取到的类型初始化策略
            for (String className : classNames) {
                try {
                    Class<?> clazz = ClassUtils.forName(className, DispatcherServlet.
                        class.getClassLoader());
                    Object strategy = createDefaultStrategy(context, clazz);
                    strategies.add((T) strategy);
                }catch (ClassNotFoundException ex) {
                    throw new BeanInitializationException(
                        "Could not find DispatcherServlet's default strategy class [" +
                            className +
                            "] for interface [" + key + "]", ex);
                }catch (LinkageError err) {
                    throw new BeanInitializationException(
                        "Error loading DispatcherServlet's default strategy class [" +
                            className +
                            "] for interface [" + key + "]: problem with class file or
                                dependent class", err);
                }
            }
            return strategies;
        }else {
            return new LinkedList<T>();
        }
    }
```

可以看到 getDefaultStrategy 中调用了 getDefaultStrategies，后者返回的是 List，这是因为 HandlerMapping 等组件可以有多个，所以定义了 getDefaultStrategies 方法，getDefaultStrategy 直接调用了 getDefaultStrategies 方法，并返回返回值的第一个结果。

getDefaultStrategies 中实际执行创建的方法是 ClassUtils.forName，它需要的参数是 className，所以最重要的是看 className 怎么来的，找到了 className 的来源，也就可以理解默认初始化的方式。className 来自 classNames，classNames 又来自 value，而 value 来自 defaultStrategies.getProperty（key）。所以关键点就在 defaultStrategies 中，defaultStrategies 是一个静态属性，在 static 块中进行初始化的。

```
// org.springframework.web.servlet.DispatcherServlet
private static final Properties defaultStrategies;

static {
    try {
        ClassPathResource resource = new ClassPathResource(DEFAULT_STRATEGIES_
            PATH, DispatcherServlet.class);
        defaultStrategies = PropertiesLoaderUtils.loadProperties(resource);
    }catch (IOException ex) {
        throw new IllegalStateException("Could not load 'DispatcherServlet.
            properties': " + ex.getMessage());
    }
}
```

我们看到 defaultStrategies 是 DispatcherServlet 类所在包下的 DEFAULT_STRATEGIES_

PATH文件里定义的属性，DEFAULT_STRATEGIES_PATH的值是DispatcherServlet.properties。所以defaultStrategies里面存放的是org.springframework.web.DispatcherServlet.properties里面定义的键值对，代码如下：

```
# org.springframework.web.DispatcherServlet.properties
# Default implementation classes for DispatcherServlet's strategy interfaces.
# Used as fallback when no matching beans are found in the DispatcherServlet context.
# Not meant to be customized by application developers.这些配置是固定的，开发者不可以定制

org.springframework.web.servlet.LocaleResolver=org.springframework.web.servlet.
    i18n.AcceptHeaderLocaleResolver

org.springframework.web.servlet.ThemeResolver=org.springframework.web.servlet.
    theme.FixedThemeResolver

org.springframework.web.servlet.HandlerMapping=org.springframework.web.servlet.
    handler.BeanNameUrlHandlerMapping,\
    org.springframework.web.servlet.mvc.annotation.DefaultAnnotationHandlerMapping

org.springframework.web.servlet.HandlerAdapter=org.springframework.web.servlet.
    mvc.HttpRequestHandlerAdapter,\
    org.springframework.web.servlet.mvc.SimpleControllerHandlerAdapter,\
    org.springframework.web.servlet.mvc.annotation.AnnotationMethodHandlerAdapter

org.springframework.web.servlet.HandlerExceptionResolver=org.springframework.
    web.servlet.mvc.annotation.AnnotationMethodHandlerExceptionResolver,\
    org.springframework.web.servlet.mvc.annotation.ResponseStatusExceptionResolver,\
    org.springframework.web.servlet.mvc.support.DefaultHandlerExceptionResolver

org.springframework.web.servlet.RequestToViewNameTranslator=org.springframework.
    web.servlet.view.DefaultRequestToViewNameTranslator

org.springframework.web.servlet.ViewResolver=org.springframework.web.servlet.
    view.InternalResourceViewResolver

org.springframework.web.servlet.FlashMapManager=org.springframework.web.servlet.
    support.SessionFlashMapManager
```

可以看到，这里确实定义了不同组件的类型，一共定义了8个组件，处理上传组件MultipartResolver是没有默认配置的，这也很容易理解，并不是每个应用都需要上传功能，即使需要上传也不一定就要使用MultipartResolver，所以MultipartResolver不需要默认配置。另外HandlerMapping、HandlerAdapter和HandlerExceptionResolver都配置了多个，其实ViewResolver也可以有多个，只是默认的配置只有一个。

这里需要注意两个问题：首先默认配置并不是最优配置，也不是spring的推荐配置，只是在没有配置的时候可以有个默认值，不至于空着。里面的有些默认配置甚至已经被标注为@Deprecated，表示已弃用，如DefaultAnnotationHandlerMapping、Annotation-MethodHandlerAdapter以及AnnotationMethodHandlerExceptionResolver。另外需要注意的一点是，默认配置是在相应类型没有配置的时候才会使用，如当使用<mvc:annotation-driven/>后，并不会全部

使用默认配置。因为它配置了 HandlerMapping、HandlerAdapter 和 Handler-ExceptionResolver，而且还做了很多别的工作，更详细的内容可以查看 org.springframework.web.servlet.config.AnnotationDrivenBeanDefinitionParser。

DispatcherServlet 的创建过程主要是对 9 大组件进行初始化，具体每个组件的作用后面具体讲解。

多知道点

在 spring 的 xml 文件中通过命名空间配置的标签是怎么解析的

我们都知道，在 spring 的 xml 配置文件中可以使用很多命名空间来配置，命名空间配置的内容具体是怎么解析的呢？对于一个具体的命名空间，spring 是怎么找到解析它的类的呢？

其实在 spring 中是把解析标签的类都放到了相应的 META-INF 目录下的 spring.handlers 文件中，然后从那里面找，比如，mvc 命名空间的解析设置在 spring-webmvc-4.1.5.RELEASE.jar 包下 META-INF/spring.handlers 文件中，其内容为

```
http\://www.springframework.org/schema/mvc=org.springframework.web.servlet.
    config.MvcNamespaceHandler
```

这也就告诉我们，处理 mvc 这个命名空间的配置要使用 MvcNamespaceHandler（在其内部将 mvc: annotation-driven 的解析交给 AnnotationDrivenBeanDefinitionParser）。

解析配置的接口是 org.springframework.beans.factory.xml.NamespaceHandler，它的继承结构如下（NamespaceHandlerSupport 的子类有很多，图 9-6 只给出了 MvcNamespaceHandler）。

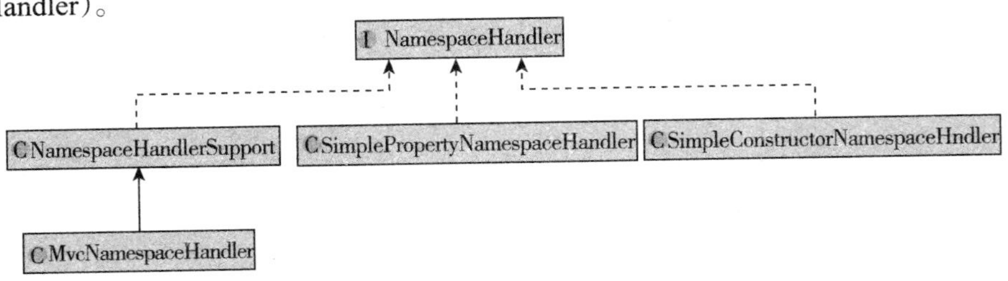

图 9-6 NamespaceHandler 继承结构图

NamespaceHandler 里一共定义了三个方法：init、parse 和 decorate。init 是用来初始化自己的；parse 用于将配置的标签转换成 spring 所需要的 BeanDefinition；decorate 是装饰的意思，decorate 方法的作用是对所在的 BeanDefinition 进行一些修改，用得比较少。

```
//org.springframework.beans.factory.xml.NamespaceHandler
public interface NamespaceHandler {
    void init();
    BeanDefinition parse(Element element, ParserContext parserContext);
    BeanDefinitionHolder decorate(Node source, BeanDefinitionHolder definition,
```

```
        ParserContext parserContext);
}
```

NamespaceHandler的实现类主要有三个：NamespaceHandlerSupport、SimpleConstructorNamespaceHandler、SimplePropertyNamespaceHandler。其中NamespaceHandler-Support是NamespaceHandler的默认实现，一般的NamespaceHandler都继承自这个类（当然也有特殊情况，springSecurity的SecurityNamespaceHandler是直接实现的NamespaceHandler接口），SimpleConstructorNamespaceHandler用于统一对通过c:配置的构造方法进行解析，SimplePropertyNamespaceHandler用于统一对通过p:配置的参数进行解析。

NamespaceHandlerSupport并没有做具体的解析工作，而是定义了三个处理器parsers、decorators、attributeDecorators，分别用于处理解析工作、处理标签类型、处理属性类型的装饰。接口的parse和decorate方法的执行方式是先找到相应的处理器，然后进行处理。具体的处理器由子类实现，然后注册到NamespaceHandlerSupport上面。所以要定义一个命名空间的解析器，只需要在init中定义相应的parsers、decorators、attributeDecorators并注册到NamespaceHandlerSupport上面。下面是NamespaceHandler-Support的代码以及解析mvc命名空间的MvcNamespaceHandler的代码：

```
package org.springframework.beans.factory.xml;
// 省略了imports
public abstract class NamespaceHandlerSupport implements NamespaceHandler {
    private final Map<String, BeanDefinitionParser> parsers =
        new HashMap<String, BeanDefinitionParser>();
    private final Map<String, BeanDefinitionDecorator> decorators =
        new HashMap<String, BeanDefinitionDecorator>();
    private final Map<String, BeanDefinitionDecorator> attributeDecorators =
        new HashMap<String, BeanDefinitionDecorator>();

    @Override
    public BeanDefinition parse(Element element, ParserContext parserContext) {
        return findParserForElement(element, parserContext).parse(element,
            parserContext);
    }

    private BeanDefinitionParser findParserForElement(Element element,
        ParserContext parserContext) {
        String localName = parserContext.getDelegate().getLocalName(element);
        BeanDefinitionParser parser = this.parsers.get(localName);
        if (parser == null) {
            parserContext.getReaderContext().fatal(
                "Cannot locate BeanDefinitionParser for element [" + localName + "]",
                    element);
        }
        return parser;
    }
```

```
    @Override
    public BeanDefinitionHolder decorate(
            Node node, BeanDefinitionHolder definition, ParserContext parserContext) {

        return findDecoratorForNode(node, parserContext).decorate(node,
            definition, parserContext);
    }

    private BeanDefinitionDecorator findDecoratorForNode(Node node, ParserContext
        parserContext) {
        BeanDefinitionDecorator decorator = null;
        String localName = parserContext.getDelegate().getLocalName(node);
        //先判断是标签还是属性，然后再调用相应方法进行处理
if (node instanceof Element) {
            decorator = this.decorators.get(localName);
        }else if (node instanceof Attr) {
            decorator = this.attributeDecorators.get(localName);
        }else {
        parserContext.getReaderContext().fatal(
            "Cannot decorate based on Nodes of type [" + node.getClass().getName()
               + "]", node);
        }
        if (decorator == null) {
        parserContext.getReaderContext().fatal("Cannot locate BeanDefinitionDecorator
            for " +
            (node instanceof Element ? "element" : "attribute") + " [" + localName
                + "]", node);
        }
        return decorator;
    }

    protected final void registerBeanDefinitionParser(String elementName,
        BeanDefinitionParser parser) {
        this.parsers.put(elementName, parser);
    }

    protected final void registerBeanDefinitionDecorator(String elementName,
        BeanDefinitionDecorator dec) {
        this.decorators.put(elementName, dec);
    }

    protected final void registerBeanDefinitionDecoratorForAttribute(String
        attrName, BeanDefinitionDecorator dec) {
        this.attributeDecorators.put(attrName, dec);
    }
}

package org.springframework.web.servlet.config;
// 省略了imports
public class MvcNamespaceHandler extends NamespaceHandlerSupport {
    @Override
    public void init() {
```

```
            registerBeanDefinitionParser("annotation-driven", new AnnotationDrivenBe
                anDefinitionParser());
            registerBeanDefinitionParser("default-servlet-handler", new DefaultServl
                etHandlerBeanDefinitionParser());
            registerBeanDefinitionParser("interceptors", new InterceptorsBeanDefiniti
                onParser());
            registerBeanDefinitionParser("resources", new ResourcesBeanDefinitionPars
                er());
            registerBeanDefinitionParser("view-controller", new ViewControllerBeanDe
                finitionParser());
            registerBeanDefinitionParser("redirect-view-controller", new ViewControl
                lerBeanDefinitionParser());
            registerBeanDefinitionParser("status-controller", new ViewControllerBean
                DefinitionParser());
            registerBeanDefinitionParser("view-resolvers", new ViewResolversBeanDefin
                itionParser());
            registerBeanDefinitionParser("tiles-configurer", new TilesConfigurerBeanDe
                finitionParser());
            registerBeanDefinitionParser("freemarker-configurer", new FreeMarkerConfig
                urerBeanDefinitionParser());
            registerBeanDefinitionParser("velocity-configurer", new VelocityConfigurer
                BeanDefinitionParser());
            registerBeanDefinitionParser("groovy-configurer", new GroovyMarkupConfigur
                erBeanDefinitionParser());
        }
    }
```

从这里就可以看到 mvc 命名空间使用到的所有解析器，其中解析“annotation-driven”的是 AnnotationDrivenBeanDefinitionParser。

9.5　小结

本章主要分析了 Spring MVC 自身的创建过程，Spring MVC 中 Servlet 一共有三个层次，分别是 HttpServletBean、FrameworkServlet 和 DispatcherServlet。HttpServletBean 直接继承自 Java 的 HttpServlet，其作用是将 Servlet 中配置的参数设置到相应的属性；FrameworkServlet 初始化了 WebApplicationContext，DispatcherServlet 初始化了自身的 9 个组件。

FrameworkServlet 初始化 WebApplicationContext 一共有三种方式，过程中使用了 Servlet 中配置的一些参数。

整体结构非常简单——分三个层次做了三件事，但具体实现过程还是有点复杂的。这其实也是 spring 的特点：结构简单，实现复杂。结构简单主要是顶层设计好，实现复杂的主要是提供的功能比较多，可配置的地方也非常多。当然，正是因为实现复杂，才让 Spring MVC 使用起来更加灵活，这一点在后面会有更深刻的体会。如果能静下心来对照着源代码耐心地去看，还是很容易理解的。

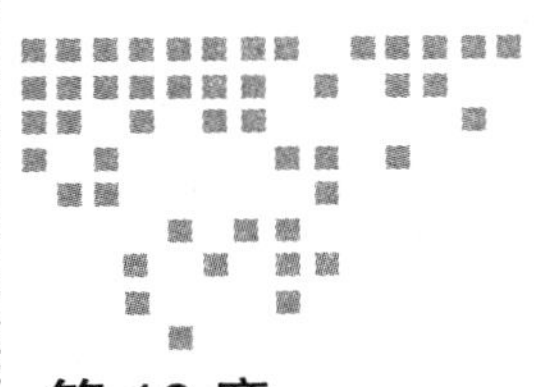

Chapter 10 第 10 章

Spring MVC 之用

前面分析了 Spring MVC 的创建过程，本章分析 Spring MVC 是怎么处理请求的。我们这里分两步：首先分析 HttpServletBean、FrameworkServlet 和 DispatcherServlet 这三个 Servlet 的处理过程，这样大家可以明白从 Servlet 容器将请求交给 Spring MVC 一直到 DispatcherServlet 具体处理请求之前都做了些什么，最后再重点分析 Spring MVC 中最核心的处理方法 doDispatch 的结构。

10.1 HttpServletBean

HttpServletBean 主要参与了创建工作，并没有涉及请求的处理。之所以单独将它列出来是为了明确地告诉大家这里没有具体处理请求。

10.2 FrameworkServlet

前面讲过 Servlet 的处理过程：首先是从 Servlet 接口的 service 方法开始，然后在 Http-Servlet 的 service 方法中根据请求的类型不同将请求路由到了 doGet、doHead、doPost、doPut、doDelete、doOptions 和 doTrace 七个方法，并且做了 doHead、doOptions 和 doTrace 的默认实现，其中 doHead 调用 doGet，然后返回只有 header 没有 body 的 response。

在 FrameworkServlet 中重写了 service、doGet、doPost、doPut、doDelete、doOptions、doTrace 方法（除了 doHead 的所有处理请求的方法）。在 service 方法中增加了对 PATCH 类型请求的处理，其他类型的请求直接交给了父类进行处理；doOptions 和 doTrace 方法可以

通过设置 dispatchOptionsRequest 和 dispatchTraceRequest 参数决定是自己处理还是交给父类处理（默认都是交给父类处理，doOptions 会在父类的处理结果中增加 PATCH 类型）；doGet、doPost、doPut 和 doDelete 都是自己处理。所有需要自己处理的请求都交给了 processRequest 方法进行统一处理。

下面来看一下 service 和 doGet 的代码，别的需要自己处理的方法都和 doGet 类似。

```
// org.springframework.web.servlet.FrameworkServlet
protected void service(HttpServletRequest request, HttpServletResponse response)
        throws ServletException, IOException {
    String method = request.getMethod();
    if (method.equalsIgnoreCase(RequestMethod.PATCH.name())) {
        processRequest(request, response);
    }else {
        super.service(request, response);
    }
}
protected final void doGet(HttpServletRequest request, HttpServletResponse response)
        throws ServletException, IOException {
    processRequest(request, response);
}
```

我们发现这里所做的事情跟 HttpServlet 里将不同类型的请求路由到不同方法进行处理的思路正好相反，这里又将所有的请求合并到了 processRequest 方法。当然并不是说 Spring MVC 中就不对 request 的类型进行分类，而全部执行相同的操作了，恰恰相反，Spring MVC 中对不同类型请求的支持非常好，不过它是通过另外一种方式进行处理的，它将不同类型的请求用不同的 Handler 进行处理，后面再详细分析。

可能有的读者会想，直接覆盖了 service 不是就可以了吗？ HttpServlet 是在 service 方法中将请求路由到不同的方法的，如果在 service 中不再调用 super.service()，而是直接将请求交给 processRequest 处理不是更简单吗？从现在的结构来看确实如此，不过那么做其实存在着一些问题。比如，我们为了某种特殊需求需要在 Post 请求处理前对 request 做一些处理，这时可能会新建一个继承自 DispatcherServlet 的类，然后覆盖 doPost 方法，在里面先对 request 做处理，然后再调用 supper.doPost()，但是父类根本就没调用 doPost，所以这时候就会出问题了。虽然这个问题的解决方法也很简单，但是按正常的逻辑，调用 doPost 应该可以完成才合理，而且一般情况下开发者并不需要对 Spring MVC 内部的结构非常了解，所以 Spring MVC 的这种做法虽然看起来有点笨拙但是是必要的。

下面就来看 processRequest 方法，processRequest 是 FrameworkServlet 类在处理请求中最核心的方法。

```
// org.springframework.web.servlet.FrameworkServlet
protected final void processRequest(HttpServletRequest request, HttpServletResponse
    response)
    throws ServletException, IOException {
```

```
    long startTime = System.currentTimeMillis();
    Throwable failureCause = null;
    // 获取LocaleContextHolder中原来保存的LocaleContext
    LocaleContext previousLocaleContext = LocaleContextHolder.getLocaleContext();
    // 获取当前请求的LocaleContext
    LocaleContext localeContext = buildLocaleContext(request);
    // 获取RequestContextHolder中原来保存的RequestAttributes
    RequestAttributes previousAttributes = RequestContextHolder.getRequestAttributes();
    //获取当前请求的ServletRequestAttributes
    ServletRequestAttributes requestAttributes = buildRequestAttributes(request,
        response, previousAttributes);

    WebAsyncManager asyncManager = WebAsyncUtils.getAsyncManager(request);
    asyncManager.registerCallableInterceptor(FrameworkServlet.class.getName(),
        new RequestBindingInterceptor());
    //将当前请求的LocaleContext和ServletRequestAttributes设置到LocaleContextHolder和
        RequestContextHolder
    initContextHolders(request, localeContext, requestAttributes);

    try {
        //实际处理请求入口
        doService(request, response);
    }catch (ServletException ex) {
        failureCause = ex;
        throw ex;
    }catch (IOException ex) {
        failureCause = ex;
        throw ex;
    }catch (Throwable ex) {
        failureCause = ex;
    throw new NestedServletException("Request processing failed", ex);
    }finally {
        //恢复原来的LocaleContext和ServletRequestAttributes到LocaleContextHolder和
            RequestContextHolder中
        resetContextHolders(request, previousLocaleContext, previousAttributes);
        if (requestAttributes != null) {
            requestAttributes.requestCompleted();
        }
        //省略了log代码
        //发布ServletRequestHandledEvent消息
        publishRequestHandledEvent(request, response, startTime, failureCause);
    }
}
```

processRequest方法中的核心语句是doService（request，response），这是一个模板方法，在DispatcherServlet中具体实现。在doService前后还做了一些事情（也就是大家熟悉的装饰模式）：首先获取了LocaleContextHolder和RequestContextHolder中原来保存的LocaleContext和RequestAttributes并设置到previousLocaleContext和previousAttributes临时属性，然后调用buildLocaleContext和buildRequestAttributes方法获取到当前请求的LocaleContext和RequestAttributes，并通过initContextHolders方法将它们设置到LocaleContextHolder和Request-

ContextHolder 中（处理完请求后再恢复到原来的值），接着使用 request 拿到异步处理管理器并设置了拦截器，做完这些后执行了 doService 方法，执行完后，最后（finally 中）通过 resetContextHolders 方法将原来的 previousLocaleContext 和 previousAttributes 恢复到 LocaleContextHolder 和 RequestContextHolder 中，并调用 publishRequestHandledEvent 方法发布了一个 ServletRequestHandledEvent 类型的消息。

这里涉及了异步请求相关的内容，Spring MVC 中异步请求的内容会在后面专门讲解。除了异步请求和调用 doService 方法具体处理请求，processRequest 自己主要做了两件事情：①对 LocaleContext 和 RequestAttributes 的设置及恢复；②处理完后发布了 ServletRequestHandledEvent 消息。

首先来看一下 LocaleContext 和 RequestAttributes。LocaleContext 里面存放着 Locale（也就是本地化信息，如 zh-cn 等），RequestAttributes 是 spring 的一个接口，通过它可以 get/set/removeAttribute，根据 scope 参数判断操作 request 还是 session。这里具体使用的是 ServletRequestAttributes 类，在 ServletRequestAttributes 里面还封装了 request、response 和 session，而且都提供了 get 方法，可以直接获取。下面来看一下 ServletRequestAttributes 里 setAttribute 的代码（get/ remove 都大同小异）。

```
// org.springframework.web.context.request.ServletRequestAttributes
public void setAttribute(String name, Object value, int scope) {
    if (scope == SCOPE_REQUEST) {
        if (!isRequestActive()) {
            throw new IllegalStateException(
                "Cannot set request attribute - request is not active anymore!");
        }
        this.request.setAttribute(name, value);
    }else {
        HttpSession session = getSession(true);
        this.sessionAttributesToUpdate.remove(name);
        session.setAttribute(name, value);
    }
}
```

设置属性时可以通过 scope 判断是对 request 还是 session 进行设置，具体的设置方法非常简单，就是直接对 request 和 session 操作，sessionAttributesToUpdate 属性后面讲到 SessionAttributesHandler 的时候再介绍，这里可以先不考虑它。需要注意的是 isRequestActive 方法，当调用了 ServletRequestAttributes 的 requestCompleted 方法后 requestActive 就会变为 false，执行之前是 true。这个很容易理解，request 执行完了，当然也就不能再对它进行操作了！你可能已经注意到，在刚才的 finally 块中已调用 requestAttributes 的 requestCompleted 方法。

现在大家对 LocaleContext 和 RequestAttributes 已经有了大概的了解，前者可以获取 Locale，后者用于管理 request 和 session 的属性。不过可能还是有种没有理解透的感觉，因为还不知道它到底怎么用。不要着急，我们接下来看 LocaleContextHolder 和 Request-

ContextHolder，把这两个理解了也就全部明白了！

先来看 LocaleContextHolder，这是一个 abstract 类，不过里面的方法都是 static 的，可以直接调用，而且没有父类也没有子类！也就是说我们不能对它实例化，只能调用其定义的 static 方法。这种 abstract 的使用方式也值得我们学习。在 LocaleContextHolder 中定义了两个 static 的属性。

```
// org.springframework.context.i18n.LocaleContextHolder
private static final ThreadLocal<LocaleContext> localeContextHolder =
      new NamedThreadLocal<LocaleContext>("Locale context");

private static final ThreadLocal<LocaleContext> inheritableLocaleContextHolder =
      new NamedInheritableThreadLocal<LocaleContext>("Locale context");
```

这两个属性都是 ThreadLocal<LocaleContext> 类型的，LocaleContext 前面已经介绍了，ThreadLocal 大家应该也不陌生，很多地方都用了它。

多知道点

ThreadLocal 的作用及其实现原理

简单来说，ThreadLocal 类型的属性就是每个线程都可以独立保存自己的内容，虽然是同一个属性，但不同的线程用的却是自己独有的一份。

ThreadLocal 内部具体的实现是这样的，首先在 Thread 内部封装了一个 map 用于保存一些值，然后 ThreadLocal 在 get/set 的时候，首先拿到线程自身的那个 map，然后将自己作为 key，所要保存的值作为 value，put 进去，这样就将具体的值保存在了每个线程自身上面（而不是 ThreadLocal 里面），所以每个线程之间都会有独立的一份，而不会相互影响。至于为什么要用 map 而不是 Object，也很容易理解，因为这样每个线程都可以保存不止一个 ThreadLocal 类型的属性。比如，在 LocaleContextHolder 里面有两个 ThreadLocal：locale-ContextHolder 和 inheritableLocaleContextHolder，这时就需要实例化两个 ThreadLocal，然后分别作为 key 保存到 Thread 里面，如果别的地方还有使用到 ThreadLocal 的地方，再实例化一个 ThreadLocal，然后将自己作为 key，put 到 Thread 里面。也就是 Thread 中的那个 map 的每一个 key-value 代表着一个 ThreadLocal 类型的参数。这个 map 属性叫 threadLocals，它的类型是定义在 ThreadLocal 中的静态类 ThreadLocal.ThreadLocalMap。

LocaleContextHolder 类里面封装了两个属性 localeContextHolder 和 inheritableLocale-ContextHolder，它们都是 LocaleContext，其中第二个可以被子线程继承。Locale-ContextHolder 还提供了 get/set 方法，可以获取和设置 LocaleContext，另外还提供了 get/setLocale 方法，可以直接操作 Locale，当然都是 static 的。这个使用起来非常方便！比如，在程序中需要用到 Locale 到时候，首先想到的可能是 request.getLocale()，这是最直接的方法。不过有时候在 service 层需要用到 Locale 的时候，再用这种方法就不方便了，因为正常来说 service 层是没有 request 的，这时可能就需要在 controller 层将 Locale 拿出来，然后再传进去了！当然这也没什么，传一下就好了，但最重要的是怎么传呢？服务层的代码可能已经通过测试了，如果想将 Locale 传进去可能就需要改接口，而修改接口可能会引起很多问题！而有了 LocaleContextHolder 就方便多了，只需要在 server 层直接调用一下 LocaleContextHolder.getLocale() 就可以了，它是静态方法，可以直接调用！当然，在 Spring MVC 中 Locale 的值并不总是 request.getLocale() 获取到的值，而是采用了非常灵活的机制，在后面的 LocaleResolver 中再详细讲解。

RequestContextHolder 也是一样的道理，里面封装了 RequestAttributes，可以 get/set/removeAttribute，而且因为实际封装的是 ServletRequestAttributes，所以还可以 getRequest、getResponse、getSession！这样就可以在任何地方都能方便地获取这些对象了！另外，因为里面封装的其实是对象的引用，所以即使在 doService 方法里面设置的 Attribute，使用 RequestContextHolder 也一样可以获取到。

在方法最后的 finally 中调用 resetContextHolders 方法将原来的 LocaleContext 和 RequestAttributes 又恢复了。这是因为在 Sevlet 外面可能还有别的操作，如 Filter（Spring-MVC 自己的 HandlerInterceptor 是在 doService 内部的）等，为了不影响那些操作，所以需要进行恢复。

最后就是 publishRequestHandledEvent（request，response，startTime，failureCause）发布消息了。在 publishRequestHandledEvent 内部发布了一个 ServletRequestHandledEvent 消息，代码如下：

```
// org.springframework.web.servlet.FrameworkServlet
private void publishRequestHandledEvent(
        HttpServletRequest request, HttpServletResponse response, long startTime,
            Throwable failureCause) {
    // publishEvents可以在配置Servlet时设置，默认为true
    if (this.publishEvents) {
        // 无论请求是否执行成功都会发布消息
        long processingTime = System.currentTimeMillis() - startTime;
        int statusCode = (responseGetStatusAvailable ? response.getStatus() : -1);
        this.webApplicationContext.publishEvent(
            new ServletRequestHandledEvent(this,
                request.getRequestURI(), request.getRemoteAddr(),
                request.getMethod(), getServletConfig().getServletName(),
                WebUtils.getSessionId(request), getUsernameForRequest(request),
                processingTime, failureCause, statusCode));
    }
}
```

当 publishEvents 设置为 true 时，请求处理结束后就会发出这个消息，无论请求处理成功与否都会发布。publishEvents 可以在 web.xml 文件中配置 Spring MVC 的 Servlet 时配置，默认为 true。我们可以通过监听这个事件来做一些事情，如记录日志。

下面就写一个记录日志的监听器。

```
@Component
```

```
public class ServletRequestHandledEventListener implements ApplicationListener<S
    ervletRequestHandledEvent> {
    final static Logger logger = LoggerFactory.getLogger("RequestProcessLog");
    @Override
    public void onApplicationEvent(ServletRequestHandledEvent event) {
        logger.info(event.getDescription());
    }
}
```

我们可以看到，只要简单地继承 ApplicationListener，并且把自己要做的事情写到 onApplicationEvent 里面就行了。很简单吧！当然要把它注册到 spring 容器里才能起作用，如果开启了注释，只要在类上面标注 @Component 就可以了。

到现在为止 FrameworkServlet 就分析完了，我们再简单地回顾一下：首先是在 service 方法里添加了对 PATCH 的处理，并将所有需要自己处理的请求都集中到了 processRequest 方法进行统一处理，这和 HttpServlet 里面根据 request 的类型将请求分配到各个不同的方法进行处理的过程正好相反。

然后就是 processRequest 方法，在 processRequest 里面主要的处理逻辑交给了 doService，这是一个模板方法，在子类具体实现，另外就是对使用当前 request 获取到的 LocaleContext 和 RequestAttributes 进行了保存，以及处理完之后的恢复，在最后发布了 ServletRequest-HandledEvent 事件。

10.3 DispatcherServlet

DispatcherServlet 是 Spring MVC 最核心的类，整个处理过程的顶层设计都在这里面，所以我们一定要把这个类彻底弄明白。

通过之前的分析我们知道，DispatcherServlet 里面执行处理的入口方法应该是 doService，不过 doServic 并没有直接进行处理，而是交给了 doDispatch 进行具体的处理，在 doDispatch 处理前 doServic 做了一些事情：首先判断是不是 include 请求，如果是则对 request 的 Attribute 做个快照备份，等 doDispatch 处理完之后（如果不是异步调用且未完成）进行还原，在做完快照后又对 request 设置了一些属性，代码如下：

```
// org.springframework.web.servlet.DispatcherServlet
protected void doService(HttpServletRequest request, HttpServletResponse response)
    throws Exception {
    if (logger.isDebugEnabled()) {
        String resumed = WebAsyncUtils.getAsyncManager(request).asConcurrentResult()?
            " resumed" : "";
        logger.debug("DispatcherServlet with name '" + getServletName() + "'" +
            resumed +
            " processing " + request.getMethod() + " request for [" + getRequestUri(request)
              + "]");
    }
```

```
        // 当include请求时对request的Attribute做快照备份
        Map<String, Object> attributesSnapshot = null;
        if (WebUtils.isIncludeRequest(request)) {
            attributesSnapshot = new HashMap<String, Object>();
            Enumeration<?> attrNames = request.getAttributeNames();
            while (attrNames.hasMoreElements()) {
                String attrName = (String) attrNames.nextElement();
                if (this.cleanupAfterInclude || attrName.startsWith("org.springframework.
                    web.servlet")) {
                    attributesSnapshot.put(attrName, request.getAttribute(attrName));
                }
            }
        }

        // 对request设置一些属性
        request.setAttribute(WEB_APPLICATION_CONTEXT_ATTRIBUTE, getWebApplicationContext());
        request.setAttribute(LOCALE_RESOLVER_ATTRIBUTE, this.localeResolver);
        request.setAttribute(THEME_RESOLVER_ATTRIBUTE, this.themeResolver);
        request.setAttribute(THEME_SOURCE_ATTRIBUTE, getThemeSource());

        FlashMap inputFlashMap = this.flashMapManager.retrieveAndUpdate(request,
            response);
        if (inputFlashMap != null) {
            request.setAttribute(INPUT_FLASH_MAP_ATTRIBUTE, Collections.unmodifiableM
                ap(inputFlashMap));
        }
        request.setAttribute(OUTPUT_FLASH_MAP_ATTRIBUTE, new FlashMap());
        request.setAttribute(FLASH_MAP_MANAGER_ATTRIBUTE, this.flashMapManager);

        try {
            doDispatch(request, response);
        }finally {
            if (!WebAsyncUtils.getAsyncManager(request).isConcurrentHandlingStarted()) {
                // 还原request快照的属性
                if (attributesSnapshot != null) {
                    restoreAttributesAfterInclude(request, attributesSnapshot);
                }
            }
        }
    }
```

对 request 设置的属性中，前面 4 个属性 webApplicationContext、localeResolver、themeResolver 和 themeSource 在之后介绍的 handler 和 view 中需要使用，到时候再作分析。后面三个属性都和 flashMap 相关，主要用于 Redirect 转发时参数的传递，比如，为了避免重复提交表单，可以在处理完 post 请求后 redirect 到一个 get 的请求，这样即使用户刷新也不会有重复提交的问题。不过这里有个问题，前面的 post 请求是提交订单，提交完后 redirect 到一个显示订单的页面，显然在显示订单的页面需要知道订单的一些信息，但 redirect 本身是没有传递参数的功能的，按普通的模式如果想传递参数，就只能将其写入 url 中，但是 url 有长度限制，另外有些场景中我们想传递的参数还不想暴露在 url 里，这时就可以用 flashMap 来进行传递了，我们只需要在 redirect 之前将需要传递的参数写入 OUTPUT_FLASH_MAP_ATTRIBUTE，如下（这里使用了前面讲到的 RequestContextHolder）：

```
((FlashMap)((ServletRequestAttributes)(RequestContextHolder.getRequestAttributes())).
    getRequest().getAttribute(DispatcherServlet.OUTPUT_FLASH_MAP_ATTRIBUTE)).
    put("name", "张三丰");
```

这样在 redirect 之后的 handle 中 spring 就会自动将其设置到 model 里（先设置到 INPUT_FLASH_MAP_ATTRIBUTE 属性里，然后再放到 model 里）。当然这样操作还是有点麻烦，spring 还给我们提供了更加简单的操作方法，我们只需要在 handler 方法的参数中定义 RedirectAttributes 类型的变量，然后把需要保存的属性设置到里面就行，之后的事情 spring 自动完成。RedirectAttributes 有两种设置参数的方法 addAttribute（key，value）和 addFlashAttribute（key，value），用第一个方法设置的参数会拼接到 url 中，第二个方法设置的参数就是用我们刚才所讲的 flashMap 保存的。比如，一个提交订单的 Controller 可以这么写：

```
@RequestMapping(value = "/submit", method = RequestMethod. POST)
public String submit(RedirectAttributes attr) throws IOException {
((FlashMap)((ServletRequestAttributes)(RequestContextHolder.getRequestAttributes())).
    getRequest().getAttribute(DispatcherServlet.OUTPUT_FLASH_MAP_ATTRIBUTE)).
    put("name ", "张三丰");
    attr.addFlashAttribute("ordersId", "xxx");
    attr.addAttribute("local","zh-cn");
    return "redirect:showorders ";
}

@RequestMapping(value = "/showorders", method = RequestMethod.GET)
public String showOrders(Model model) throws IOException {
    doSomthing...
    return "orders";
}
```

这里分别使用了三种方法来传递 redirect 参数：

- 使用前面讲过的 RequestContextHolder 获取到 request，并从其属性中拿到 outputFlashMap，然后将属性放进去，当然 request 可以直接写到参数里让 Spring MVC 给设置进来，这里主要是为了让大家看一下使用 RequestContextHolder 获取 request 的方法。
- 通过传入的 attr 参数的 addFlashAttribute 方法设置，这样也可以保存到 outputFlashMap 中，和第 1 种方法效果一样。
- 通过传入的 attr 参数的 addAttribute 方法设置，这样设置的参数不会保存到 FlashMap，而是会拼接到 url 中。

从 Request 获取 outputFlashMap 除了直接获取 DispatcherServlet.OUTPUT_FLASH_MAP_ATTRIBUTE 属性，还可以使用 RequestContextUtils 来操作：RequestContextUtils.getOutputFlashMap（request），这样也可以得到 outputFlashMap，其实它内部还是从 Request 的属性获取的。

当用户提交 http://xxx/submit 请求后浏览器地址栏会自动跳转到 http://xxx/showorders?Local=zh-cn 链接，而在 showOrders 的 model 里会存在 ["name ", " 张三丰 "] 和 ["ordersId", "xxx"] 两个属性，而且对客户端是透明的，用户并不知道。

这就是 flashMap 的用法，inputFlashMap 用于保存上次请求中转发过来的属性，outputFlashMap 用于保存本次请求需要转发的属性，FlashMapManager 用于管理它们，后面会详细分析 FlashMapManager。

doService 就分析完了，在这里主要是对 request 设置了一些属性，如果是 include 请求还会对 request 当前的属性做快照备份，并在处理结束后恢复。最后将请求转发给 doDispatch 方法。

doDispatch 方法也非常简洁，从顶层设计了整个请求处理的过程。doDispatch 中最核心的代码只要 4 句，它们的任务分别是：①根据 request 找到 Handler；②根据 Handler 找到对应的 HandlerAdapter；③用 HandlerAdapter 处理 Handler；④调用 processDispatchResult 方法处理上面处理之后的结果（包含找到 View 并渲染输出给用户），对应的代码如下：

```
mappedHandler = getHandler(processedRequest);
HandlerAdapter ha = getHandlerAdapter(mappedHandler.getHandler());
mv = ha.handle(processedRequest, response, mappedHandler.getHandler());
processDispatchResult(processedRequest, response, mappedHandler, mv, dispatchException);
```

这里需要解释三个概念：HandlerMapping、Handler 和 HandlerAdapter。这三个概念的准确理解对于 Spring MVC 的学习非常重要。如果对这三个概念理解得不够透彻，将会严重影响对 Spring MVC 的理解。下面给大家解释一下：

Handler：也就是处理器，它直接对应着 MVC 中的 C 也就是 Controller 层，它的具体表现形式有很多，可以是类，也可以是方法，如果你能想到别的表现形式也可以使用，它的类型是 Object。我们前面例子中标注了 @RequestMapping 的所有方法都可以看成一个 Handler。只要可以实际处理请求就可以是 Handler。

HandlerMapping：是用来查找 Handler 的，在 Spring MVC 中会处理很多请求，每个请求都需要一个 Handler 来处理，具体接收到一个请求后使用哪个 Handler 来处理呢？这就是 HandlerMapping 要做的事情。

HandlerAdapter：很多人对这个的理解都不准确，其实从名字上就可以看出它是一个 Adapter，也就是适配器。因为 Spring MVC 中的 Handler 可以是任意的形式，只要能处理请求就 OK，但是 Servlet 需要的处理方法的结构却是固定的，都是以 request 和 response 为参数的方法（如 doService 方法）。怎么让固定的 Servlet 处理方法调用灵活的 Handler 来进行处理呢？这就是 HandlerAdapter 要做的事情。

通俗点的解释就是 Handler 是用来干活的工具，HandlerMapping 用于根据需要干的活找到相应的工具，HandlerAdapter 是使用工具干活的人。比如，Handler 就像车床、铣床、电火花之类的设备，HandlerMapping 的作用是根据加工的需求选择用什么设备进行加工，而 HandlerAdapter 是具体操作设备的工人，不同的设备需要不同的工人去加工，车床需要车工，铣床需要铣工，如果让车工使用铣床干活就可能出问题，所以不同的 Handler 需要不同的 HandlerAdapter 去使用。我们都知道在干活的时候人是柔性最强、灵活度最高的，同时也是问题最多、困难最多的。Spring MVC 中也一样，在九大组件中 HandlerAdapter 也是最复杂的，所以在后面学习 HandlerAdapter 的时候要多留心。

另外 View 和 ViewResolver 的原理与 Handler 和 HandlerMapping 的原理类似。View 是用来展示数据的，而 ViewResolver 用来查找 View。通俗地讲就是干完活后需要写报告，写报告又需要模板（比如，是调查报告还是验收报告或者是下一步工作的请示等），View 就是所需要的模板，模板就像公文里边的格式，内容就是 Model 里边的数据，ViewResolver 就是用来选择使用哪个模板的。

现在再回过头去看上面的四句代码应该就觉得很容易理解了，它们分别是：使用 HandlerMapping 找到干活的 Handler，找到使用 Handler 的 HandlerAdapter，让 HandlerAdapter 使用 Handler 干活，干完活后将结果写个报告交上去（通过 View 展示给用户）。

10.4 doDispatch 结构

10.3 节介绍了 doDispatch 做的 4 件事，不过只是整体介绍，本节详细分析 doDispatch 内部的结构以及处理的流程。先来看 doDispatch 的代码：

```
// org.springframework.web.servlet.DispatcherServlet
protected void doDispatch(HttpServletRequest request, HttpServletResponse
    response) throws Exception {
    HttpServletRequest processedRequest = request;
    HandlerExecutionChain mappedHandler = null;
    boolean multipartRequestParsed = false;

    WebAsyncManager asyncManager = WebAsyncUtils.getAsyncManager(request);

    try {
        ModelAndView mv = null;
        Exception dispatchException = null;

        try {
            // 检查是不是上传请求
            processedRequest = checkMultipart(request);
            multipartRequestParsed = (processedRequest != request);

            // 根据request找到Handler
            mappedHandler = getHandler(processedRequest);
            if (mappedHandler == null || mappedHandler.getHandler() == null) {
                noHandlerFound(processedRequest, response);
                return;
            }

            // 根据Handler找到HandlerAdapter
```

```
            HandlerAdapter ha = getHandlerAdapter(mappedHandler.getHandler());

            // 处理GET、HEAD请求的Last-Modified
            String method = request.getMethod();
            boolean isGet = "GET".equals(method);
            if (isGet || "HEAD".equals(method)) {
                long lastModified = ha.getLastModified(request, mappedHandler.
                    getHandler());
                if (logger.isDebugEnabled()) {
                logger.debug("Last-Modified value for [" + getRequestUri(request)
                    + "] is: " + lastModified);
             }
             if (new ServletWebRequest(request, response).checkNotModified(lastModified)
                  && isGet) {
                return;
             }
         }
         //执行相应Interceptor的preHandle
         if (!mappedHandler.applyPreHandle(processedRequest, response)) {
            return;
         }

         // HandlerAdapter使用Handler处理请求
         mv = ha.handle(processedRequest, response, mappedHandler.getHandler());

         // 如果需要异步处理，直接返回
         if (asyncManager.isConcurrentHandlingStarted()) {
            return;
         }
         //当view为空时（比如，Handler返回值为void），根据request设置默认view
         applyDefaultViewName(request, mv);
         //执行相应Interceptor的postHandle
         mappedHandler.applyPostHandle(processedRequest, response, mv);
      }catch (Exception ex) {
         dispatchException = ex;
      }
      // 处理返回结果。包括处理异常、渲染页面、发出完成通知触发Interceptor的afterCompletion
      processDispatchResult(processedRequest, response, mappedHandler, mv,
          dispatchException);
   }catch (Exception ex) {
      triggerAfterCompletion(processedRequest, response, mappedHandler, ex);
   }catch (Error err) {
      triggerAfterCompletionWithError(processedRequest, response, mappedHandler, err);
   }finally {
      // 判断是否执行异步请求
      if (asyncManager.isConcurrentHandlingStarted()) {
          if (mappedHandler != null) {
              mappedHandler.applyAfterConcurrentHandlingStarted(processedReque
                  st, response);
          }
      }else {
          // 删除上传请求的资源
          if (multipartRequestParsed) {
```

```
                cleanupMultipart(processedRequest);
            }
        }
    }
}
```

doDispatch 大体可以分为两部分：处理请求和渲染页面。开头部分先定义了几个变量，在后面要用到，如下：

- HttpServletRequest processedRequest：实际处理时所用的 request，如果不是上传请求则直接使用接收到的 request，否则封装为上传类型的 request。
- HandlerExecutionChain mappedHandler：处理请求的处理器链（包含处理器和对应的 Interceptor）。
- boolean multipartRequestParsed：是不是上传请求的标志。
- ModelAndView mv：封装 Model 和 View 的容器，此变量在整个 Spring MVC 处理的过程中承担着非常重要角色，如果使用过 Spring MVC 就不会对 ModelAndView 陌生。
- Exception dispatchException：处理请求过程中抛出的异常。需要注意的是它并不包含渲染过程抛出的异常。

doDispatch 中首先检查是不是上传请求，如果是上传请求，则将 request 转换为 MultipartHttpServletRequest，并将 multipartRequestParsed 标志设置为 true。其中使用到了 MultipartResolver。

然后通过 getHandler 方法获取 Handler 处理器链，其中使用到了 HandlerMapping，返回值为 HandlerExecutionChain 类型，其中包含着与当前 request 相匹配的 Interceptor 和 Handler。getHandler 代码如下：

```
// org.springframework.web.servlet.DispatcherServlet
protected HandlerExecutionChain getHandler(HttpServletRequest request) throws
    Exception {
    for (HandlerMapping hm : this.handlerMappings) {
        if (logger.isTraceEnabled()) {
            logger.trace(
                    "Testing handler map [" + hm + "] in DispatcherServlet with
                        name '" + getServletName() + "'");
        }
        HandlerExecutionChain handler = hm.getHandler(request);
        if (handler != null) {
            return handler;
        }
    }
    return null;
}
```

方法结构非常简单，HandlerMapping 在后面详细讲解，HandlerExecutionChain 的类型类似于前面 Tomcat 中讲过的 Pipeline，Interceptor 和 Handler 相当于那里边的 Value 和 BaseValue，执行时先依次执行 Interceptor 的 preHandle 方法，最后执行 Handler，返回的时候按相

反的顺序执行 Interceptor 的 postHandle 方法。就好像要去一个地方，Interceptor 是要经过的收费站，Handler 是目的地，去的时候和返回的时候都要经过加油站，但两次所经过的顺序是相反的。

接下来是处理 GET、HEAD 请求的 Last-Modified。当浏览器第一次跟服务器请求资源（GET、Head 请求）时，服务器在返回的请求头里面会包含一个 Last-Modified 的属性，代表本资源最后是什么时候修改的。在浏览器以后发送请求时会同时发送之前接收到的 Last-Modified，服务器接收到带 Last-Modified 的请求后会用其值和自己实际资源的最后修改时间做对比，如果资源过期了则返回新的资源（同时返回新的 Last-Modified），否则直接返回 304 状态码表示资源未过期，浏览器直接使用之前缓存的结果。

接下来依次调用相应 Interceptor 的 preHandle。

处理完 Interceptor 的 preHandle 后就到了此方法最关键的地方——让 HandlerAdapter 使用 Handler 处理请求，Controller 就是在这个地方执行的。这里主要使用了 HandlerAdapter，具体内容在后面详细讲解。

Handler 处理完请求后，如果需要异步处理，则直接返回，如果不需要异步处理，当 view 为空时（如 Handler 返回值为 void），设置默认 view，然后执行相应 Interceptor 的 postHandle。设置默认 view 的过程中使用到了 ViewNameTranslator。

到这里请求处理的内容就完成了，接下来使用 processDispatchResult 方法处理前面返回的结果，其中包括处理异常、渲染页面、触发 Interceptor 的 afterCompletion 方法三部分内容。

我们先来说一下 doDispatch 的异常处理结构。doDispatch 有两层异常捕获，内层是捕获在对请求进行处理的过程中抛出的异常，外层主要是在处理渲染页面时抛出的。内层的异常，也就是执行请求处理时的异常会设置到 dispatchException 变量，然后在 processDispatchResult 方法中进行处理，外层则是处理 processDispatchResult 方法抛出的异常。processDispatchResult 代码如下：

```
// o rg.springframework.web.servlet.DispatcherServlet
private void processDispatchResult(HttpServletRequest request, HttpServletResponse
    response,
      HandlerExecutionChain mappedHandler, ModelAndView mv, Exception exception)
          throws Exception {
    boolean errorView = false;
    // 如果请求处理的过程中有异常抛出则处理异常
    if (exception != null) {
        if (exception instanceof ModelAndViewDefiningException) {
            logger.debug("ModelAndViewDefiningException encountered", exception);
            mv = ((ModelAndViewDefiningException) exception).getModelAndView();
        }else {
            Object handler = (mappedHandler != null ? mappedHandler.getHandler() : null);
            mv = processHandlerException(request, response, handler, exception);
            errorView = (mv != null);
        }
    }
```

```
        // 渲染页面
        if (mv != null && !mv.wasCleared()) {
            render(mv, request, response);
            if (errorView) {
                WebUtils.clearErrorRequestAttributes(request);
            }
        }else {
            if (logger.isDebugEnabled()) {
               logger.debug("Null ModelAndView returned to DispatcherServlet with
                   name '" + getServletName() +
                       "': assuming HandlerAdapter completed request handling");
            }
        }

        if (WebAsyncUtils.getAsyncManager(request).isConcurrentHandlingStarted()) {
            // 如果启动了异步处理则返回
            return;
        }
        //发出请求处理完成的通知，触发Interceptor的afterCompletion
        if (mappedHandler != null) {
            mappedHandler.triggerAfterCompletion(request, response, null);
        }
    }
```

可以看到 processDispatchResult 处理异常的方式其实就是将相应的错误页面设置到 View，在其中的 processHandlerException 方法中用到了 HandlerExceptionResolver。

渲染页面具体在 render 方法中执行，render 中首先对 response 设置了 Local，过程中使用到了 LocaleResolver，然后判断 View 如果是 String 类型则调用 resolveViewName 方法使用 ViewResolver 得到实际的 View，最后调用 View 的 render 方法对页面进行具体渲染，渲染的过程中使用到了 ThemeResolver。

最后通过 mappedHandler 的 triggerAfterCompletion 方法触发 Interceptor 的 afterCompletion 方法，这里的 Interceptor 也是按反方向执行的。到这里 processDispatchResult 方法就执行完了。

再返回 doDispatch 方法中，在最后的 finally 中判断是否请求启动了异步处理，如果启动了则调用相应异步处理的拦截器，否则如果是上传请求则删除上传请求过程中产生的临时资源。

doDispatch 方法就分析完了。可以看到 Spring MVC 的处理方式是先在顶层设计好整体结构，然后将具体的处理交给不同的组件具体去实现的。doDispatcher 的流程图如图 10-1 所示，中间是 doDispatcher 的处理流程图，左边是 Interceptor 相关处理方法的调用位置，右边是 doDispatcher 方法处理过程中所涉及的组件。图中上半部分的处理请求对应着 MVC 中的 Controller 也就是 C 层，下半部分的 processDispatchResult 主要对应了 MVC 中的 View 也就是 V 层，M 层也就是 Model 贯穿于整个过程中。

理解 doDispatcher 的结构之后，在开发过程中如果遇到问题，就可以知道是在哪部分出

的问题，从而缩小查找范围，有的放矢地去解决。

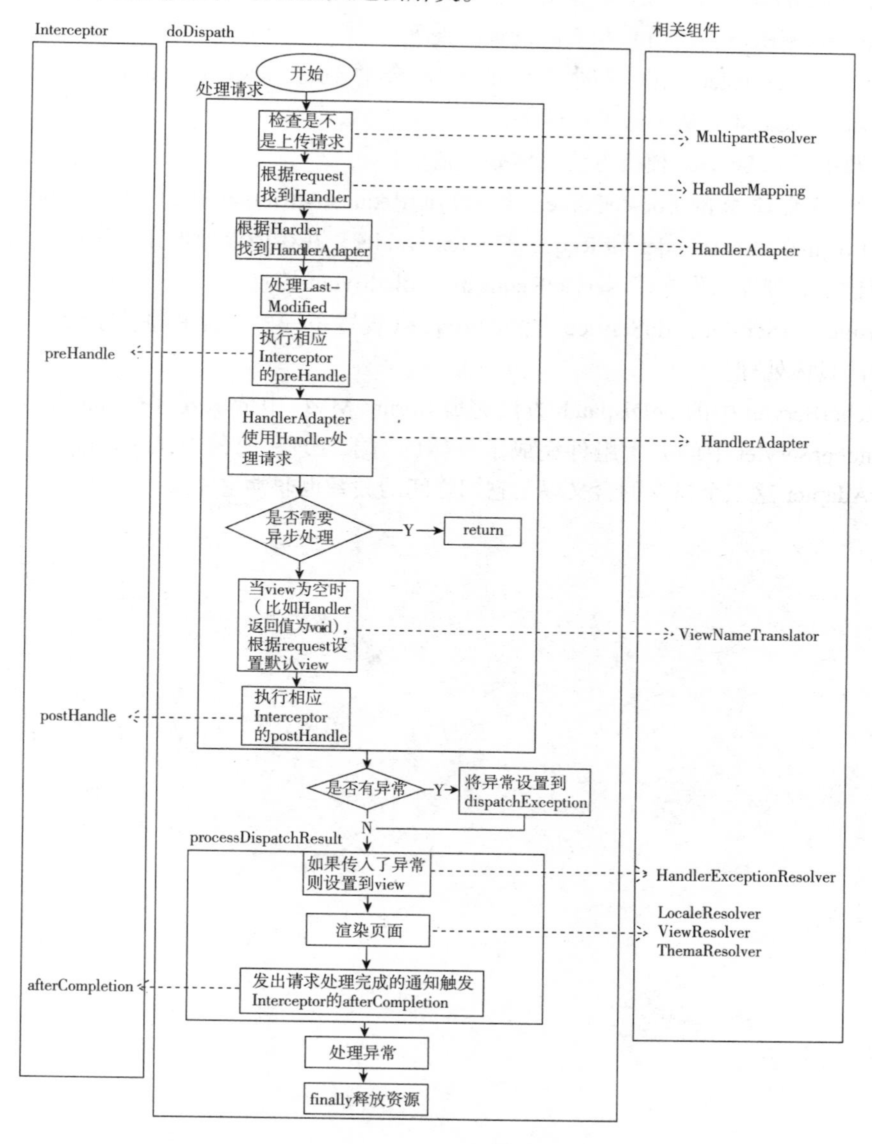

图 10-1　doDispatcher 方法处理流程图

10.5　小结

本章整体分析了 Spring MVC 中请求处理的过程。首先对三个 Servlet 进行了分析，然后单独分析了 DispatcherServlet 中的 doDispatch 方法。

三个 Servlet 的处理过程大致功能如下：

- HttpServletBean：没有参与实际请求的处理。
- FrameworkServlet：将不同类型的请求合并到了 processRequest 方法统一处理，processRequest 方法中做了三件事：
  - 调用了 doService 模板方法具体处理请求。
  - 将当前请求的 LocaleContext 和 ServletRequestAttributes 在处理请求前设置到了 LocaleContextHolder 和 RequestContextHolder，并在请求处理完成后恢复，
  - 请求处理完后发布了 ServletRequestHandledEvent 消息。
- DispatcherServlet：doService 方法给 request 设置了一些属性并将请求交给 doDispatch 方法具体处理。

DispatcherServlet 中的 doDispatch 方法完成 Spring MVC 中请求处理过程的顶层设计，它使用 DispatcherServlet 中的九大组件完成了具体的请求处理。另外 HandlerMapping、Handler 和 HandlerAdapter 这三个概念的含义以及它们之间的关系也非常重要。

第三篇 Part 3

Spring MVC 组件分析

在前面已经分析了 Spring MVC 整体的结构以及处理流程，本篇对每个具体的组件进行详细的分析。首先，介绍各个组件的接口、功能和用法，让大家明白它们到底是什么，有什么用，怎么用，对它们有个宏观认识，然后具体对每个组件的各种实现方式进行详细分析。

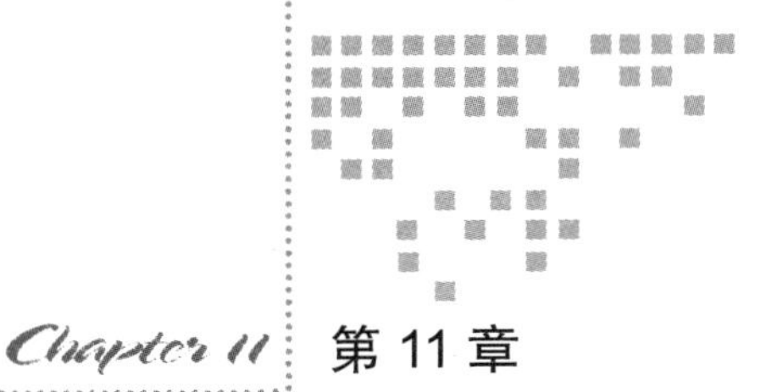

Chapter 11 第11章

组件概览

本章的内容主要是对各个组件做宏观的介绍，让大家知道每个组件到底是怎么回事。这里的组件指的是DispatcherServlet中直接初始化的那九个组件，不同的组件内部可能还会用到一些子组件，那些子组件会在后面详细分析九大组件的过程中同时分析。

11.1 HandlerMapping

HandlerMapping在前面已经介绍过了，它的作用是根据request找到相应的处理器Handler和Interceptors，HandlerMapping接口里面只有一个方法。

```
HandlerExecutionChain getHandler(HttpServletRequest request) throws Exception;
```

方法的实现非常灵活，只要使用Request返回HandlerExecutionChain就可以了。我们也可以自己定义一个HandlerMapping，然后实现getHandler方法。比如，可以定义一个Tudou-HandlerMapping，将以tudou开头的请求对应到digua的处理器去处理，只需要判断请求的url：如果是以tudou开头那么就返回地瓜的Handler。如果想更进一步还可以再细分，如将tudou开头的Get请求对应到maidigua（卖地瓜），而Post请求对应到shoudigua（收地瓜），其他类型全部交给digua处理器，程序代码如下：

```
public class DiguaHandlerMapping implements HandlerMapping {
    @Override
    public HandlerExecutionChain getHandler(HttpServletRequest request) throws
        Exception {
        String url = request.getRequestURI().toString();
        String method = request.getMethod();
        if(url.startsWith("/tudou")){
```

```
                if(method.equalsIgnoreCase("GET"))
                    return "maidigua"对应的Handler;
                else if(method.equalsIgnoreCase("POST"))
                    return "shoudigua"对应的Handler;
                else
                    return "digua"对应的Handler;
            }
            return null;
        }
    }
```

当然，这只是一个为了说明原理的伪代码，并不能实际使用，因为并没有实际创建Handler，另外返回值除了有Handler还应该包含Interceptor。这里的HandlerMapping只能查找“tudou”相关的Handler，而更一般的做法是维护一个对应多个请求的map，其实SimpleUrlHandlerMapping的基本原理就是那样。HandlerMapping编写出来后需要注册到Spring MVC的容器里面才可以使用，注册也非常简单，只需要在配置文件里配置一个Bean就可以了，Spring MVC会按照类型将它注册到HandlerMapping中，这些前面已经介绍过了。

其实这里忽略了一个问题。在上面将所有以tudou开头的请求都对应到了digua相关的处理器，好像没什么问题，但是如果有个专门处理tudoupian（土豆片）的处理器（处理以tudoupian开头的url），而且是在另外的HandlerMapping中进行的映射，这就涉及先使用哪个HandlerMapping来查找处理器的问题了，如果先使用了TudouHandlerMapping就会将tudoupian的请求也交给tudou的处理器，这样就出问题了！这时候使用HandlerMapping的顺序就非常重要了，这里的顺序可以通过order属性来定义（当然HandlerMapping需要实现Order接口），order越小越先使用，比如：

```
<bean class="com.excelib.TudouHandlerMapping"
        p:order="1"/>
<bean class="com.excelib.TudoupianHandlerMapping"
        p:order="0"/>
```

查找Handler是按顺序遍历所有的HandlerMapping，当找到一个HandlerMapping后立即停止查找并返回，代码如下：

```
// org.springframework.web.servlet.DispatcherServlet
protected HandlerExecutionChain getHandler(HttpServletRequest request) throws
    Exception {
    for (HandlerMapping hm : this.handlerMappings) {
        if (logger.isTraceEnabled()) {
            logger.trace(
                    "Testing handler map [" + hm + "] in DispatcherServlet with
                      name '" + getServletName() + "'");
        }
        HandlerExecutionChain handler = hm.getHandler(request);
        if (handler != null) {
            return handler;
        }
    }
```

```
        return null;
    }
```

HandlerMapping 的接口以及用法就介绍完了，在 Spring MVC 中 HandlerMapping 具体是怎么实现的，后面再详细分析。

11.2 HandlerAdapter

HandlerAdapter 在前面也介绍过了，可以理解为使用处理器干活的人。它里面一共三个方法，supports(Object handler) 判断是否可以使用某个 Handler；handler 方法是用来具体使用 Handler 干活；getLastModified 是获取资源的 Last-Modified，Last-Modified 是资源最后一次修改的时间，前面已经介绍过了。HandlerAdapter 接口定义如下：

```
package org.springframework.web.servlet;
import javax.servlet.http.HttpServletRequest;
import javax.servlet.http.HttpServletResponse;
public interface HandlerAdapter {
    boolean supports(Object handler);
    ModelAndView handle(HttpServletRequest request, HttpServletResponse response,
        Object handler) throws Exception;
    long getLastModified(HttpServletRequest request, Object handler);
}
```

之所以要使用 HandlerAdapter 是因为 Spring MVC 中并没有对处理器做任何限制，处理器可以以任意合理的方式来表现，可以是一个类，也可以是一个方法，还可以是别的合理的方式，从 handle 方法可以看出它是 Object 的类型。这种模式就给开发者提供了极大的自由。

接着前面的例子写一个 HandlerAdapter，首先写一个 MaiDiguaController 处理器，然后再写对应的 HandlerAdapter，代码如下：

```
package com.excelib.controller;
// 省略了imports
public class MaiDiguaController {
    public ModelAndView maidigua(HttpServletRequest request, HttpServletResponse
        response) {
        //拣地瓜;
挑大的、圆的……
        //称重;
放到称上称重
        //算钱;
单价×重量算出来价钱
抹去零头，给人留个好印象
老顾客可以来点折扣……
    }
}

package com.excelib.servlet;
// 省略了imports
public class MaiDiguaHandlerAdapter implements HandlerAdapter
```

```
{
    @Override
    public boolean supports(Object handler) {
        return handler instanceof MaiDiguaController;
    }
    @Override
    public ModelAndView handle(HttpServletRequest request, HttpServletResponse
        response, Object handler) throws Exception {
        return ((MaiDiguaController)handler).maidigua(request,response);
    }
    @Override
    public long getLastModified(HttpServletRequest request, Object handler) {
        return -1L;
    }
}
```

这里写了一个卖地瓜的Handler——MaiDiguaController，用来具体处理卖地瓜这件事情，MaiDiguaHandlerAdapter使用MaiDiguaController完成卖地瓜这件事，当然这里只是简单地调用。

下面再看一个Spring MVC自己的HandlerAdapter——SimpleControllerHandlerAdapter，代码如下：

```
package org.springframework.web.servlet.mvc;
// 省略了imports
public class SimpleControllerHandlerAdapter implements HandlerAdapter {
    @Override
    public boolean supports(Object handler) {
        return (handler instanceof Controller);
    }
    @Override
    public ModelAndView handle(HttpServletRequest request, HttpServletResponse
        response, Object handler)
            throws Exception {
        return ((Controller) handler).handleRequest(request, response);
    }
    @Override
    public long getLastModified(HttpServletRequest request, Object handler) {
        if (handler instanceof LastModified) {
            return ((LastModified) handler).getLastModified(request);
        }
        return -1L;
    }
}
```

可以看到这个Adapter也非常简单，是用来使用实现了Controller接口的处理器干活的，干活的方法是直接调用处理器的handleRequest方法。

选择使用哪个HandlerAdapter的过程在getHandlerAdapter方法中，它的逻辑是遍历所有的Adapter，然后检查哪个可以处理当前的Handler，找到第一个可以处理Handler的Adapter后就停止查找并将其返回。就好像公司里面要立个项目，项目需要有人去做，交给谁呢？这时可以列一个名单，挨个看谁可以做，找到第一个可以做的就让他去做。既然需要挨个检查，那就需要有一个顺序，这里的顺序同样是通过 Order 属性来设置的。getHandlerAdapter 方法代码如下：

```
// org.springframework.web.servlet.DispatcherServlet
protected HandlerAdapter getHandlerAdapter(Object handler) throws ServletException {
    for (HandlerAdapter ha : this.handlerAdapters) {
        if (logger.isTraceEnabled()) {
            logger.trace("Testing handler adapter [" + ha + "]");
        }
        if (ha.supports(handler)) {
            return ha;
        }
    }
    throw new ServletException("No adapter for handler [" + handler +
            "]: The DispatcherServlet configuration needs to include a
               HandlerAdapter that supports this handler");
}
```

HandlerAdapter 需要注册到 Spring MVC 的容器里，注册方法和 HandlerMapping 一样，只要配置一个 Bean 就可以了。Handler 是从 HandlerMapping 里返回的。

11.3 HandlerExceptionResolver

别的组件都是在正常情况下用来干活的，不过干活的过程中难免会出现问题，出问题后怎么办呢？这就需要有一个专门的角色对异常情况进行处理，在 Spring MVC 中就是 HandlerExceptionResolver。具体来说，此组件的作用是根据异常设置 ModelAndView，之后再交给 render 方法进行渲染。render 只负责将 ModelAndView 渲染成页面，具体 ModelAndView 是怎么来的 render 并不关心。这也是 Spring MVC 设计优秀的一个表现——分工明确互不干涉。通过前面 doDispatcher 的分析可以知道 HandlerExceptionResolver 只是用于解析对请求做处理的过程中产生的异常，而渲染环节产生的异常不归它管，现在我们就知道原因了：它是在 render 之前工作的，先解析出 ModelAndView 之后 render 才去渲染，当然它就不能处理 render 过程中的异常了。知道了这一点可以为我们分析一些问题提供方便。HandlerExceptionResolver 接口定义如下：

```
package org.springframework.web.servlet;
import javax.servlet.http.HttpServletRequest;
import javax.servlet.http.HttpServletResponse;
public interface HandlerExceptionResolver {
    ModelAndView resolveException(
        HttpServletRequest request, HttpServletResponse response, Object handler,
            Exception ex);
}
```

HandlerExceptionResolver 结构非常简单，只有一个方法，只需要从异常解析出 Model-

AndView就可以了。具体实现可以维护一个异常为key、View为value的Map，解析时直接从Map里获取View，如果在Map里没有相应的异常可以返回默认的View，这里就不举例子了。另外建议如果开发内网的系统则可以在出错页面显示一些细节，这样方便调试，但如果是做互联网的系统最好不要将异常的太多细节显示给用户，因为那样很容易被黑客利用。当然，无论给不给异常页面显示细节，日志都要做得尽可能详细。

11.4 ViewResolver

ViewResolver用来将String类型的视图名（有的地方也叫逻辑视图，都指同一个东西）和Locale解析为View类型的视图，ViewResolve接口也非常简单，只有一个方法，定义如下：

```
package org.springframework.web.servlet;
import java.util.Locale;
public interface ViewResolver {
    View resolveViewName(String viewName, Locale locale) throws Exception;
}
```

从接口方法的定义可以看出解析视图所需的参数是视图名和Locale，不过一般情况下我们只需要根据视图名找到对应的视图，然后渲染就行，并不需要对不同的区域使用不同的视图进行显示，如果需要国际化支持也只要将显示的内容或者主题使用国际化支持（具体方法在后面讲述），不过Spring MVC确实有这个功能，可以让不同的区域使用不同的视图进行显示。ResourceBundleViewResolver就需要同时使用视图名和Locale来解析视图。ResourceBundleViewResolver需要将每一个视图名和对应的视图类型配置到相应的properties文件中，默认使用classpath下的views为baseName的配置文件，如views.properties、views_zh_CN.properties等，baseName和文件位置都可以设置。对ResourceBundle熟悉的读者应该已经明白了，不同的Locale会使用不同的配置文件，而且它们之间没有任何关系，这样就可以让不同的区域使用不同的View来进行渲染了。

View是用来渲染页面的，通俗点说就是要将程序返回的参数填入模板里，生成html（也可能是其他类型）文件。这里有两个关键的问题：

- 使用哪个模板？
- 用什么技术（或者规则）填入参数？

这其实就是ViewResolver主要要做的工作，ViewResolver需要找到渲染所用的模板和所用的技术（也就是视图的类型）进行渲染，具体的渲染过程则交给不同的视图自己完成。我们最常使用的UrlBasedViewResolver系列的解析器都是针对单一视图类型进行解析的，只需要找到使用的模板就可以了，比如，InternalResourceViewResolver只针对jsp类型的视图，FreeMarkerViewResolver只针对FreeMarker，VelocityViewResolver只针对Velocity。而ResourceBundleViewResolver、XmlViewResolver、BeanNameViewResolver等解析器可以同时解析多种类型的视图。如前面说过的ResourceBundleViewResolver，它是根据properties配置文件来解析的，配置文件里就需要同时配置 class 和 url 两项内容，比如：

```
hello.(class)=org.springframework.Web.servlet.view.InternalResourceView
hello.url=/WEB-INF/go.jsp
```

这样就将 hello 配置到 /WEB-INF/go.jsp 模板的 jsp 类型的视图了，当 Controller 返回 hello 时会使用这个视图来进行渲染。这里的 jsp 类型并不是根据 go.jsp 的后缀来确定的，这个后缀只是个文件名，可以把它改成任意别的格式，视图的类型是根据 .class 的配置项来确定的。

XmlViewResolver 与 ResourceBundleViewResolver 类似，只不过它是使用 xml 文件来配置的。BeanNameViewResolver 是根据 ViewName 从 ApplicationContext 容器中查找相应的 bean 做 View 的，这个实现比较简单，我们来看一下它的源码。

```
package org.springframework.web.servlet.view;
// 省略了imports
public class BeanNameViewResolver extends WebApplicationObjectSupport implements
    ViewResolver, Ordered {
    private int order = Integer.MAX_VALUE;  // default: same as non-Ordered
    public void setOrder(int order) {
        this.order = order;
    }
    @Override
    public int getOrder() {
        return this.order;
    }
    @Override
    public View resolveViewName(String viewName, Locale locale) throws BeansException {
        ApplicationContext context = getApplicationContext();
        if (!context.containsBean(viewName)) {
            if (logger.isDebugEnabled()) {
                logger.debug("No matching bean found for view name '" + viewName + "'");
            }
            // Allow for ViewResolver chaining...
           return null;
        }
        if (!context.isTypeMatch(viewName, View.class)) {
            if (logger.isDebugEnabled()) {
            logger.debug("Found matching bean for view name '" + viewName +
                    "' - to be ignored since it does not implement View");
            }
            // Since we're looking into the general ApplicationContext here,
            // let's accept this as a non-match and allow for chaining as well...
            return null;
        }
        return context.getBean(viewName, View.class);
    }
}
```

可以看到其原理就是根据 viewName 从 spring 容器中查找 Bean，如果查找不到或者查到后不是 View 类型则返回 null，否则返回容器中的 bean。

ViewResolver 的使用需要注册到 Spring MVC 的容器里，默认使用的是 org.springframework.web.servlet.view.InternalResourceViewResolver。

11.5 RequestToViewNameTranslator

ViewResolver 是根据 ViewName 查找 View，但有的 Handler 处理完后并没有设置 View 也没有设置 viewName，这时就需要从 request 获取 viewName 了，而如何从 request 获取 viewName 就是 RequestToViewNameTranslator 要做的事情。RequestToViewNameTranslator 接口定义如下：

```
package org.springframework.web.servlet;
import javax.servlet.http.HttpServletRequest;
public interface RequestToViewNameTranslator {
    String getViewName(HttpServletRequest request) throws Exception;
}
```

其中只有一个 getViewName 方法，只要通过 request 获取到 viewName 就可以了。我们来定义一个 Translator，其中判断如果是 tudou 的 Get 请求则返回“maidigua”否则返回“404”作为 viewName。

```
public class MaiDiguaRequestToViewNameTranslator implements RequestToViewNameTranslator {
    @Override
    public String getViewName(HttpServletRequest request) throws Exception {
        if(request.getRequestURI().toString().startsWith("/tudou")&&request.
            getMethod().equalsIgnoreCase("GET"))
            return "maidigua";
        else
            return "404";
    }
}
```

当然，这里只是一个例子，实际使用时应该设置规则而不是将某个具体请求与 ViewName 的对应关系硬编码到程序里面，那样才可以具备更好的通用性。

RequestToViewNameTranslator 在 Spring MVC 容器里只可以配置一个，所以所有 request 到 ViewName 的转换规则都要在一个 Translator 里面全部实现。

11.6 LocaleResolver

解析视图需要两个参数：一个是视图名，另一个是 Locale。视图名是处理器返回的（或者使用 RequestToViewNameTranslator 解析的默认视图名），Locale 是从哪里来的呢？这就是 LocaleResolver 要做的事情。

LocaleResolver 用于从 request 解析出 Locale。Locale 在前面已经介绍过，就是 zh-cn 之类，表示一个区域。有了这个就可以对不同区域的用户显示不同的结果，这就是 i18n（国际化）的基本原理，LocaleResolver 是 i18n 的基础。LocaleResolver 接口定义如下：

```
package org.springframework.web.servlet;
// 省略了imports
public interface LocaleResolver {
    Locale resolveLocale(HttpServletRequest request);
    void setLocale(HttpServletRequest request, HttpServletResponse response, Locale
        locale);
}
```

接口定义非常简单，只有 2 个方法，分别表示：从 request 解析出 Locale 和将特定的 Locale 设置给某个 request。在之前介绍 doService 方法时说过，容器会将 localeResolver 设置到 request 的 attribute 中，代码如下：

```
request.setAttribute(LOCALE_RESOLVER_ATTRIBUTE, this.localeResolver);
```

这样就让我们在需要使用 Locale 的时候可以直接从 request 拿到 localeResolver，然后解析出 Locale。

Spring MVC 中主要在两个地方用到了 Locale：① ViewResolver 解析视图的时候；②使用到国际化资源或者主题的时候。ViewResolver 在前面已经讲过，这里不再重述了，国际化资源和主题主要使用 RequestContext 的 getMessage 和 getThemeMessage 方法。<spring:message="…"/> 标签内部其实就是使用的 RequestContext，只不过没有直接调用 getMessage 而是先调用了 getMessageSource 然后在内部又调用了 getMessage，详细代码见 org.spring-framework.web.servlet.tags.MessageTag。

LocaleResolver 的作用我们已经清楚了，不过有时候需要提供人为设置区域的功能，比如很多网站可以选择显示什么语言，这就需要提供人为修改 Locale 的机制。在 Spring MVC 中非常简单，只需要调用 LocaleResolver 的 setLocale 方法即可。可是在哪里调用呢？我们可以写一个 Controller 来专门修改 Locale，不过那样使用起来比较麻烦，返回的视图不容易确定，总不能说一切换语言就跳转到首页吧！即使将原来的地址通过参数传入也会有问题，比如，原来是动态页面，那么只传递地址就会有问题。如果能在正常请求的同时对 Locale 做修改就好了，而且每个请求都要可以修改！熟悉 Spring MVC 的读者肯定已经想到了 Interceptor，是的，使用 Interceptor 就可以做到这一点。幸运的是 Spring MVC 已经写好了，我们只需要配置进去就可以了，这就是 org.springframework.web.servlet.i18n. LocaleChangeInterceptor，配置方法如下：

```
<mvc:interceptors>
    <mvc:interceptor>
        <mvc:mapping path="/*" />
        <bean class="org.springframework.web.servlet.i18n.LocaleChangeInterceptor" />
    </mvc:interceptor>
</mvc:interceptors>
```

这样就可以通过 locale 参数来修改 Locale 了，比如

http://localhost:8080?locale=zh_CN

http://localhost:8080?locale=en

这里的“locale”也可以通过 paramName 设置为别的名称，如设置为“lang”。

```
<mvc:interceptors>
    <mvc:interceptor>
        <mvc:mapping path="/*" />
        <bean class="org.springframework.web.servlet.i18n.LocaleChangeInterceptor"
            p:paramName="lang"/>
    </mvc:interceptor>
</mvc:interceptors>
```

11.7 ThemeResolver

ThemeResolver 从名字就可以看出是解析主题用的。ThemeResolver 接口定义如下：

```
package org.springframework.web.servlet;
import javax.servlet.http.HttpServletRequest;
import javax.servlet.http.HttpServletResponse;
public interface ThemeResolver {
    String resolveThemeName(HttpServletRequest request);
    void setThemeName(HttpServletRequest request, HttpServletResponse response,
        String themeName);
}
```

以前使用电脑的时候可能很多人都没注意过“主题”，不过随着智能手机的普及，主题已经成了一个不需要过多解释的名词。不同的主题其实就是换了一套图片、显示效果以及样式等。Spring MVC 中一套主题对应一个 properties 文件，里面存放着跟当前主题相关的所有资源，如图片、css 样式表等，例如：

```
#theme.properties
logo.pic=/images/default/logo.jpg
logo.word=excelib
style=/css/default/style.css
```

将上面的文件命名为 theme.properties，放到 classpath 下面就可以在页面中使用了，如果在 jsp 页面中，使用 <spring:theme code="logo.word"/> 就可以得到 excelib 了（当然，需要在文件开头引入 spring 自己的标签库 <%@ taglibprefix="spring" uri="http://www.springframework.org/tags" %>）。现在所用的主题名就叫 theme，主题名也就是文件名，所以创建主题非常简单，只需要准备好资源，然后新建一个以主题名为文件名的 properties 文件并将资源设置进去就可以了。另外，Spring MVC 的主题也支持国际化，也就是说同一个主题不同的区域也可以显示不同的风格，比如，可以定义以下主题文件

```
theme.properties
theme_zh_CN.properties
theme_en_US.properties
...
```

这样即使同样使用 theme 的主题，不同的区域也会调用不同主题文件里的资源进行显示。

Spring MVC 中跟主题有关的类主要有 ThemeResolver、ThemeSource 和 Theme。从上面的接口可以看出，ThemeResolver 的作用是从 request 解析出主题名；ThemeSource 则是根据主题名找到具体的主题；Theme 是 ThemeSource 找出的一个具体的主题，可以通过它获取主题里具体的资源。获取主题的资源依然是在 RequestContext 中，代码如下：

```
// org.springframework.web.servlet.support.RequestContext
public String getThemeMessage(String code, Object[] args, String defaultMessage) {
    return getTheme().getMessageSource().getMessage(code, args, defaultMessage, this.
        locale);
}

public Theme getTheme() {
    if (this.theme == null) {
        this.theme = RequestContextUtils.getTheme(this.request);
        if (this.theme == null) {
            this.theme = getFallbackTheme();
        }
    }
    return this.theme;
}
```

可以看到这里首先通过 RequestContextUtils 获取到 Theme，然后获取对应的资源，再看一下 RequestContextUtils 是怎么获取 Theme 的：

```
// org.springframework.web.servlet.support.RequestContextUtils
public static Theme getTheme(HttpServletRequest request) {
    ThemeResolver themeResolver = getThemeResolver(request);
    ThemeSource themeSource = getThemeSource(request);
    if (themeResolver != null && themeSource != null) {
        String themeName = themeResolver.resolveThemeName(request);
        return themeSource.getTheme(themeName);
    }else {
        return null;
    }
}
```

从这里就可以清楚地看到 ThemeResolver 和 ThemeSource 的作用。ThemeResolver 的默认实现是 org.springframework.web.servlet.theme.FixedThemeResolver，这里边使用的默认主题名就叫“theme”，这也就是前面使用 theme 主题时不用配置也可以使用的原因。从 DispatcherServlet 中可以看到 ThemeResolver 默认使用的是 WebApplicationContext。

在讲 Spring MVC 容器创建时介绍过 WebApplicationContext 是在 FrameworkServlet 中创建的，默认使用的是 XmlWebApplicationContext，其父类是 AbstractRefreshableWebApplicationContext，这个类实现了 ThemeSource 接口，其实现方式是在内部封装了一个 ThemeSource 属性，然后将具体工作交给它去干。

现在我们就把整个原理弄明白了：主题是通过一系列资源来具体体现的，要得到一个主题的资源，首先要得到资源的名称，这个是ThemeResolver的工作，然后用资源名称找到主题（可以理解为一个配置文件），这是ThemeSource的工作，最后使用主题获取里面具体的资源就可以了。ThemeResolver默认使用的是FixedThemeResolver，ThemeSource默认使用的是WebApplicationContext（其实是AbstractRefreshableWebApplicationContext里的ThemeSource），不过我们也可以自己来配置，例如：

```
<bean id="themeSource" class="org.springframework.ui.context.support.
    ResourceBundleThemeSource"
    p:basenamePrefix="com.excelib.themes."/>

<bean id="themeResolver" class="org.springframework.web.servlet.theme.
    CookieThemeResolver"
    p:defaultThemeName="default"/>
```

这里不仅配置了themeResolver和themeSource，而且还配置了默认主题名为“default”，以及配置文件的位置在com.excelib.themes包下（注意配置时最后要有点“.”）。

我们把主题是怎么回事就讲完了，下面再讲一下怎么切换主题，如果主题不能切换就失去了主题的意义，所以主题的切换非常重要。Spring MVC中主题的切换和Locale的切换使用相同的模式，也是使用的Interceptor。配置如下：

```
<mvc:interceptors>
    <mvc:interceptor>
        <mvc:mapping path="/*" />
        <bean class="org.springframework.web.servlet.theme.ThemeChangeInterceptor"
            p:paramName="theme"/>
    </mvc:interceptor>
</mvc:interceptors>
```

可以通过paramName设置修改主题的参数名，默认使用“theme”。下面的请求可以切换为summer主题：

```
http://localhost:8080?theme=summer
```

11.8 MultipartResolver

MultipartResolver用于处理上传请求，处理方法是将普通的request包装成MultipartHttpServletRequest，后者可以直接调用getFile方法获取到File，如果上传多个文件，还可以调用getFileMap得到FileName → File结构的Map，这样就使得上传请求的处理变得非常简单。当然，这里做的其实是锦上添花的事情，如果上传的请求不用MultipartResolver封装成MultipartHttpServletRequest，直接用原来的request也是可以的，所以在Spring MVC中此组件没有提供默认值。MultipartResolver定义如下：

```
package org.springframework.web.multipart;
import javax.servlet.http.HttpServletRequest;
public interface MultipartResolver {
```

```
    boolean isMultipart(HttpServletRequest request);
    MultipartHttpServletRequest resolveMultipart(HttpServletRequest request)
        throws MultipartException;
    void cleanupMultipart(MultipartHttpServletRequest request);
}
```

这里一共有三个方法，作用分别是判断是不是上传请求、将 request 包装成 Multipart-HttpServletRequest 、处理完后清理上传过程中产生的临时资源。对上传请求可以简单地判断是不是 multipart/form-data 类型，更多详细内容后面再介绍。

11.9 FlashMapManager

FlashMap 相关的内容在前面已经介绍过了，主要用在 redirect 中传递参数。而 FlashMap-Manager 是用来管理 FlashMap 的，定义如下：

```
package org.springframework.web.servlet;
import javax.servlet.http.HttpServletRequest;
import javax.servlet.http.HttpServletResponse;
public interface FlashMapManager {
    FlashMap retrieveAndUpdate(HttpServletRequest request, HttpServletResponse
        response);
    void saveOutputFlashMap(FlashMap flashMap, HttpServletRequest request,
        HttpServletResponse response);
}
```

retrieveAndUpdate 方法用于恢复参数，并将恢复过的和超时的参数从保存介质中删除；saveOutputFlashMap 用于将参数保存起来。

默认实现是 org.springframework.web.servlet.support.SessionFlashMapManager，它是将参数保存到 session 中。

整个 redirect 的参数通过 FlashMap 传递的过程分三步：

1）在处理器中将需要传递的参数设置到 outputFlashMap 中，设置方法在分析 DispatcherServlet 的时候已经介绍了，可以直接使用 request.getAttribute-(DispatcherServlet.OUTPUT_FLASH_MAP_ATTRIBUTE) 拿到 outputFlashMap，然后将参数 put 进去，也可以将需要传递的参数设置到处理器的 RedirectAttributes 类型的参数中，当处理器处理完请求时，如果是 redirect 类型的返回值 RequestMappingHandlerAdapter 会将其设置到 outputFlashMap 中。

2）在 RedirectView 的 renderMergedOutputModel 方法中调用 FlashMapManager 的 saveOutput-FlashMap 方法，将 outputFlashMap 中的参数设置到 Session 中。

3）请求 redirect 后 DispatcherServlet 的 doServic 会调用 FlashMapManager 的 retrieveAnd-Update 方法从 Session 中获取 inputFlashMap 并设置到 Request 的属性中备用，同时从 Session 中删除。

11.10　小结

本章对 Spring MVC 中的九大组件从接口、作用、原理、用法等方面进行了介绍，学习了本章大家再回过头去看 doDispatcher 就会有更加深刻的理解。同时也为后面详细分析每个组件的具体实现奠定了基础。

到目前为止，大家对 Spring MVC 内部的机制已经有了全面的认识，即使不再往下看也已明白 Spring MVC 到底是怎么回事了，不过如果想更深入地了解每个组件背后的实现原理则还需要接着往下看。

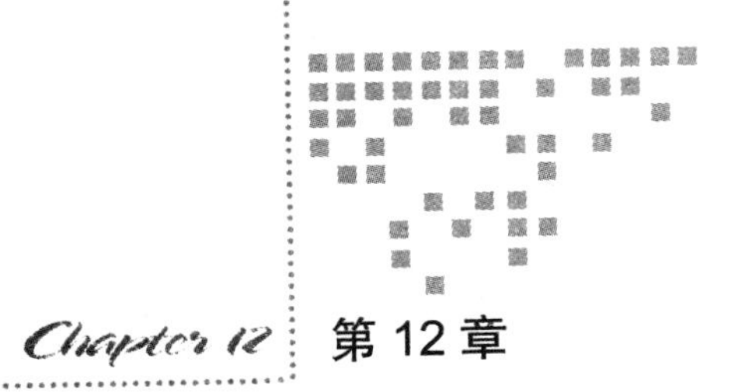

Chapter 12 第 12 章

HandlerMapping

HandlerMapping 的继承结构如图 12-1 所示。

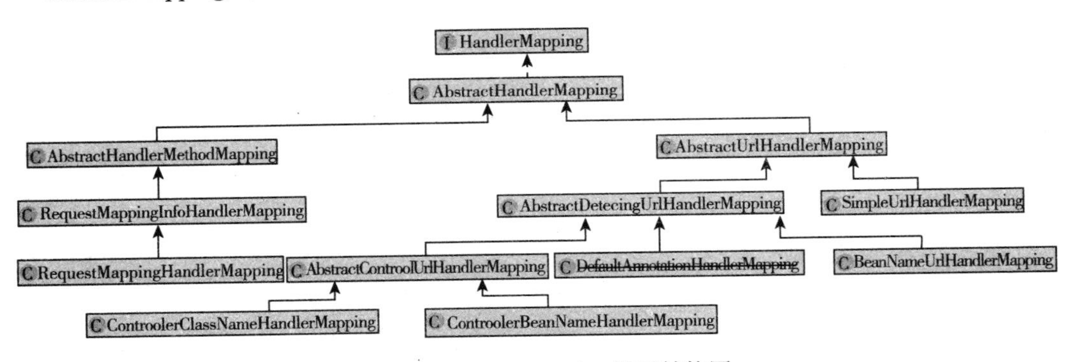

图 12-1　HandlerMapping 继承结构图

可以看到 HandlerMapping 家族的成员可以分为两支，一支继承 AbstractUrlHandlerMapping，另一支继承 AbstractHandlerMethodMapping，而这两个支都继承自抽象类 AbstractHandlerMapping。所以本章首先分析 AbstractHandlerMapping，然后分别分析 AbstractUrlHandlerMapping 和 AbstractHandlerMethodMapping 两个系列，最后总结，分析的方法使用“器用分析法”。

12.1　AbstractHandlerMapping

AbstractHandlerMapping 是 HandlerMapping 的抽象实现，所有 HandlerMapping 都继承自 AbstractHandlerMapping。AbstractHandlerMapping 采用模板模式设计了 HandlerMapping 实现

的整体结构，子类只需要通过模板方法提供一些初始值或者具体的算法即可。将 AbstractHandlerMapping 分析透对整个 HandlerMapping 实现方式的理解至关重要。在 Spring MVC 中有很多组件都是采用的这种模式——首先使用一个抽象实现采用模板模式进行整体设计，然后在子类通过实现模板方法具体完成业务，所以在分析 Spring MVC 源码的过程中尤其要重视对组件接口直接实现的抽象实现类的分析。

HandlerMapping 的作用是根据 request 查找 Handler 和 Interceptors。获取 Handler 的过程通过模板方法 getHandlerInternal 交给了子类。AbstractHandlerMapping 中保存了所用配置的 Interceptor，在获取到 Handler 后会自己根据从 request 提取的 lookupPath 将相应的 Interceptors 装配上去，当然子类也可以通过 getHandlerInternal 方法设置自己的 Interceptor，getHandlerInternal 的返回值为 Object 类型。

12.1.1 创建 AbstractHandlerMapping 之器

AbstractHandlerMapping 继承了 WebApplicationObjectSupport，初始化时会自动调用模板方法 initApplicationContext，AbstractHandlerMapping 的创建就是在 initApplicationContext 方法里面实现的，代码如下：

```
//org.springframework.web.servlet.handler.AbstractHandlerMapping
protected void initApplicationContext() throws BeansException {
    extendInterceptors(this.interceptors);
    detectMappedInterceptors(this.mappedInterceptors);
    initInterceptors();
}
```

initApplicationContext 里一共有三个方法，我们分别来说一下。

extendInterceptors 是模板方法，用于给子类提供一个添加（或者修改）Interceptors 的入口，不过在现有 Spring MVC 的实现中并没有使用。

detectMappedInterceptors 方法用于将 Spring MVC 容器及父容器中的所有 MappedInterceptor 类型的 Bean 添加到 mappedInterceptors 属性，代码如下：

```
//org.springframework.web.servlet.handler.AbstractHandlerMapping
protected void detectMappedInterceptors(List<MappedInterceptor> mappedInterceptors) {
    mappedInterceptors.addAll(
            BeanFactoryUtils.beansOfTypeIncludingAncestors(
                    getApplicationContext(), MappedInterceptor.class, true, false).values());
}
```

initInterceptors 方法的作用是初始化 Interceptor，具体内容其实是将 interceptors 属性里所包含的对象按类型添加到 mappedInterceptors 或者 adaptedInterceptors，代码如下：

```
//org.springframework.web.servlet.handler.AbstractHandlerMapping
protected void initInterceptors() {
    if (!this.interceptors.isEmpty()) {
        for (int i = 0; i < this.interceptors.size(); i++) {
```

```
            Object interceptor = this.interceptors.get(i);
            if (interceptor == null) {
                throw new IllegalArgumentException("Entry number " + i + " in
                    interceptors array is null");
            }
            if (interceptor instanceof MappedInterceptor) {
                this.mappedInterceptors.add((MappedInterceptor) interceptor);
            }else {
                this.adaptedInterceptors.add(adaptInterceptor(interceptor));
            }
        }
    }
}
```

AbstractHandlerMapping 中的 Interceptor 有三个 List 类型的属性：interceptors、mapped-Interceptors 和 adaptedInterceptors，分别解释如下：

- Interceptors：用于配置 Spring MVC 的拦截器，有两种设置方式：①注册 Handler-Mapping 时通过属性设置；②通过子类的 extendInterceptors 钩子方法进行设置。Interceptors 并不会直接使用，而是通过 initInterceptors 方法按类型分配到 mapped-Interceptors 和 adaptedInterceptors 中进行使用，Interceptors 只用于配置。
- mappedInterceptors：此类 Interceptor 在使用时需要与请求的 url 进行匹配，只有匹配成功后才会添加到 getHandler 的返回值 HandlerExecutionChain 里。它有两种获取途径：从 interceptors 获取或者注册到 spring 的容器中通过 detectMappedInterceptors 方法获取。
- adaptedInterceptors：这种类型的 Interceptor 不需要进行匹配，在 getHandler 中会全部添加到返回值 HandlerExecutionChain 里面。它只能从 interceptors 中获取。

AbstractHandlerMapping 的创建其实就是初始化这三个 Interceptor。

12.1.2 AbstractHandlerMapping 之用

HandlerMapping 是通过 getHandler 方法来获取处理器 Handler 和拦截器 Interceptor 的，下面看一下在 AbstractHandlerMapping 中的实现方法。

```
//org.springframework.web.servlet.handler.AbstractHandlerMapping
public final HandlerExecutionChain getHandler(HttpServletRequest request) throws
    Exception {
    Object handler = getHandlerInternal(request);
    if (handler == null) {
        handler = getDefaultHandler();
    }
    if (handler == null) {
        return null;
    }
    // Bean name or resolved handler?
    if (handler instanceof String) {
        String handlerName = (String) handler;
```

```
        handler = getApplicationContext().getBean(handlerName);
    }
    return getHandlerExecutionChain(handler, request);
}
```

可以看到 getHandler 方法的实现共分两部分，getHandlerExecutionChain 之前是找 Handler，getHandlerExecutionChain 方法用于添加拦截器。

找 Handler 的过程是这样的：

1）通过 getHandlerInternal（request）方法获取，这是个模板方法，留给子类具体实现（这也是其子类主要做的事情）。

2）如果没有获取到则使用默认的 Handler，默认的 Handler 保存在 AbstractHandlerMapping 的一个 Object 类型的属性 defaultHandler 中，可以在配置 HandlerMapping 时进行配置，也可以在子类中进行设置。

3）如果找到的 Handler 是 String 类型，则以它为名到 Spring MVC 的容器里查找相应的 Bean。

下面再来看一下 getHandlerExecutionChain 方法。

```
//org.springframework.web.servlet.handler.AbstractHandlerMapping
protected HandlerExecutionChain getHandlerExecutionChain(Object handler,
    HttpServletRequest request) {
    HandlerExecutionChain chain = (handler instanceof HandlerExecutionChain ?
            (HandlerExecutionChain) handler : new HandlerExecutionChain(handler));
    chain.addInterceptors(getAdaptedInterceptors());

    String lookupPath = this.urlPathHelper.getLookupPathForRequest(request);
    for (MappedInterceptor mappedInterceptor : this.mappedInterceptors) {
        if (mappedInterceptor.matches(lookupPath, this.pathMatcher)) {
            chain.addInterceptor(mappedInterceptor.getInterceptor());
        }
    }
    return chain;
}
```

这个方法也非常简单，首先使用 handler 创建出 HandlerExecutionChain 类型的变量，然后将 adaptedInterceptors 和符合要求的 mappedInterceptors 添加进去，最后将其返回。

12.2 AbstractUrlHandlerMapping 系列

12.2.1 AbstractUrlHandlerMapping

AbstractUrlHandlerMapping 系列都继承自 AbstractUrlHandlerMapping，从名字就可以看出它是通过 url 来进行匹配的。此系列大致原理是将 url 与对应的 Handler 保存在一个 Map 中，在 getHandlerInternal 方法中使用 url 从 Map 中获取 Handler，AbstractUrlHandlerMapping 中实

现了具体用url从Map中获取Handler的过程，而Map的初始化则交给了具体的子孙类去完成。这里的Map就是定义在AbstractUrlHandlerMapping中的handlerMap，另外还单独定义了处理“/”请求的处理器rootHandler，定义如下：

```
//org.springframework.web.servlet.handler.AbstractUrlHandlerMapping
private Object rootHandler;
private final Map<String, Object> handlerMap = new LinkedHashMap<String, Object>();
```

下面看一下具体是怎么获取Handler的，以及这个Map是怎么创建的。

前面讲过获取Handler的入口是getHandlerInternal方法，它在AbstractUrlHandlerMapping中代码如下：

```
//org.springframework.web.servlet.handler.AbstractUrlHandlerMapping
protected Object getHandlerInternal(HttpServletRequest request) throws Exception {
    String lookupPath = getUrlPathHelper().getLookupPathForRequest(request);
    Object handler = lookupHandler(lookupPath, request);
    if (handler == null) {
        // 定义一个临时变量，保存找到的原始Handler
        Object rawHandler = null;
        if ("/".equals(lookupPath)) {
            rawHandler = getRootHandler();
        }
        if (rawHandler == null) {
            rawHandler = getDefaultHandler();
        }
        if (rawHandler != null) {
            // 如果是String类型则到容器中查找具体的Bean
            if (rawHandler instanceof String) {
                String handlerName = (String) rawHandler;
                rawHandler = getApplicationContext().getBean(handlerName);
            }
            // 可以用来校验找到的Handler和request是否匹配，是模板方法，而且子类也没有使用
            validateHandler(rawHandler, request);
            handler = buildPathExposingHandler(rawHandler, lookupPath, lookupPath, null);
        }
    }
    if (handler != null && logger.isDebugEnabled()) {
        logger.debug("Mapping [" + lookupPath + "] to " + handler);
    }else if (handler == null && logger.isTraceEnabled()) {
        logger.trace("No handler mapping found for [" + lookupPath + "]");
    }
    return handler;
}
```

这里除了lookupHandler和buildPathExposingHandler方法外都非常容易理解，我们就不多解释了。下面分别来分析这两个方法。

lookupHandler方法用于使用lookupPath从Map中查找Handler，不过很多时候并不能直接从Map中get到，因为很多Handler都是用了Pattern的匹配模式，如“/show/article/*”，这里的星号*可以代表任意内容而不是真正匹配url中的星号，如果Pattern中包含PathVariable

也不能直接从 Map 中获取到。另外，一个 url 还可能跟多个 Pattern 相匹配，这时还需要选择其中最优的，所以查找过程其实并不是直接简单地从 Map 里获取，单独写一个方法来做也是应该的。lookupHandler 的代码如下：

```
//org.springframework.web.servlet.handler.AbstractUrlHandlerMapping
protected Object lookupHandler(String urlPath, HttpServletRequest request) throws
    Exception {
    // 直接从Map中获取
    Object handler = this.handlerMap.get(urlPath);
    if (handler != null) {
        // 如果是String类型则从容器中获取
        if (handler instanceof String) {
            String handlerName = (String) handler;
            handler = getApplicationContext().getBean(handlerName);
        }
        validateHandler(handler, request);
        return buildPathExposingHandler(handler, urlPath, urlPath, null);
    }
    // Pattern匹配，比如使用带*号的模式与url进行匹配
    List<String> matchingPatterns = new ArrayList<String>();
    for (String registeredPattern : this.handlerMap.keySet()) {
        if (getPathMatcher().match(registeredPattern, urlPath)) {
            matchingPatterns.add(registeredPattern);
        }
    }
    String bestPatternMatch = null;
    Comparator<String> patternComparator = getPathMatcher().getPatternComparator(urlPath);
    if (!matchingPatterns.isEmpty()) {
        Collections.sort(matchingPatterns, patternComparator);
        if (logger.isDebugEnabled()) {
            logger.debug("Matching patterns for request [" + urlPath + "] are " +
                matchingPatterns);
        }
        bestPatternMatch = matchingPatterns.get(0);
    }
    if (bestPatternMatch != null) {
        handler = this.handlerMap.get(bestPatternMatch);
        //如果是String类型则从容器中获取
        if (handler instanceof String) {
            String handlerName = (String) handler;
            handler = getApplicationContext().getBean(handlerName);
        }
        validateHandler(handler, request);
        String pathWithinMapping = getPathMatcher().extractPathWithinPattern(bes
            tPatternMatch, urlPath);
        // 之前是通过sort方法进行排序，然后拿第一个作为bestPatternMatch的，不过有可能有多
            个Pattern的顺序相同，也就是sort方法返回0，这里就是处理这种情况
        Map<String, String> uriTemplateVariables = new LinkedHashMap<String, String>();
        for (String matchingPattern : matchingPatterns) {
        if (patternComparator.compare(bestPatternMatch, matchingPattern) == 0) {
            Map<String, String> vars = getPathMatcher().extractUriTemplateVariab
                les(matchingPattern, urlPath);
```

```
                Map<String, String> decodedVars = getUrlPathHelper().decodePathVariables
                    (request, vars);
                uriTemplateVariables.putAll(decodedVars);
            }
        }
        if (logger.isDebugEnabled()) {
            logger.debug("URI Template variables for request [" + urlPath + "]
                are " + uriTemplateVariables);
        }
        return buildPathExposingHandler(handler, bestPatternMatch,
            pathWithinMapping, uriTemplateVariables);
    }
    // 没找到Handler则返回null
    return null;
}
```

关键位置已经做了注释，在此就不解释了。可以看到查找 Handler 的关键还是保存 url 和 Handler 的那个 Map，后面会分析这个 Map 是怎么初始化的。

buildPathExposingHandler 方法用于给查找到的 Handler 注册两个拦截器 PathExposingHandlerInterceptor 和 UriTemplateVariablesHandlerInterceptor，这是两个内部拦截器，主要作用是将与当前 url 实际匹配的 Pattern、匹配条件（后面介绍）和 url 模板参数等设置到 request 的属性里，这样在后面的处理过程中就可以直接从 request 属性中获取，而不需要再重新查找一遍了，代码如下：

```
//org.springframework.web.servlet.handler.AbstractUrlHandlerMapping
protected Object buildPathExposingHandler(Object rawHandler, String bestMatchingPattern,
      String pathWithinMapping, Map<String, String> uriTemplateVariables) {

   HandlerExecutionChain chain = new HandlerExecutionChain(rawHandler);
   chain.addInterceptor(new PathExposingHandlerInterceptor(bestMatchingPattern,
       pathWithinMapping));
   if (!CollectionUtils.isEmpty(uriTemplateVariables)) {
      chain.addInterceptor(new UriTemplateVariablesHandlerInterceptor(uriTemplat
          eVariables));
   }
   return chain;
}

private class PathExposingHandlerInterceptor extends HandlerInterceptorAdapter {
   private final String bestMatchingPattern;
   private final String pathWithinMapping;
   public PathExposingHandlerInterceptor(String bestMatchingPattern, String
       pathWithinMapping) {
      this.bestMatchingPattern = bestMatchingPattern;
      this.pathWithinMapping = pathWithinMapping;
   }
   @Override
   public boolean preHandle(HttpServletRequest request, HttpServletResponse
       response, Object handler) {
      exposePathWithinMapping(this.bestMatchingPattern, this.pathWithinMapping, request);
```

```
            request.setAttribute(HandlerMapping.INTROSPECT_TYPE_LEVEL_MAPPING,
                supportsTypeLevelMappings());
            return true;
        }

    }
    protected void exposePathWithinMapping(String bestMatchingPattern, String
        pathWithinMapping, HttpServletRequest request) {
        request.setAttribute(HandlerMapping.BEST_MATCHING_PATTERN_ATTRIBUTE,
            bestMatchingPattern);
        request.setAttribute(HandlerMapping.PATH_WITHIN_HANDLER_MAPPING_ATTRIBUTE,
            pathWithinMapping);
    }

    private class UriTemplateVariablesHandlerInterceptor extends HandlerInterceptorAdapter {
        private final Map<String, String> uriTemplateVariables;
        public UriTemplateVariablesHandlerInterceptor(Map<String, String> uriTemplateVariables) {
            this.uriTemplateVariables = uriTemplateVariables;
        }
        @Override
        public boolean preHandle(HttpServletRequest request, HttpServletResponse response,
            Object handler) {
            exposeUriTemplateVariables(this.uriTemplateVariables, request);
            return true;
        }
    }
    protected void exposeUriTemplateVariables(Map<String, String> uriTemplateVariables,
        HttpServletRequest request) {
        request.setAttribute(HandlerMapping.URI_TEMPLATE_VARIABLES_ATTRIBUTE,
            uriTemplateVariables);
    }
```

在 buildPathExposingHandler 方法中给 Handler 注册两个内部拦截器 PathExposingHandlerInterceptor 和 UriTemplateVariablesHandlerInterceptor，这两个拦截器分别在 preHandle 中调用了 exposePathWithinMapping 和 exposeUriTemplateVariables 方法将相应内容设置到了 request 的属性。

下面介绍 Map 的初始化，它通过 registerHandler 方法进行，这个方法承担 AbstractUrlHandlerMapping 的创建工作，不过和之前的创建不同的是这里的 registerHandler 方法并不是自己调用，也不是父类调用，而是子类调用。这样不同的子类就可以通过注册不同的 Handler 将组件创建出来。这种思路也值得我们学习和借鉴。

AbstractUrlHandlerMapping 中有两个 registerHandler 方法，第一个方法可以注册多个 url 到一个处理器，处理器用的是 String 类型的 beanName，这种用法在前面已经多次见到过，它可以使用 beanName 到 spring 的容器里找到真实的 bean 做处理器。在这个方法里只是遍历了所有的 url，然后调用第二个 registerHandler 方法具体将 Handler 注册到 Map 上。第二个 registerHandler 方法的具体注册过程也非常简单，首先看 Map 里原来有没有传入的 url，如果没有就 put 进去，如果有就看一下原来保存的和现在要注册的 Handler 是不是同一个，如果不是同一个就有问题了，总不能相同的 url 有两个不同的 Handler 吧（这个系列只根据 url 查找 Handler）！这时就得抛异常。往 Map 里放的时候还需要看一下 url 是不是处理 "/" 或者 "/*"，如果是就不往 Map 里放了，而是分别设置到 rootHandler 和 defaultHandler。具体代码如下：

```
//org.springframework.web.servlet.handler.AbstractUrlHandlerMapping
protected void registerHandler(String[] urlPaths, String beanName) throws
    BeansException, IllegalStateException {
    Assert.notNull(urlPaths, "URL path array must not be null");
    for (String urlPath : urlPaths) {
        registerHandler(urlPath, beanName);
    }
}
protected void registerHandler(String urlPath, Object handler) throws BeansException,
    IllegalStateException {
    Assert.notNull(urlPath, "URL path must not be null");
    Assert.notNull(handler, "Handler object must not be null");
    Object resolvedHandler = handler;

    // 如果Handler是String类型而且没有设置lazyInitHandlers则从SpringMVC容器中获取
        Handler
    if (!this.lazyInitHandlers && handler instanceof String) {
        String handlerName = (String) handler;
        if (getApplicationContext().isSingleton(handlerName)) {
            resolvedHandler = getApplicationContext().getBean(handlerName);
        }
    }

    Object mappedHandler = this.handlerMap.get(urlPath);
    if (mappedHandler != null) {
        if (mappedHandler != resolvedHandler) {
            throw new IllegalStateException(
                    "Cannot map " + getHandlerDescription(handler) + " to URL path ["
                        + urlPath +
                    "]: There is already " + getHandlerDescription(mappedHandler) + "
                       mapped.");
        }
    }else {
        if (urlPath.equals("/")) {
            if (logger.isInfoEnabled()) {
                logger.info("Root mapping to " + getHandlerDescription(handler));
            }
            setRootHandler(resolvedHandler);
        }else if (urlPath.equals("/*")) {
            if (logger.isInfoEnabled()) {
                logger.info("Default mapping to " + getHandlerDescription(handler));
            }
            setDefaultHandler(resolvedHandler);
        }else {
            this.handlerMap.put(urlPath, resolvedHandler);
            if (logger.isInfoEnabled()) {
```

```
                logger.info("Mapped URL path [" + urlPath + "] onto " + getHandlerDes
                    cription(handler));
            }
        }
    }
}
```

我们现在就把整个 AbstractUrlHandlerMapping 系列的原理分析完了，AbstractUrl-Handler-Mapping 里面定义了整体架构，子类只需要将 Map 初始化就可以了。

下面来看子类具体是怎么做的。有两个类直接继承 AbstractUrlHandlerMapping，分别是 SimpleUrlHandlerMapping 和 AbstractDetectingUrlHandlerMapping。

12.2.2 SimpleUrlHandlerMapping

SimpleUrlHandlerMapping 定义了一个 Map 变量（自己定义一个 Map 主要有两个作用，第一是方便配置，第二是可以在注册前做一些预处理，如确保所有 url 都以“/”开头），将所有的 url 和 Handler 的对应关系放在里面，最后注册到父类的 Map 中；而 AbstractDetectingUrlHandlerMapping 则是将容器中的所有 bean 都拿出来，按一定规则注册到父类的 Map 中。下面分别来看一下。

SimpleUrlHandlerMapping 在创建时通过重写父类的 initApplicationContext 方法调用了 registerHandlers 方法完成 Handler 的注册，registerHandlers 内部又调用了 AbstractUrlHandlerMapping 的 registerHandler 方法将我们配置的 urlMap 注册到 AbstractUrlHandlerMapping 的 Map 中（如果要使用 SimpleUrlHandlerMapping 就需要在注册时给它配置 urlMap），代码如下：

```
//org.springframework.web.servlet.handler.SimpleUrlHandlerMapping
private final Map<String, Object> urlMap = new HashMap<String, Object>()
public void initApplicationContext() throws BeansException {
    super.initApplicationContext();
    registerHandlers(this.urlMap);
}
protected void registerHandlers(Map<String, Object> urlMap) throws BeansException {
    if (urlMap.isEmpty()) {
        logger.warn("Neither 'urlMap' nor 'mappings' set on SimpleUrlHandlerMapping");
    }else {
        for (Map.Entry<String, Object> entry : urlMap.entrySet()) {
            String url = entry.getKey();
            Object handler = entry.getValue();
            // Prepend with slash if not already present.
if (!url.startsWith("/")) {
                url = "/" + url;
            }
            // Remove whitespace from handler bean name.
            if (handler instanceof String) {
                handler = ((String) handler).trim();
            }
```

```
                registerHandler(url, handler);
            }
        }
    }
```

SimpleUrlHandlerMapping 类非常简单，就是直接将配置的内容注册到了 AbstractUrlHandlerMapping 中。

12.2.3 AbstractDetectingUrlHandlerMapping

AbstractDetectingUrlHandlerMapping 也是通过重写 initApplicationContext 来注册 Handler 的，里面调用了 detectHandlers 方法，在 detectHandlers 中根据配置的 detectHand-lersInAncestorContexts 参数从 Spring MVC 容器或者 Spring MVC 及其父容器中找到所有 bean 的 beanName，然后用 determineUrlsForHandler 方法对每个 beanName 解析出对应的 urls，如果解析结果不为空则将解析出的 urls 和 beanName（作为 Handler）注册到父类的 Map，注册方法依然是调用 AbstractUrlHandlerMapping 的 registerHandler 方法。使用 beanName 解析 urls 的 determineUrlsForHandler 方法是模板方法，交给具体子类实现。AbstractDetectingUrlHandlerMapping 类非常简单，代码如下：

```
package org.springframework.web.servlet.handler;
public abstract class AbstractDetectingUrlHandlerMapping extends AbstractUrlHandlerMapping {
    private boolean detectHandlersInAncestorContexts = false;
    public void setDetectHandlersInAncestorContexts(boolean detectHandlersInAncestorContexts) {
        this.detectHandlersInAncestorContexts = detectHandlersInAncestorContexts;
    }
    @Override
    public void initApplicationContext() throws ApplicationContextException {
      super.initApplicationContext();
      detectHandlers();
    }
    protected void detectHandlers() throws BeansException {
       if (logger.isDebugEnabled()) {
          logger.debug("Looking for URL mappings in application context: " + getApplicationContext());
       }
//获取容器的所有bean的名字
String[] beanNames = (this.detectHandlersInAncestorContexts ?
            BeanFactoryUtils.beanNamesForTypeIncludingAncestors(getApplicationConte
                xt(), Object.class) :
            getApplicationContext().getBeanNamesForType(Object.class));

       //对每个beanName解析url，如果能解析到就注册到父类的Map中
       for (String beanName : beanNames) {
// 使用beanName解析url，是模板方法，子类具体实现
          String[] urls = determineUrlsForHandler(beanName);
// 如果能解析到url则注册到父类
          if (!ObjectUtils.isEmpty(urls)) {
// 父类的registerHandler方法
             registerHandler(urls, beanName);
          }else {
```

```
                if (logger.isDebugEnabled()) {
                    logger.debug("Rejected bean name '" + beanName + "': no URL paths
                        identified");
                }
            }
        }
    }
    protected abstract String[] determineUrlsForHandler(String beanName);
}
```

AbstractDetectingUrlHandlerMapping 有三个子类：BeanNameUrlHandlerMapping、DefaultAnnotationHandlerMapping 和 AbstractControllerUrlHandlerMapping，其中 DefaultAnnotationHandlerMapping 已经标注了 @Deprecated 被弃用了，所以我们就不分析它了。

BeanNameUrlHandlerMapping 是检查 beanName 和 alias 是不是以“/”开头，如果是则将其作为 url，里面只有一个 determineUrlsForHandler 方法，非常简单，代码如下：

```
package org.springframework.web.servlet.handler;
// 省略了imports
public class BeanNameUrlHandlerMapping extends AbstractDetectingUrlHandlerMapping {
    @Override
    protected String[] determineUrlsForHandler(String beanName) {
        List<String> urls = new ArrayList<String>();
        if (beanName.startsWith("/")) {
            urls.add(beanName);
        }
        String[] aliases = getApplicationContext().getAliases(beanName);
        for (String alias : aliases) {
            if (alias.startsWith("/")) {
                urls.add(alias);
            }
        }
        return StringUtils.toStringArray(urls);
    }
}
```

AbstractControllerUrlHandlerMapping 是将实现了 Controller 接口或者注释了 @Controller 的 bean 作为 Handler，并且可以通过设置 excludedClasses 和 excludedPackages 将不包含的 bean 或者不包含的包下的所有 bean 排除在外，这里的 determineUrlsForHandler 方法主要负责将符合条件的 Handler 找出来，而具体用什么 url 则使用模板方法 buildUrlsForHandler 交给子类去做，代码如下（省略了打印日志代码）：

```
// org.springframework.web.servlet.mvc.support.AbstractControllerUrlHandlerMapping
@Override
protected String[] determineUrlsForHandler(String beanName) {
    Class<?> beanClass = getApplicationContext().getType(beanName);
    // 调用isEligibleForMapping方法判断是不是支持的类型
    if (isEligibleForMapping(beanName, beanClass)) {
        // 模板方法，在子类实现
        return buildUrlsForHandler(beanName, beanClass);
    }
```

```
        else {
            return null;
        }
    }
    protected boolean isEligibleForMapping(String beanName, Class<?> beanClass) {
        if (beanClass == null) {
            return false;
        }
        //排除excludedClasses里配置的类
        if (this.excludedClasses.contains(beanClass)) {
            return false;
        }
        String beanClassName = beanClass.getName();
        //排除excludedPackages里配置的包下的类
        for (String packageName : this.excludedPackages) {
            if (beanClassName.startsWith(packageName)) {
                return false;
            }
        }
        // 检查是否实现了Controller接口或者注释了@Controller
        return isControllerType(beanClass);
    }
    protected abstract String[] buildUrlsForHandler(String beanName, Class<?> beanClass);
```

它有两个子类 ControllerClassNameHandlerMapping 和 ControllerBeanNameHandlerMapping，从名称就可以看出来一个使用 className 作为 url，另一个使用 spring 容器中的 beanName 作为 url，具体代码不再列出。

AbstractUrlHandlerMapping 系列就分析完了，层次非常清晰，我们来回顾一下：首先在 AbstractUrlHandlerMapping 中设计了整体的结构，并完成了查找 Handler 的具体逻辑，其中需要用到一个保存 url 和 Handler 对应关系的 Map，这个 Map 的内容是留给子类初始化的，这里提供了注册（也就是初始化 Map）的工具方法 registerHandler。初始化 Map 时分了两种实现方式，一种是通过手工在配置文件里注册，另一种是在 spring 的容器里面找，第二种方式需要将容器里的 bean 按照特定的需求筛选出来，并解析出一个 url，所以又根据这两个需求增加了两层子类。

12.3 AbstractHandlerMethodMapping 系列

从前面 HandlerMapping 的结构图可以看出，AbstractHandlerMethodMapping 系列的结构非常简单，只有三个类：AbstractHandlerMethodMapping、RequestMappingInfoHandlerMapping 和 RequestMappingHandlerMapping，这三个类依次继承，AbstractHandlerMethodMapping 直接继承自 AbstractHandlerMapping。虽然看起来这里的结构要比 UrlHandlerMapping 简单很多，但是并没有因为类结构简单而降低复杂度。

AbstractHandlerMethodMapping 系列是将 Method 作为 Handler 来使用的，这也是我们

现在用得最多的一种 Handler，比如经常使用的 @RequestMapping 所注释的方法就是这种 Handler，它专门有一个类型——HandlerMethod，也就是 Method 类型的 Handler。

这个系列还是比较复杂的，所以使用“器用分析法”进行分析。

12.3.1 创建 AbstractHandlerMethodMapping 系列之器

要想弄明白 AbstractHandlerMethodMapping 系列，最关键的是要先弄明白 AbstractHandlerMethodMapping 里三个 Map 的含义，它们定义如下：

```
//org.springframework.web.servlet.handler.AbstractHandlerMethodMapping
private final Map<T, HandlerMethod> handlerMethods = new LinkedHashMap<T,
    HandlerMethod>();
private final MultiValueMap<String, T> urlMap = new LinkedMultiValueMap<String, T>();
private final MultiValueMap<String, HandlerMethod> nameMap = new
LinkedMultiValueMap<String, HandlerMethod>();
```

这里的泛型 T 来自于 AbstractHandlerMethodMapping 类的定义，代码如下：

```
public abstract class AbstractHandlerMethodMapping<T> extends AbstractHandlerMapping
    implements InitializingBean {
……
}
```

泛型 T 在 spring 官方的解释是“ The mapping for a HandlerMethod containing the conditions needed to match the handler method to incoming request”也就是用来代表匹配 Handler 的条件专门使用的一种类，这里的条件就不只是 url 了，还可以有很多其他条件，如 request 的类型（Get、Post 等）、请求的参数、Header 等都可以作为匹配 HandlerMethod 的条件。默认使用的是 RequestMappingInfo，从 RequestMappingInfoHandlerMapping 的定义就可以看出。

```
public abstract class RequestMappingInfoHandlerMapping extends AbstractHandlerMe
    thodMapping<RequestMappingInfo> {
……
}
```

RequestMappingInfo 实现了 RequestCondition 接口，此接口专门用于保存从 request 提取出的用于匹配 Handler 的条件，结构如图 12-2 所示。

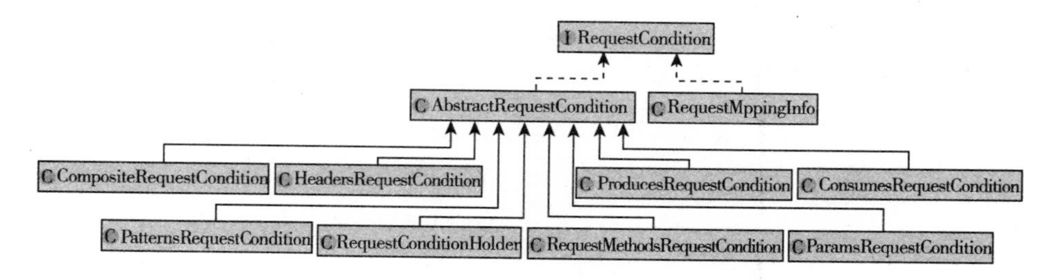

图 12-2 RequestCondition 结构图

抽象实现 AbstractRequestCondition 中重写了 equals、hashCode 和 toString 三个方法，有 8

个子类，除了 CompositeRequestCondition 外每一个子类表示一种匹配条件。比如，PatternsRequestCondition 使用 url 做匹配，RequestMethodsRequestCondition 使用 RequestMet-hod 做匹配等。CompositeRequestCondition 本身并不实际做匹配，而是可以将多个别的 RequestCondition 封装到自己的一个变量里，在用的时候遍历封装 RequestCondition 的那个变量里所有的 RequestCondition 进行匹配，也就是大家所熟悉的责任链模式，这种模式在 Spring MVC 中非常常见，类名一般是 CompositeXXX 或者 XXXComposite 的形式，它们主要的作用就是为了方便调用。

RequestCondition 的另一个实现就是这里要用的 RequestMappingInfo，它里面其实是用七个变量保存了七个 RequestCondition，在匹配时使用那七个变量进行匹配，这也就是可以在 @RequestMapping 中给处理器指定多种匹配方式的原因。具体的代码也不难理解，这里就不分析了，如果感兴趣可以自己找到源码看一下。下面接着介绍三个 Map。

handlerMethods：保存着匹配条件（也就是 RequestCondition）和 HandlerMethod 的对应关系。

urlMap：保存着 url 与匹配条件（也就是 RequestCondition）的对应关系，当然这里的 url 是 Pattern 式的，可以使用通配符。另外，这里使用的 Map 并不是普通的 Map，而是 MultiValueMap，这是一种一个 key 对应多个值的 Map，其实它的 value 是一个 List 类型的值，看 MultiValueMap 的定义就能明白，MultiValueMap 定义如下：

```
public interface MultiValueMap<K, V> extends Map<K, List<V>>
```

由于 RequestCondition 可以同时使用多种不同的匹配方式而不只是 url 一种，所以反过来说同一个 url 就可能有多个 RequestCondition 与之对应。这里的 RequestCondition 其实就是在 @RequestMapping 中注释的内容。

nameMap：这个 Map 是 Spring MVC4 新增的，它保存着 name 与 HandlerMethod 的对应关系，它使用的也是 MultiValueMap 类型的 Map，也就是说一个 name 可以有多个 HandlerMethod。这里的 name 是使用 HandlerMethodMappingNamingStrategy 策略的实现类从 HandlerMethod 中解析出来的，默认使用 RequestMappingInfoHandlerMethodMappingNamingStrategy 实现类，解析规则是：类名里的大写字母组合 + "#" + 方法名。这个 Map 在正常的匹配过程并不需要使用，它主要用在 MvcUriComponentsBuilder 里面，可以用来根据 name 获取相应的 url，比如：

```
MvcUriComponentsBuilder.MethodArgumentBuilder uriComponents = MvcUriComponentsBuilder
        .fromMappingName("GC#index");
String uri = uriComponents.build();
```

这样就可以构造出 url—— http://localhost:8080/index，也就是前面定义的 GoController 的 index 方法对应的 url，GC 是 GoController 中的大写字母。它可以直接在 jsp 中通过 spring 的标签来使用，如 <a href="${s:mvcUrl(' GC#index ') }">Go</a>。

这三个 Map 怎么用呢？ nameMap 的用法前面已经介绍过了，下面介绍一下 urlMap 和

handlerMethods，前者保存着 url 和匹配条件的对应关系，可以通过 url 拿到匹配条件，后者保存着匹配条件与 HandlerMethod 之间的关系，可以通过前者拿到的匹配条件得到具体的 HandlerMethod。需要注意的是前者返回的有可能是多个匹配条件而不是一个，这时候还需要先选出一个最优的，然后才可以获取 HandlerMethod。

理解了这三个 Map 再来看 AbstractHandlerMethodMapping 系列的创建就容易多了，AbstractHandlerMethodMapping 实现了 InitializingBean 接口，所以 spring 容器会自动调用其 afterPropertiesSet 方法，afterPropertiesSet 又交给 initHandlerMethods 方法完成具体的初始化，代码如下：

```
//org.springframework.web.servlet.handler.AbstractHandlerMethodMapping
public void afterPropertiesSet() {
    initHandlerMethods();
}

protected void initHandlerMethods() {
    if (logger.isDebugEnabled()) {
        logger.debug("Looking for request mappings in application context: " +
            getApplicationContext());
    }

    String[] beanNames = (this.detectHandlerMethodsInAncestorContexts ?
            BeanFactoryUtils.beanNamesForTypeIncludingAncestors(getApplicationCo
                ntext(), Object.class) :
            getApplicationContext().getBeanNamesForType(Object.class));

    for (String beanName : beanNames) {
      if (!beanName.startsWith(SCOPED_TARGET_NAME_PREFIX) &&
                isHandler(getApplicationContext().getType(beanName))){
            detectHandlerMethods(beanName);
        }
    }
    handlerMethodsInitialized(getHandlerMethods());
}
```

是不是感觉似曾相识？是的，在 AbstractDetectingUrlHandlerMapping 里面也有类似的代码，首先拿到容器里所有的 bean，然后根据一定的规则筛选出 Handler，最后保存到 Map 里。这里的筛选使用的方法是 isHandler，这是一个模板方法，具体实现在 RequestMapping-HandlerMapping 里面，筛选的逻辑是检查类前是否有 @Controller 或者 @RequestMapping 注释，代码如下：

```
//org.springframework.web.servlet.mvc.method.annotation.RequestMappingHandlerMapping
protected boolean isHandler(Class<?> beanType) {
    return ((AnnotationUtils.findAnnotation(beanType, Controller.class) != null) ||
        (AnnotationUtils.findAnnotation(beanType, RequestMapping.class) != null));
}
```

接着看 initHandlerMethods 方法，detectHandlerMethods 负责将 Handler 保存到 Map 里，

handlerMethodsInitialized 可以对 Handler 进行一些初始化，是一个模板方法，但子类并没有实现。下面介绍 detectHandlerMethods 具体是怎么工作的。

```
//org.springframework.web.servlet.handler.AbstractHandlerMethodMapping
protected void detectHandlerMethods(final Object handler) {
// 获取Handler的类型
Class<?> handlerType =
        (handler instanceof String ? getApplicationContext().getType((String)
            handler) : handler.getClass());
   // 保存Handler与匹配条件的对应关系，用于给registerHandlerMethod传入匹配条件
   final Map<Method, T> mappings = new IdentityHashMap<Method, T>();
// 如果是cglib代理的子对象类型，则返回父类型，否则直接返回传入的类型
final Class<?> userType = ClassUtils.getUserClass(handlerType);
   // 获取当前bean里所有符合Handler要求的Method
   Set<Method> methods = HandlerMethodSelector.selectMethods(userType, new
       MethodFilter() {
      @Override
      public boolean matches(Method method) {
         T mapping = getMappingForMethod(method, userType);
         if (mapping != null) {
            mappings.put(method, mapping);
            return true;
         }else {
            return false;
         }
      }
   });
   // 将符合要求的Method注册起来，也就是保存到三个Map中
   for (Method method : methods) {
      registerHandlerMethod(handler, method, mappings.get(method));
   }
}
```

detectHandlerMethods 方法分两步：首先从传入的处理器中找到符合要求的方法，然后使用 registerHandlerMethod 进行注册（也就是保存到 Map 中）。从这里可以看出 spring 其实是将处理请求的方法所在的类看作处理器了，而不是处理请求的方法，不过很多地方需要使用处理请求的方法作为处理器来理解才容易理解，而且 spring 本身在有些场景中也将处理请求的方法 HandlerMethod 作为处理器了，比如，AbstractHandlerMethodMapping 的 getHandlerInternal 方法返回的处理器就是 HandlerMethod 类型，在 RequestMappingHandlerAdapter 中判断是不是支持的 Handler 时也是通过检查是不是 HandlerMethod 类型来判断的。本书中所说的处理器随当时的语境可能是指处理请求的方法也可能指处理请求方法所在的类。

从 Handler 里面获取可以处理请求的 Method 的方法使用了 Handler-MethodSelector.selectMethods，这个方法可以遍历传入的 Handler 的所有方法，然后根据第二个 MethodFilter 类型的参数筛选出合适的方法。这里的 MethodFilter 使用了匿名类，具体判断的逻辑是通过在匿名类里调用 getMappingForMethod 方法获取 Method 的匹配条件，如果可以获取到则认为符

合要求，否则不符合要求，另外如果符合要求则会将匹配条件保存到 mappings 里面，以备后面使用。getMappingForMethod 是模板方法，具体实现在 RequestMappingHandlerMapping 里，它是根据 @RequestMapping 注释来找匹配条件的，如果没有 @RequestMapping 注释则返回 null，如果有则根据注释的内容创建 RequestMappingInfo 类型的匹配条件并返回，代码如下：

```
//org.springframework.web.servlet.mvc.method.annotation.RequestMappingHandlerMapping
protected RequestMappingInfo getMappingForMethod(Method method, Class<?>
    handlerType) {
     RequestMappingInfo info = null;
     RequestMapping methodAnnotation = AnnotationUtils.findAnnotation(method,
         RequestMapping.class);
    if (methodAnnotation != null) {
        RequestCondition<?> methodCondition = getCustomMethodCondition(method);
        info = createRequestMappingInfo(methodAnnotation, methodCondition);
        RequestMapping typeAnnotation = AnnotationUtils.findAnnotation (handlerType,
            RequestMapping.class);
        if (typeAnnotation != null) {
           RequestCondition<?> typeCondition = getCustomTypeCondition(handlerType);
           info = createRequestMappingInfo(typeAnnotation, typeCondition).
               combine(info);
        }
    }
    return info;
}
```

说完了怎么找 HandlerMethod，再来看一下怎么将找到的 HandlerMethod 注册到 Map 里。registerHandlerMethod 的代码如下：

```
//org.springframework.web.servlet.mvc.method.annotation.RequestMappingHandlerMapping
protected void registerHandlerMethod(Object handler, Method method, T mapping) {
    HandlerMethod newHandlerMethod = createHandlerMethod(handler, method);
    HandlerMethod oldHandlerMethod = this.handlerMethods.get(mapping);
// 检查是否已经在handlerMethods中存在，如果已经存在而且和现在传入的不同则抛出异常
    if (oldHandlerMethod != null && !oldHandlerMethod.equals(newHandlerMethod)) {
        throw new IllegalStateException("Ambiguous mapping found. Cannot map '"
            + newHandlerMethod.getBean() +
              "' bean method \n" + newHandlerMethod + "\nto " + mapping + ":
                  There is already '" +
              oldHandlerMethod.getBean() + "' bean method\n" + oldHandlerMethod
                  + " mapped.");
    }
    // 添加到handlerMethods
    this.handlerMethods.put(mapping, newHandlerMethod);
    if (logger.isInfoEnabled()) {
        logger.info("Mapped \"" + mapping + "\" onto " + newHandlerMethod);
    }
    // 添加到urlMap
    Set<String> patterns = getMappingPathPatterns(mapping);
    for (String pattern : patterns) {
        if (!getPathMatcher().isPattern(pattern)) {
            this.urlMap.add(pattern, mapping);
```

```
            }
        }
        //添加到nameMap
        if (this.namingStrategy != null) {
            String name = this.namingStrategy.getName(newHandlerMethod, mapping);
            updateNameMap(name, newHandlerMethod);
        }
    }
```

可以看到这个方法也非常简单，首先检查一下 handlerMethods 这个 Map 里是不是已经有这个匹配条件了，如果有而且所对应的值和现在传入的 HandlerMethod 不是同一个则抛出异常，否则依次添加到三个 Map 里。在往 nameMap 里添加的时候需要先解析出 name 然后调用 updateNameMap 方法进行添加，updateNameMap 方法也非常简单，大概过程就是先检查是不是已经存在，如果存在就返回，否则就 put 进去，然后打印日志，具体代码这里就不提供了。

12.3.2 AbstractHandlerMethodMapping 系列之用

通过前面的分析可知这里的主要功能是通过 getHandlerInternal 方法获取处理器，getHandlerInternal 的代码如下：

```
// org.springframework.web.servlet.handler.AbstractHandlerMethodMapping
protected HandlerMethod getHandlerInternal(HttpServletRequest request) throws
    Exception {
    String lookupPath = getUrlPathHelper().getLookupPathForRequest(request);
HandlerMethod handlerMethod = lookupHandlerMethod(lookupPath, request);
    return (handlerMethod != null ? handlerMethod.createWithResolvedBean() : null);
}
```

这里省略了日志相关代码，可以看到实际就做了三件事：第一件是根据 request 获取 lookupPath，可以简单地理解为 url；第二件是使用 lookupHandlerMethod 方法通过 lookupPath 和 request 找 handlerMethod；第三件是如果可以找到 handlerMethod 则调用它的 createWithResolvedBean 方法创建新的 HandlerMethod 并返回，createWithResolvedBean 的作用是判断 handlerMethod 里的 handler 是不是 String 类型，如果是则改为将其作为 beanName 从容器中所取到的 bean，不过 HandlerMethod 里的属性都是 final 类型的，不可以修改，所以在 createWithResolvedBean 方法中又用原来的属性和修改后的 handler 新建了一个 HandlerMethod。下面来看一下具体查找 HandlerMethod 的方法 lookupHandlerMethod。

```
// org.springframework.web.servlet.handler.AbstractHandlerMethodMapping
protected HandlerMethod lookupHandlerMethod(String lookupPath, HttpServletRequest
    request) throws Exception {
// Match是内部类，保存匹配条件和Handler
List<Match> matches = new ArrayList<Match>();
// 首先根据lookupPath获取到匹配条件
List<T> directPathMatches = this.urlMap.get(lookupPath);
   if (directPathMatches != null) {
// 将找到的匹配条件添加到matches
```

```
        addMatchingMappings(directPathMatches, matches, request);
    }
    // 如果不能直接使用lookupPath得到匹配条件，则将所有匹配条件加入matches
    if (matches.isEmpty()) {
        addMatchingMappings(this.handlerMethods.keySet(), matches, request);
    }
    // 将包含匹配条件和Handler的matches排序，并取第一个作为bestMatch，如果前面两个排序相同则
        抛出异常
    if (!matches.isEmpty()) {
        Comparator<Match> comparator = new MatchComparator(getMappingComparator(re
            quest));
        Collections.sort(matches, comparator);
        if (logger.isTraceEnabled()) {
            logger.trace("Found " + matches.size() + " matching mapping(s) for [" +
                lookupPath + "] : " + matches);
        }
        Match bestMatch = matches.get(0);
        if (matches.size() > 1) {
            Match secondBestMatch = matches.get(1);
            if (comparator.compare(bestMatch, secondBestMatch) == 0) {
                Method m1 = bestMatch.handlerMethod.getMethod();
                Method m2 = secondBestMatch.handlerMethod.getMethod();
                throw new IllegalStateException(
                        "Ambiguous handler methods mapped for HTTP path '" + request.
                            getRequestURL() + "': {" + m1 + ", " + m2 + "}");
            }
        }
        handleMatch(bestMatch.mapping, lookupPath, request);
        return bestMatch.handlerMethod;
    }else {
        return handleNoMatch(handlerMethods.keySet(), lookupPath, request);
    }
}
```

详细过程已经做了注释，比较容易理解，整个过程中是使用 Match 作为载体的，Match 是个内部类，封装了匹配条件和 HandlerMethod 两个属性。handleMatch 方法是在返回前做一些处理，默认实现是将 lookupPath 设置到 request 的属性，子类 RequestMappingInfo-HandlerMapping 中进行了重写，将更多的参数设置到了 request 的属性，主要是为了以后使用时方便，跟 Mapping 没有关系。

12.4 小结

本章详细分析了 Spring MVC 中的 HandlerMapping 的各种具体实现方式。HandlerMapping 的整体结构在 AbstractHandlerMapping 中设计，简单来说其功能就是根据 request 找到 Handler 和 Interceptors，组合成 HandlerExecutionChain 类型并返回。找 Handler 的过程通过模板方法 getHandlerInternal 留给子类实现，查找 Interceptors 则是 AbstractHandlerMapping 自己完成的，

查找的具体方法是通过几个与 Interceptor 相关的 Map 完成的，在初始化过程中对那些 Map 进行了初始化。

AbstractHandlerMapping 的子类分了两个系列：AbstractUrlHandlerMapping 系列和 AbstractHandlerMethodMapping 系列，前者是通过 url 匹配的，后者匹配的内容比较多，而且是直接匹配到 Method，这也是现在使用最多的一种方式。

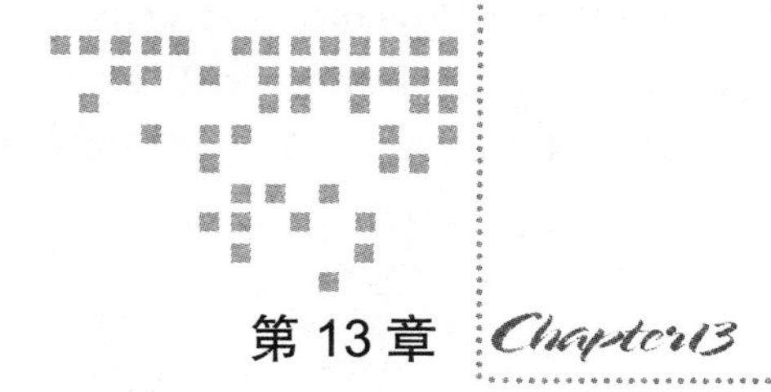

第 13 章 Chapter 13

HandlerAdapter

HandlerMapping 通过 request 找到了 Handler，HandlerAdapter 是具体使用 Handler 来干活的，每个 HandlerAdapter 封装了一种 Handler 的具体使用方法。HandlerAdapter 的继承结构如图 13-1 所示。

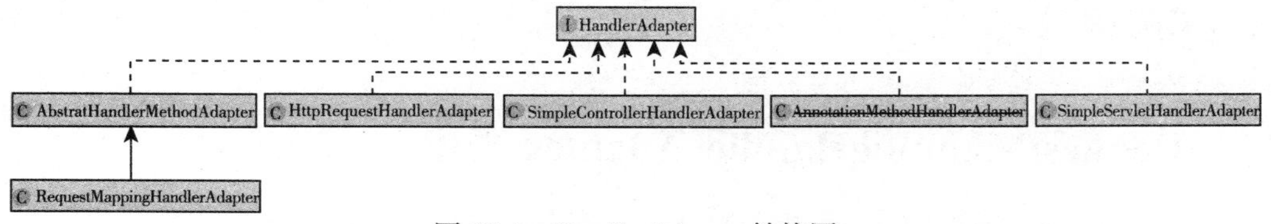

图 13-1　HandlerAdapter 结构图

可以看到 HandlerAdapter 的结构非常简单，一共有 5 类 Adapter，其中只有 RequestMappingHandlerAdapter 有两层，别的都是只有一层，也就是直接实现的 HandlerAdapter 接口。而且 AnnotationMethodHandlerAdapter 已经标注了 @Deprecated 被弃用，所以总共就只有 4 类 Adapter，5 个类。在这四类 Adapter 中 RequestMappingHandlerAdapter 的实现非常复杂，而其他三个则非常简单，因为其他三个 Handler 的格式都是固定的，只需要调用固定的方法就可以了，但是 RequestMappingHandlerAdapter 所处理的 Handler 可以是任意的方法，没有任何约束，这就极大地增加了难度。其实调用并不算难，大家应该都可以想到，使用反射就可以了，关键是参数值的解析，参数可能有各种各样的类型，而且有几个参数也不确定，如果让我们去做，我们会怎么做呢？大家可以先自己思考一下。

前面已经讲过 HandlerAdapter 的接口了，里面一共有三个方法，一个用来判断是否支持传入的 Handler，一个用来使用 Handler 处理请求，还有一个用来获取资源的 Last-Modified 值。

HttpRequestHandlerAdapter、SimpleServletHandlerAdapter和SimpleControllerHandler-Adapter分别适配HttpRequestHandler、Servlet和Controller类型的Handler，方法非常简单，都是调用Handler里固定的方法，代码如下：

```
//org.springframework.web.servlet.mvc.HttpRequestHandlerAdapter
public ModelAndView handle(HttpServletRequest request, HttpServletResponse
    response, Object handler)
      throws Exception {
    ((HttpRequestHandler) handler).handleRequest(request, response);
    return null;
}
// org.springframework.web.servlet.handler.SimpleServletHandlerAdapter
public ModelAndView handle(HttpServletRequest request, HttpServletResponse
    response, Object handler)
        throws Exception {
    ((Servlet) handler).service(request, response);
    return null;
}
//org.springframework.web.servlet.mvc.SimpleControllerHandlerAdapter
public ModelAndView handle(HttpServletRequest request, HttpServletResponse
    response, Object handler)
        throws Exception {
    return ((Controller) handler).handleRequest(request, response);
}
```

这三个Adapter非常简单，这里就不多说了，接下来要分析的RequestMappingHandler-Adapter就没这么简单了。

13.1 RequestMappingHandlerAdapter概述

RequestMappingHandlerAdapter继承自AbstractHandlerMethodAdapter，后者非常简单，三个接口方法分别调用了三个模板方法supportsInternal、handleInternal和getLastModifiedInternal，在supports方法中除了supportsInternal还增加了个条件——Handler必须是HandlerMethod类型。另外实现了Order接口，可以在配置时设置顺序，代码如下：

```
package org.springframework.web.servlet.mvc.method;
// 省略了imports
public abstract class AbstractHandlerMethodAdapter extends WebContentGenerator
    implements HandlerAdapter, Ordered {
    private int order = Ordered.LOWEST_PRECEDENCE;
    public AbstractHandlerMethodAdapter() {
        // no restriction of HTTP methods by default
        super(false);
    }
    public void setOrder(int order) {
        this.order = order;
    }
    @Override
```

```
    public int getOrder() {
        return this.order;
    }
    @Override
    public final boolean supports(Object handler) {
        return (handler instanceof HandlerMethod && supportsInternal((HandlerMet
            hod) handler));
    }
    protected abstract boolean supportsInternal(HandlerMethod handlerMethod);
    @Override
    public final ModelAndView handle(HttpServletRequest request,
        HttpServletResponse response, Object handler) throws Exception {
        return handleInternal(request, response, (HandlerMethod) handler);
    }
    protected abstract ModelAndView handleInternal(HttpServletRequest request,
        HttpServletResponse response, HandlerMethod handlerMethod) throws
            Exception;
    @Override
    public final long getLastModified(HttpServletRequest request, Object handler) {
        return getLastModifiedInternal(request, (HandlerMethod) handler);
    }
    protected abstract long getLastModifiedInternal(HttpServletRequest request,
        HandlerMethod handlerMethod);
}
```

接下来看 RequestMappingHandlerAdapter，RequestMappingHandlerAdapter 可以说是整个 Spring MVC 中最复杂的组件。它的 supportsInternal 直接返回 true，也就是不增加判断 Handler 的条件，只需要满足父类中的 HandlerMethod 类型的要求就可以了；getLastModifiedInternal 直接返回 -1；最重要的就是 handleInternal 方法，就是这个方法实际使用 Handler 处理请求。具体处理过程大致可以分为三步：

1）备好处理器所需要的参数。

2）使用处理器处理请求。

3）处理返回值，也就是将不同类型的返回值统一处理成 ModelAndView 类型。

这三步里面第 2 步是最简单的，直接使用反射技术调用处理器执行就可以了，第 3 步也还算简单，最麻烦的是第 1 步，也就是参数的准备工作，这一步根据处理器的需要设置参数，而参数的类型、个数都是不确定的，所以难度非常大，另外这个过程中使用了大量的组件，这也是这一步的代码不容易理解的重要原因之一。

要想理解参数的绑定需要先想明白三个问题：

- 都有哪些参数需要绑定。
- 参数的值的来源。
- 具体进行绑定的方法。

需要绑定的参数当然是根据方法确定了，不过这里的方法除了实际处理请求的处理器之外还有两个方法的参数需要绑定，那就是跟当前处理器相对应的注释了 @ModelAttribute 和注释了 @InitBinder 的方法。

参数来源有 6 个：

- request 中相关的参数，主要包括 url 中的参数、post 过来的参数以及请求头所包含的值。
- cookie 中的参数。
- session 中的参数。
- 设置到 FlashMap 中的参数，这种参数主要用于 redirect 的参数传递。
- SessionAttributes 传递的参数，这类参数通过 @SessionAttributes 注释传递，后面会详细讲解。
- 通过相应的注释了 @ModelAttribute 的方法进行设置的参数。

参数具体解析是使用 HandlerMethodArgumentResolver 类型的组件完成的，不同类型的参数使用不同的 ArgumentResolver 来解析。有的 Resolver 内部使用了 WebDataBinder，可以通过注释了 @InitBinder 的方法来初始化。注释了 @InitBinder 的方法也需要绑定参数，而且也是不确定的，所以 @InitBinder 注释的方法本身也需要 ArgumentResolver 来解析参数，但它使用的和 Handler 使用的不是同一套 ArgumentResolver。另外，注释了 @ModelAttribute 的方法也需要绑定参数，它使用的和 Handler 使用的是同一套 ArgumentResolver。

多知道点

@InitBinder、@ModelAttribute 以及 @ControllerAdvice 的作用

有 @InitBinder 注释的方法用于初始化 Binder，我们可以在其中做一些 Binder 初始化的工作，如可以注册校验器、注册自己的参数编辑器等。比如，可以在 Controller 中通过下面的代码注册一个转换 Date 类型的编辑器，这样就可以将“yyyy-MM-dd”类型的 String 转换成 Date 类型。

```
@InitBinder
public void initBinder(WebDataBinder binder) {
SimpleDateFormat dateFormat = new SimpleDateFormat("yyyy-MM-dd");
dateFormat.setLenient(false);
binder.registerCustomEditor(Date.class, new CustomDateEditor(dateFormat, false));
}
```

这个编辑器会将类似“2015-01-01”的字符串转换成 Date 类型的日期。Spring 已经给我们提供了很多默认的编辑器，最常用的编辑器是数字编辑器和日期编辑器，但有时候在一些特殊的情况下也需要我们自己来定制编辑器，笔者在以前做的一个项目里面有一个分析数据的功能，作用是根据选定的参数对后台数据进行分析，不过需要传递的参数非常灵活，传入什么参数并不是固定的，而且每个参数都可能有多个值，其中的参数有所分析数据的时间范围、数据所属的单位（可以有多个，而且单位还分了三个层次）、什么产品的数据、数据需要满足的特性、对哪个变量进行分析等，而且每个参数都可以为空也可以有多个值，这一个页面其实就相当于一个小程序了，当时我设计的传递参数的方案是将所有的变量都通过一个参数来传递，参数的类型类似于前面介绍的 MultiValueMap，一个 key 多个 Value 的 Map，不过当时使用的并不是 MultiValueMap 而是用了自定义的类型。在这种情况下就需要自己来定制一个编辑器了。

我们再来看一个注册校验器的例子，Spring MVC 中参数校验非常简单，只需要在 ModelAttribute 类型的参数（这种参数不一定前面都有 @ModelAttribute 注释，后面有详细介绍）前注释 @Valid 或者 @Validated 就可以了，不过具体校验是通过 Binder 中的校验器来做的，所以需要提前给 Binder 注册校验器，下面这个例子，首先新建一个 User 类和一个相应的校验器 UserValidator。

```
public class User {
    String userName;
    public String getUserName() {
        return userName;
    }
    public void setUserName(String userName) {
        this.userName = userName;
    }
}
@Component
public class UserValidator implements Validator {
    @Override
    public boolean supports(Class<?> paramClass) {
        return User.class.equals(paramClass);
    }
    @Override
    public void validate(Object obj, Errors errors) {
        User user = (User) obj;
        if(user.getUserName().length()<8) {
            errors.rejectValue("userName", "valid.userNameLen", new Object[]
                {"minLength" ,8}, "用户名不能少于{1}位");
        }
    }
}
```

User 里只有一个属性 userName，UserValidator 中判断 User 的 userName 的长短小于 8 位，如果是则添加到错误中。然后再写一个处理器。

```
@Controller
@RequestMapping("/valid")
public class ValidatorController {
    @Autowired
    private UserValidator validator;
    @InitBinder
    private void initBinder(WebDataBinder binder) {
        binder.addValidators(validator);
    }

    @RequestMapping(value={"/index", "/", ""},method= {RequestMethod.GET})
```

```
    public String index(ModelMap m) throws Exception {
        m.addAttribute("user", new User());
        return "user.jsp";
    }

    @RequestMapping(value={"/signup"},method= {RequestMethod.POST})
    public String signup( @Valid User user, BindingResult br, RedirectAttributes
        ra) throws Exception {
        ra.addFlashAttribute("user", user);
        return " user.jsp ";
    }
}
```

这样就将校验器添加到 Binder 中了，WebDataBinder 添加校验器有两个方法，一个是 addValidators，另一个是 setValidator。前者是在原有的基础上添加的，后者是直接设置成现在的，如果原来有校验器会被替换掉。下面来写一个测试页面 user.jsp。

```
<%@ taglib  prefix="spring" uri="http://www.springframework.org/tags" %>
<%@ taglib prefix="form" uri="http://www.springframework.org/tags/form" %>
<%@ page contentType="text/html;charset=UTF-8" language="java" %>
<html>
<head>
<title>validate user</title>
</head>
<body>
<form:form commandName="user" action="/valid/signup" method="POST" >
<form:errors path="*"/><br/>
用户名<form:input path="userName"/><form:errors path="userName"/>
</form:form>
</body>
</html>
```

这里使用了 spring 的 form:errors 标签来输出校验失败信息，用 path 设定需要显示校验错误的参数，path 为 "*" 会输出所有校验失败信息。当输入一个 a 时，显示结果如图 13-2 所示。

图 13-2 校验错误显示结果

在注释了 @InitBinder 的初始化方法中还可以对 Binder 做更多设置，这里就不一一介绍了。

@ModelAttribute 注释如果用在方法上，则用于设置参数，它会在执行处理前将参数设置到 Model 中。其规则是如果 @ModelAttribute 设置了 value 则将其作为参数名，返回值作为参数值设置到 Model；如果方法含有 Model、Map 或者 ModelMap 类型的参数，则可以直接将需要设置的参数设置上去；如果既没有设置 value 也没有 Model 类型的参数则根据返回值类型解析出参数名（具体逻辑在 ModelFactory 中讲解），返回值作为参数值设置到 Model。来看个例子就明白了，将下面的代码放到前面的 GoController 中：

```
//执行处理前给Model设置("className ", " com.excelib.controller.GoController ")

    @ModelAttribute("className")
    public String setModel() throws IOException {
        return this.getClass().getName();
    }
    //执行处理前给Model设置("teacher", "孔老夫子")
    @ModelAttribute
    public void setModel1(Model model) throws IOException {
        model.addAttribute("teacher", "孔老夫子");
    }
    //执行处理前给Model设置("string", "excelib")
    @ModelAttribute
    public String setModel2() throws IOException {
        return "excelib";
    }
    @RequestMapping(value={"/index","/"},method= {RequestMethod.GET})
    public String index(HttpServletRequest request, Model model) throws Exception {
        Map m = model.asMap();
        logger.info("className"+"——>"+m.get("className"));
        logger.info("teacher"+"——>"+m.get("teacher"));
        logger.info("string"+"——>"+m.get("string"));

        model.addAttribute("msg", "Go Go Go!");
    return "go.jsp";
    }
```

执行后在处理器中日志打印如下：

```
className——>com.excelib.controller.GoController
teacher——>孔老夫子
string——>excelib
```

可见这里的值在处理器执行前已经设置到 Model 中了，它的作用就是这样。需要注意的是 @ModelAttribute 只有注释在方法上才是这种用途，如果注释在参数上则表示需要使用指定的 ArgumentResolver 来解析参数，具体内容在后面详细讲解。另外，如果 @ModelAttribute 所注释的方法也有 @RequestMapping 注释，同时也是一个处理器则就不会提前执行了（无论当前请求是不是使用的这个处理器），这时候的作用只是在使用这个处理器处理完请求后不会将返回值作为 View，而是设置到 Model 中供渲染使用，因为处理器本身就可以设置 Model，所以这种用法的意义并不很大。

前面所说的 @InitBinder、@ModelAttribute 都是定义到特定的处理器里面才能起作用，如果想在所有处理器中都起作用怎么办呢？最省心的办法就是在每个 Controller 中 copy 一份代码，这种做法的弊端大家都明白，除非没有别的办法，否则是不会采取这种方法的。稍微好点的做法是定义一个 Controller 的基类，让所有 Controller 都继承它，然后将@InitBinder、@ModelAttribute注释的方法定义到里面。这种方法虽然可行，但是如果在很多Controller已经完成编码并且通过测试的情况下，改起来还是很麻烦的，如果有的Controller还继承了别的类（特别是继承的jar包里的类而不是自己开发的类的时候）麻烦就更大了。Spring MVC提供了一种非常简单的解决方法，我们只需要定义一个类，然后在类前加上@ControllerAdvice注释，并将@InitBinder、@ModelAttribute注释的方法放进去就可以了，这样每个Handler调用前都会调用这些方法。从Spring MVC4.0开始@ControllerAdvice注释添加了value、basePackages、basePackageClasses、assignableTypes和annotations五个参数，可以通过它们选择将这些方法用于哪些Controller，而不是必须用于所有的Controller。Value是basePackages的别名，表示配置基础包；basePackageClasses是basePackages类型安全替代品，它会扫描配置类所在包的所有类，如设置com.excelib.controller.GoController后会扫描com.excelib.controller包中所有的类；assignableTypes和annotations分别指定具体的类和类所包含的注释。

另外，Spring MVC4.1中新增了ResponseBodyAdvice接口，实现了这个接口的类可以修改返回值直接作为ResponseBody类型的处理器的返回值。有两种类型的处理器会将返回值作为ResponseBody:

- ❑ 返回值为HttpEntity类型。
- ❑ 返回值（或处理器方法）前注释了@ResponseBody。

这两种处理器的返回值就可以被实现了ResponseBodyAdvice接口的类修改。ResponseBodyAdvice实现类实际主要用于修改json类型的返回值，可以在里边统一做一些处理。实现了ResponseBodyAdvice接口的类会在相应处理器处理完请求后被相应的ReturnValueHandler调用，ReturnValueHandler是用来处理Handler的返回值的，后面详细介绍。要想让这些类生效，必须将其注册到Spring MVC的容器中。注册的方法有两种：一种是注册到RequestMappingHandlerAdapter中，另一种是直接给实现了ResponseBodyAdvice接口的类添加@ControllerAdvice注释，这样spring就可以自动发现并将其注册到容器里了。如下实例，首先新建一个实现了ResponseBodyAdvice接口的类，然后暂时在原来处理器方法前添加@ResponseBody注释。

```
@ControllerAdvice
public class HahaResponseBodyAdvice implements ResponseBodyAdvice<String> {
    @Override
    public boolean supports(MethodParameter returnType, Class<? extends
        HttpMessageConverter<?>> converterType) {
        return true;
    }

    @Override
    public String beforeBodyWrite(String body, MethodParameter returnType,
        MediaType selectedContentType,
            Class<? extends HttpMessageConverter<?>> selectedConverterType,
```

```
            ServerHttpRequest request, ServerHttpResponse response) {
        return body+"<br/> haha,this is been modified";
    }
}

//com.excelib.controller.GoController
//在处理器返回值前暂时添加@ResponseBody注释
@RequestMapping(value={"/index","/"},method= {RequestMethod.GET})
@ResponseBody public String index(HttpServletRequest request, Model model)
    throws Exception {
    model.addAttribute("msg", "Go Go Go!");
    return "go.jsp";
}
```

这里 HahaResponseBodyAdvice 中的 supports 方法直接返回 true，表示所有返回 ResponseBody 的处理器返回值它都要修改，具体修改的方法 beforeBodyWrite 中是在原来的内容后面添加了 "
 haha,this is been modified"。处理器方法 index 添加 @ResponseBody 注释后返回的 "go.jsp" 就不代表视图页面了，而是直接将其内容显示到浏览器中，再通过 HahaResponseBodyAdvice 的修改，最后会返回给浏览器 "go.jsp
 haha,this is been modified"。当然这里的代码只是为了说明 ResponseBodyAdvice 的使用方法，并没有什么实际意义。浏览器访问后的结果如图 13-3 所示。

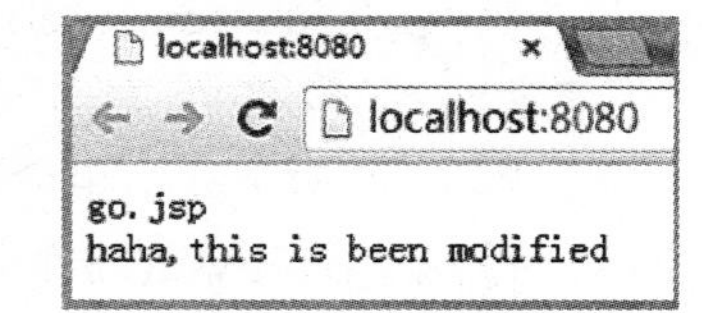

图 13-3 ResponseBodyAdvice 修改后返回结果截图

由于 RequestMappingHandlerAdapter 里面涉及的组件比较多，而且大都充当着非常重要的角色，所以先分析 RequestMappingHandlerAdapter 自身的结构，然后单独对它所包含的组件进行分析。

13.2 RequestMappingHandlerAdapter 自身结构

RequestMappingHandlerAdapter 自身的结构其实并不复杂，不过其中使用了很多组件，如果不知道那些组件的作用就很难对源码进行分析。通过前面的介绍大家应该已经对其大致轮廓有了一定的认识了，这也就给理解详细的结构以及所用到的组件打下了基础。本节会在涉及别的组件的地方先大概介绍一下，知道大概起什么作用就可以了，后面再对关键的组件详细分析。

13.2.1 创建 RequestMappingHandlerAdapter 之器

RequestMappingHandlerAdapter 的创建在 afterPropertiesSet 方法中实现，其内容主要是初始化了 argumentResolvers、initBinderArgumentResolvers、returnValueHandlers 以及 @ControllerAdvice 注释的类相关的 modelAttributeAdviceCache、initBinderAdviceCache 和 responseBodyAdvice 这

6 个属性，下面分别介绍这 6 个属性。

- argumentResolvers：用于给处理器方法和注释了 @ModelAttribute 的方法设置参数。
- initBinderArgumentResolvers：用于给注释了 @initBinder 的方法设置参数。
- returnValueHandlers：用于将处理器的返回值处理成 ModelAndView 的类型。
- modelAttributeAdviceCache 和 initBinderAdviceCache：分别用于缓存 @ControllerAdvice 注释的类里面注释了 @ModelAttribute 和 @InitBinder 的方法，也就是全局的 @ModelAttribute 和 @InitBinder 方法。每个处理器自己的 @ModelAttribute 和 @InitBinder 方法是在第一次使用处理器处理请求时缓存起来的，这种做法既不需要启动时就花时间遍历每个 Controller 查找 @ModelAttribute 和 @InitBinder 方法，又能在调用过一次后再调用相同处理器处理请求时不需要再次查找而从缓存中获取。这两种缓存的思路类似于单例模式中的饿汉式和懒汉式。
- responseBodyAdvice：用来保存前面介绍过的实现了 ResponseBodyAdvice 接口、可以修改返回的 ResponseBody 的类。

把这些都弄明白，再分析 RequestMappingHandlerAdapter 就容易多了，需要注意的是，这些属性都是复数形式，也就是可以有多个，在使用的时候是按顺序调用的，所以这些属性初始化时的添加顺序就非常重要了，大家要留意一下。afterPropertiesSet 的代码如下：

```
// org.springframework.web.servlet.mvc.method.annotation.RequestMappingHandlerAdapter
public void afterPropertiesSet() {
    // 初始化注释了@ControllerAdvice的类的相关属性
    initControllerAdviceCache();

    if (this.argumentResolvers == null) {
        List<HandlerMethodArgumentResolver> resolvers = getDefaultArgumentResolvers();
        this.argumentResolvers = new HandlerMethodArgumentResolverComposite().
            addResolvers(resolvers);
    }
    if (this.initBinderArgumentResolvers == null) {
        List<HandlerMethodArgumentResolver> resolvers = getDefaultInitBinderArgu
            mentResolvers();
        this.initBinderArgumentResolvers = new HandlerMethodArgumentResolverComp
            osite().addResolvers(resolvers);
    }
    if (this.returnValueHandlers == null) {
        List<HandlerMethodReturnValueHandler> handlers = getDefaultReturnValueHa
            ndlers();
        this.returnValueHandlers = new HandlerMethodReturnValueHandlerComposi
            te().addHandlers(handlers);
    }
}
```

非常清晰的 4 步，首先 initControllerAdviceCache 初始化注释了 @ControllerAdvice 的类的那三个属性，然后依次初始化 argumentResolvers、initBinderArgumentResolvers 和 returnValueHandlers。后面三个属性初始化的方式都一样，都是先调用 getDefaultXXX 得到相应

的值，然后设置给对应的属性，而且都是 new 出来的 XXXComposite 类型，这种类型在分析 HandlerMapping 中的 RequestCondition 时已经见到过了，使用的是责任链模式，它自己并不实际干活，而是封装了多个别的组件，干活时交给别的组件，主要作用是方便调用。getDefaultXXX 方法稍后分析，下面先来看一下 initControllerAdviceCache 是怎么工作的：

```
// org.springframework.web.servlet.mvc.method.annotation.RequestMappingHandlerAdapter
private void initControllerAdviceCache() {
    if (getApplicationContext() == null) {
        return;
    }
    if (logger.isInfoEnabled()) {
        logger.info("Looking for @ControllerAdvice: " + getApplicationContext());
    }
    // 获取到所有注释了@ControllerAdvice的bean
    List<ControllerAdviceBean> beans = ControllerAdviceBean.findAnnotatedBeans(ge
        tApplicationContext());
    // 根据Order排序
    Collections.sort(beans, new OrderComparator());

    List<Object> responseBodyAdviceBeans = new ArrayList<Object>();

    for (ControllerAdviceBean bean : beans) {
        // 查找注释了@ModelAttribute而且没注释@ RequestMapping的方法
        Set<Method> attrMethods = HandlerMethodSelector.selectMethods(bean.
            getBeanType(), MODEL_ATTRIBUTE_METHODS);
        if (!attrMethods.isEmpty()) {
            this.modelAttributeAdviceCache.put(bean, attrMethods);
            logger.info("Detected @ModelAttribute methods in " + bean);
        }
        // 查找注释了@InitBinder的方法
        Set<Method> binderMethods = HandlerMethodSelector.selectMethods(bean.
            getBeanType(), INIT_BINDER_METHODS);
        if (!binderMethods.isEmpty()) {
            this.initBinderAdviceCache.put(bean, binderMethods);
            logger.info("Detected @InitBinder methods in " + bean);
        }
        // 查找实现了ResponseBodyAdvice接口的类
        if (ResponseBodyAdvice.class.isAssignableFrom(bean.getBeanType())) {
            responseBodyAdviceBeans.add(bean);
            logger.info("Detected ResponseBodyAdvice bean in " + bean);
        }
    }
    // 将查找到的实现了ResponseBodyAdvice接口的类从前面添加到responseBodyAdvice属性
    if (!responseBodyAdviceBeans.isEmpty()) {
        this.responseBodyAdvice.addAll(0, responseBodyAdviceBeans);
    }
}
```

这里首先通过 ControllerAdviceBean.findAnnotatedBeans(getApplicationContext()) 拿到容器中所有注释了 @ControllerAdvice 的 bean，并根据 Order 排了序，然后使用 for 循环遍历，找到每个 bean 里相应的方法（或 bean 自身）设置到相应的属性。查找 @ModelAttribute 和 @

InitBinder 注释方法使用的是 HandlerMethodSelector.selectMethods，这种方法前面已经介绍过了，它是根据第二个参数 Filter 来选择的，只不过这里的 Filter 单独定义成了静态变量 INIT_BINDER_METHODS 和 MODEL_ATTRIBUTE_METHODS，它们分别表示查找注释了 @InitBinder 的方法和注释了 @ModelAttribute 而且没注释 @ RequestMapping 的方法（同时注释了 @ RequestMapping 的方法只是将返回值设置到 Model 而不是作为 View 使用了，但不会提前执行），代码如下：

```
// org.springframework.web.servlet.mvc.method.annotation.RequestMappingHandlerAdapter
public static final MethodFilter INIT_BINDER_METHODS = new MethodFilter() {
    @Override
    public boolean matches(Method method) {
        return AnnotationUtils.findAnnotation(method, InitBinder.class) != null;
    }
};

public static final MethodFilter MODEL_ATTRIBUTE_METHODS = new MethodFilter() {
    @Override
    public boolean matches(Method method) {
        return ((AnnotationUtils.findAnnotation(method,RequestMapping.class)== null) &&
            (AnnotationUtils.findAnnotation(method,ModelAttribute.class)!= null));
    }
};
```

实现了 ResponseBodyAdvice 接口的类并没有在 for 循环里直接添加到 responseBodyAdvice 属性中，而是先将它们保存到 responseBodyAdviceBeans 临时变量里，最后再添加到 responseBodyAdvice 里的，添加的代码是 this.responseBodyAdvice.addAll (0, responseBodyAdviceBeans)，这么做的目的就是要把这里找到的 ResponseBodyAdvice 放在最前面。ResponseBodyAdvice 的实现类有两种注册方法，一种是直接注册到 RequestMappingHandlerAdapter，另外一种是通过 @ControllerAdvice 注释，让 Spring MVC 自己找到并注册，从这里可以看到通过 @ControllerAdvice 注释注册的优先级更高。

说完 initControllerAdviceCache，再返回去看一下那三个 getDefaultXXX 方法，这三个方法非常类似，下面以 getDefaultArgumentResolvers 为例来进行分析，这个方法用来设置 argumentResolvers 属性，这是一个非常核心的属性，后面要分析的很多组件都和这个属性有关系。代码如下：

```
// org.springframework.web.servlet.mvc.method.annotation.RequestMappingHandlerAdapter
private List<HandlerMethodArgumentResolver> getDefaultArgumentResolvers() {
    List<HandlerMethodArgumentResolver> resolvers = new ArrayList<HandlerMethodA
        rgumentResolver>();

    // 添加按注释解析参数的解析器
    resolvers.add(new RequestParamMethodArgumentResolver(getBeanFactory(),
        false));
    resolvers.add(new RequestParamMapMethodArgumentResolver());
    resolvers.add(new PathVariableMethodArgumentResolver());
    resolvers.add(new PathVariableMapMethodArgumentResolver());
    resolvers.add(new MatrixVariableMethodArgumentResolver());
```

```
        resolvers.add(new MatrixVariableMapMethodArgumentResolver());
        resolvers.add(new ServletModelAttributeMethodProcessor(false));
        resolvers.add(new RequestResponseBodyMethodProcessor(getMessageConverters()));
        resolvers.add(new RequestPartMethodArgumentResolver(getMessageConverters()));
        resolvers.add(new RequestHeaderMethodArgumentResolver(getBeanFactory()));
        resolvers.add(new RequestHeaderMapMethodArgumentResolver());
        resolvers.add(new ServletCookieValueMethodArgumentResolver(getBeanFactory()));
        resolvers.add(new ExpressionValueMethodArgumentResolver(getBeanFactory()));

        // 添加按类型解析参数的解析器
        resolvers.add(new ServletRequestMethodArgumentResolver());
        resolvers.add(new ServletResponseMethodArgumentResolver());
        resolvers.add(new HttpEntityMethodProcessor(getMessageConverters()));
        resolvers.add(new RedirectAttributesMethodArgumentResolver());
        resolvers.add(new ModelMethodProcessor());
        resolvers.add(new MapMethodProcessor());
        resolvers.add(new ErrorsMethodArgumentResolver());
        resolvers.add(new SessionStatusMethodArgumentResolver());
        resolvers.add(new UriComponentsBuilderMethodArgumentResolver());

        // 添加自定义参数解析器，主要用于解析自定义类型
        if (getCustomArgumentResolvers() != null) {
            resolvers.addAll(getCustomArgumentResolvers());
        }

        // 最后两个解析器可以解析所有类型的参数
        resolvers.add(new RequestParamMethodArgumentResolver(getBeanFactory(), true));
        resolvers.add(new ServletModelAttributeMethodProcessor(true));

        return resolvers;
    }
```

通过注释可以看到，这里的解析器可以分为四类：通过注释解析的解析器、通过类型解析的解析器、自定义的解析器和可以解析所有类型的解析器。第三类是可以自己定义的解析器，定义方法是自己按要求写个 resolver 然后通过 customArgumentResolvers 属性注册到 RequestMappingHandlerAdapter。需要注意的是，自定义的解析器是在前两种类型的解析器都无法解析的时候才会使用到，这个顺序无法改变！所以如果要想自己写一个解析器来解析 @PathVariable 注释的 PathVariable 类型的参数，是无法实现的，即使写出来并注册到 RequestMappingHandlerAdapter 上面也不会被调用。Spring MVC 自己定义的解析器的顺序也是固定的，不可以改变。

RequestMappingHandlerAdapter 的创建就这些内容，如果理解了那几个组件的作用就会觉得非常简单。

13.2.2 RequestMappingHandlerAdapter 之用

RequestMappingHandlerAdapter 处理请求的入口方法是 handleInternal，代码如下：

```
// org.springframework.web.servlet.mvc.method.annotation.RequestMappingHandlerAdapter
```

```
protected ModelAndView handleInternal(HttpServletRequest request,HttpServletResponse
    response, HandlerMethod handlerMethod) throws Exception {

    // 判断Handler是否有@SessionAttributes注释的参数
    if (getSessionAttributesHandler(handlerMethod).hasSessionAttributes()) {
        checkAndPrepare(request,response,this.cacheSecondsForSessionAttributeHan
            dlers, true);
    } else {
        checkAndPrepare(request, response, true);
    }

    if (this.synchronizeOnSession) {
        HttpSession session = request.getSession(false);
        if (session != null) {
            Object mutex = WebUtils.getSessionMutex(session);
            synchronized (mutex) {
                return invokeHandleMethod(request, response, handlerMethod);
            }
        }
    }

    return invokeHandleMethod(request, response, handlerMethod);
}
```

这里面真正起作用的代码只有两句，也是两个方法：checkAndPrepare 和 invokeHandle-Method。后者具体执行请求的处理，有两种运行方式，如果 synchronizeOnSession 属性设置为 true，则对 session 同步，否则不同步。下面详细分析这两个方法。

checkAndPrepare 方法

checkAndPrepare 方法在父类 WebContentGenerator 中定义，主要做了三件事。

第一件事是根据 supportedMethods 属性对 request 的类型是否支持进行判断。supported-Methods 属性用来保存所有支持的 request 类型，如果为空则不检查，否则用它检查是否支持当前请求的类型，如果不支持则抛出异常。supportedMethods 默认为空，可以在注册 RequestMappingHandlerAdapter 的时候对其进行设置，而且如果在构造方法中给 restrict-DefaultSupportedMethods 传入 true，supportedMethods 会默认设置 Get、Head、Post 三个值，也就是只支持这三种类型 request 请求，WebContentGenerator 的构造方法如下：

```
// org.springframework.web.servlet.support.WebContentGenerator
public WebContentGenerator(boolean restrictDefaultSupportedMethods) {
    if (restrictDefaultSupportedMethods) {
        this.supportedMethods = new HashSet<String>(4);
        this.supportedMethods.add(METHOD_GET);
        this.supportedMethods.add(METHOD_HEAD);
        this.supportedMethods.add(METHOD_POST);
    }
}
```

不过在 RequestMappingHandlerAdapter 的父类 AbstractHandlerMethodAdapter 中直接传入

了 false，所以如果不给 supportedMethods 设置值，那么它应该为空，也就是默认不检查请求的类型。

第二件事是如果 requireSession 为 true，则通过 request.getSession(false) 检查 session 是否存在，如果不存在则抛出异常，不过 requireSession 的默认值为 false，所以默认也不检查。

第三件事是给 response 设置缓存过期时间。checkAndPrepare 代码如下：

```
// org.springframework.web.servlet.support.WebContentGenerator
protected final void checkAndPrepare(
    HttpServletRequest request, HttpServletResponse response, int cacheSeconds,
        boolean lastModified)
    throws ServletException {
    // 检查请求的类型是否支持
    String method = request.getMethod();
    if (this.supportedMethods != null && !this.supportedMethods.contains(method)) {
        throw new HttpRequestMethodNotSupportedException(
            method, StringUtils.toStringArray(this.supportedMethods));
    }
    // 如果session是必须存在的，判断session实际是否存在
    if (this.requireSession) {
        if (request.getSession(false) == null) {
            throw new HttpSessionRequiredException("Pre-existing session required
                but none found");
        }
    }
    // 给response设置缓存过期时间
    applyCacheSeconds(response, cacheSeconds, lastModified);
}
```

在 checkAndPrepare 方法调用前还有一个 if 条件：getSessionAttributesHandler(handlerMethod).hasSessionAttributes()，这个条件的意思是检查处理器类是否有 @SessionAttributes 注释（实际是检查注释里的 name 和 types 参数，不过只要有注释就应该有参数，否则就没用了，所以相当于检查有没有 @SessionAttributes 注释）。其中的 getSessionAttributesHandler 方法虽然代码不多，但理解起来却有点难度，主要是因为里面使用到了两个我们不熟悉的组件，还有一个用来做缓存的属性，而且这个属性和其中的 SessionAttributesHandler 组件都用到了 handlerType，这就更容易混淆了。我们只需要知道 handlerType 在缓存的属性中是用作 key，为了能找到相应的 SessionAttributesHandler，而用在 SessionAttributesHandler 中主要是为了获取注释里面的 value 和 types 的值就可以了，这样就容易区分了。另外还要知道 SessionAttributeStore 并不是用来保存 SessionAttribute 参数的容器，而是保存 SessionAttribute 参数的工具，如果只看名字很容易造成误解，叫 SessionAttributeStoreTools 也许更合适一些，只有知道了这一点才能想明白所有的 SessionAttributesHandler 用了同一个 SessionAttributeStore 的原因，知道了这些，这个方法也就容易理解了，这两个组件后面再详细介绍，它们都是用于处理 @SessionAttributes 注释的。getSessionAttributesHandler 代码如下：

```
// org.springframework.web.servlet.mvc.method.annotation.RequestMappingHandlerAdapter
```

```
private SessionAttributesHandler getSessionAttributesHandler(HandlerMethod
    handlerMethod) {
    Class<?> handlerType = handlerMethod.getBeanType();
    SessionAttributesHandler sessionAttrHandler=this.sessionAttributesHandlerCache.
        get(handlerType);
    // 第一次使用后保存到缓存中，之后再使用时直接从缓存中获取
    if (sessionAttrHandler == null) {
        synchronized (this.sessionAttributesHandlerCache) {
            sessionAttrHandler=this.sessionAttributesHandlerCache.get(handlerType);
            if (sessionAttrHandler == null) {
                sessionAttrHandler=new SessionAttributesHandler(handlerType,
                    sessionAttributeStore);
                this.sessionAttributesHandlerCache.put(handlerType, sessionAttrHandler);
            }
        }
    }
    return sessionAttrHandler;
}
```

说完了 getSessionAttributesHandler，接着看前面的 if 条件，通过检查后，如果有 @Session-Attributes 注释则调用 checkAndPrepare(request，response，this.cacheSecondsForSessionAttributeHandlers，true)，否则调用 checkAndPrepare(request，response，true)，参数 this.cacheSecondsForSessionAttributeHandlers 的默认值为 0，而后面的方法在内部又调用了 checkAnd-Prepare (request，response，this.cacheSeconds，lastModified)，this.cacheSeconds 参数默认是 –1。也就是说在默认的配置下如果存在 @SessionAttributes 注释则调用 checkAndPrepare(request，response，0，lastModified)，否则调用 checkAndPrepare(request，response，-1，lastModified)。

通过前面的分析知道，checkAndPrepare 方法在默认的配置下只执行给 response 设置缓存过期时间的任务，设置的方法是 applyCacheSeconds，代码如下：

```
// org.springframework.web.servlet.support.WebContentGenerator
protected final void applyCacheSeconds(HttpServletResponse response, int seconds,
    boolean mustRevalidate) {
    if (seconds > 0) {
        cacheForSeconds(response, seconds, mustRevalidate);
    } else if (seconds == 0) {
        preventCaching(response);
    }
}
```

这里的 seconds 就是 checkAndPrepare 的第三个参数，也就是 0 和 –1 的那个参数，从代码可以看出，如果为 -1 则不做任何事情，如果等于 0 则调用 preventCaching 方法，如果大于 0 则调用 cacheForSeconds 方法。preventCaching 方法用来阻止使用缓存，cacheForSeconds 方法给缓存设置过期时间，代码如下：

```
// org.springframework.web.servlet.support.WebContentGenerator
protected final void preventCaching(HttpServletResponse response) {
    response.setHeader(HEADER_PRAGMA, "no-cache");
    if (this.useExpiresHeader) {
```

```
            // HTTP 1.0 header
            response.setDateHeader(HEADER_EXPIRES, 1L);
        }
        if (this.useCacheControlHeader) {
            // HTTP 1.1 header: "no-cache" is the standard value,
            // "no-store" is necessary to prevent caching on FireFox.response.
            // setHeader(HEADER_CACHE_CONTROL, "no-cache");
            if (this.useCacheControlNoStore) {
                response.addHeader(HEADER_CACHE_CONTROL, "no-store");
            }
        }
    }
    protected final void cacheForSeconds(HttpServletResponse response,intseconds,
        boolean mustRevalidate) {
        if (this.useExpiresHeader) {
            // HTTP 1.0 header
            response.setDateHeader(HEADER_EXPIRES,System.currentTimeMillis()+seconds*1000L);
        }
        if (this.useCacheControlHeader) {
          // HTTP 1.1 header
            String headerValue = "max-age=" + seconds;
            if (mustRevalidate || this.alwaysMustRevalidate) {
                headerValue += ", must-revalidate";
            }
            response.setHeader(HEADER_CACHE_CONTROL, headerValue);
        }
    }
```

这里其实就是对 Response 的 Header 进行了相应的设置。

说了这么多，其实这段代码的功能非常简单：（默认配置的情况下）如果有 @SessionAttribute 注释则阻止使用缓存，否则什么也不做。另外还可以看到一点：cacheSecondsForSessionAttributeHandlers 和 cacheSeconds 参数其实与 Session 的超时并没有关系，而是用于设置 response 缓存相关的 Header 参数。

多知道点

@SessionAttribute 是什么以及怎么用

@SessionAttribute 注释用在处理器类上，用于在多个请求之间传递参数，类似于 Session 的 Attribute，但不完全一样。一般来说 @SessionAttribute 设置的参数只用于暂时的传递，而不是长期的保存，像身份验证信息等需要长期保存的参数还是应该使用 Session#setAttribute 设置到 Session 中。

通过 @SessionAttribute 注释设置的参数有3类用法：①在视图中通过 request.getAttribute 或 session.getAttribute 获取；②在后面请求返回的视图中通过 session.getAttribute 或者从 Model 中获取；③自动将参数设置到后面请求所对应处理器的 Model 类型参数或者有 @ModelAttribute 注释的参数里面。

说完了用法，再说一下怎么设置。将一个参数设置到 SessionAttribute 中需要满足两个条件：①在 @SessionAttribute 注释中设置了参数的名字或者类型；②在处理器中将参数设置到了 model 中。

@SessionAttribute 用完后可以调用 SessionStatus.setComplete 来清除。这种方法只是清除 SessionAttribute 里的参数，而不会影响 Session 中的参数。SessionStatus 可以定义在处理器方法的参数中，RequestMappingHandlerAdapter 会自动将其设置进去。

我们来看个例子。

```
@Controller
@RequestMapping("/book")
@SessionAttributes(value={"book", "description"},types={Double.class})
public class BookController {
    private final Log logger = LogFactory.getLog(BookController.class);
    @RequestMapping("/index")
    public String index(Model model) throws Exception {
        model.addAttribute("book", "金刚经");
        model.addAttribute("description", "般若系列重要经典");
        model.addAttribute("price", new Double("999.99"));
        return "redirect:get";
    }
    @RequestMapping("/get")
    public String getBySessionAttributes(@ModelAttribute("book") String book,
        ModelMap model, SessionStatus sessionStatus) throws Exception {
        logger.info("==========getBySessionAttributes============");
        logger.info("get by @ModelAttribute:"+book);
        logger.info("get by ModelMap:"+model.get("book")+": "+model.
            get("description")+", "+model.get("price"));
        sessionStatus.setComplete();
        return "redirect:complete";
    }
    @RequestMapping("/complete")
    public String afterComplete(ModelMap model) throws Exception {
        logger.info("==========afterComplete============");
        logger.info(model.get("book")+": "+model.get("description")+", "+model.
            get("price"));
        return "index";
    }
}
```

这个处理器类注释了 @SessionAttributes，它将会对 book、description 为名称的参数和所有 Double 类型的参数使用 SessionAttributes 来缓存，所以在 /book/index 请求中将 book、description 和 price 三个参数设置到 Model 的同时也会自动设置到 SessionAttributes 中，这样在 redirect 后的 getBySessionAttributes 处理器方法中就可以获取到，获取的方法使用了 @ModelAttribute 和 ModelMap 两种方式，使用完后通过调用 sessionStatus.setComplete() 通知 SessionAttributes 已经使用完了，这时参数就从缓存中删除了，所以在再次 redirect 后的 afterComplete 处理器方法里面就获取不到了。日志打印如下：

```
==========getBySessionAttributes============
get by @ModelAttribute:金刚经
get by ModelMap:金刚经: 般若系列重要经典, 999.99
==========afterComplete============
null: null, null
```

@SessionAttribute 合适的使用将会为程序编写带来很大方便，比如，企业业务系统里面常用到的根据查询条件参数查询记录而且结果要分页显示的情况，这时候每翻一页都需要传递一次参数，如果将查询参数保存到 SessionAttribute 里面就非常方便了。再如，很多查询页面都有下拉列表，而且在业务系统里这些列表的值很多时候都是可变的，是保存在数据库里面的，使用时需要从数据库里获取，如果将它们保存到 SessionAttribute 里会非常方便，那样不但不需要每次使用时都查询了，而且连处理器里设置到 model 的过程都不需要了（但 @SessionAttribute 注释不能少），直接在 View 里使用就行！

通过 SessionAttribute 保存下拉列表参数的功能也可以自己使用缓存技术将它们缓存起来，但是相对来说通过 SessionAttribute 保存的方式更好，首先使用简单了，其次设置到 SessionAttribute 里的参数可以方便地根据用户的权限对不同的用户设置不同的值，比如，不同的用户可以查看的部门可能不同，对某个产品的操作权限也可能不一样等，这时候如果保存到我们自己的缓存中还是比较麻烦的，不过 SessionAttribute 可以和我们自己的缓存配合一起使用，比如，将全部数据缓存到我们自己的缓存中，用户需要的时候从我们的缓存中筛选出对应的数据然后放到 SessionAttribute 中，这样就不需要每次都查数据库了，在数据发生改变的时候再更新我们的缓存并让 SessionAttribute 失效就可以了。

invokeHandleMethod 方法

invokeHandleMethod 方法非常重要，它具体执行请求的处理，其代码如下：

```java
//org.springframework.web.servlet.mvc.method.annotation.RequestMappingHandlerAdapter
private ModelAndView invokeHandleMethod(HttpServletRequest request,
    HttpServletResponse response, HandlerMethod handlerMethod) throws Exception {

    ServletWebRequest webRequest = new ServletWebRequest(request, response);

    WebDataBinderFactory binderFactory = getDataBinderFactory(handlerMethod);
    ModelFactory modelFactory = getModelFactory(handlerMethod, binderFactory);
    ServletInvocableHandlerMethod requestMappingMethod = createRequestMappingMet
        hod(handlerMethod, binderFactory);

    ModelAndViewContainer mavContainer = new ModelAndViewContainer();
    mavContainer.addAllAttributes(RequestContextUtils.getInputFlashMap(request));
    modelFactory.initModel(webRequest, mavContainer, requestMappingMethod);
    mavContainer.setIgnoreDefaultModelOnRedirect(this.ignoreDefaultModelOnRedirect);

    AsyncWebRequest asyncWebRequest = WebAsyncUtils.createAsyncWebRequest(request,
        response);
    asyncWebRequest.setTimeout(this.asyncRequestTimeout);
```

```
        final WebAsyncManager asyncManager = WebAsyncUtils.getAsyncManager(request);
        asyncManager.setTaskExecutor(this.taskExecutor);
        asyncManager.setAsyncWebRequest(asyncWebRequest);
        asyncManager.registerCallableInterceptors(this.callableInterceptors);
        asyncManager.registerDeferredResultInterceptors(this.deferredResultInterceptors);

        if (asyncManager.hasConcurrentResult()) {
            Object result = asyncManager.getConcurrentResult();
            mavContainer=(ModelAndViewContainer)asyncManager.getConcurrentResultContext()[0];
            asyncManager.clearConcurrentResult();

            if (logger.isDebugEnabled()) {
                logger.debug("Found concurrent result value [" + result + "]");
            }
            requestMappingMethod = requestMappingMethod.wrapConcurrentResult(result);
        }

        requestMappingMethod.invokeAndHandle(webRequest, mavContainer);

        if (asyncManager.isConcurrentHandlingStarted()) {
            return null;
        }

        return getModelAndView(mavContainer, modelFactory, webRequest);
    }
```

在 invokeHandleMethod 方法中首先使用 request 和 response 创建了 ServletWebRequest 类型的 webRequest，在 ArgumentResolver 解析参数时使用的 request 就是这个 webRequest，当然如果我们的处理器需要 HttpServletRequest 类型的参数，ArgumentResolver 会给我们设置原始的 request。

接着对 WebDataBinderFactory、ModelFactory、ServletInvocableHandlerMethod 这三个类型的变量进行了定义和初始化，下面先分别介绍一下这三个变量。

❑ WebDataBinderFactory

WebDataBinderFactory 的作用从名字就可以看出是用来创建 WebDataBinder 的，WebDataBinder 用于参数绑定，主要功能就是实现参数跟 String 之间的类型转换，ArgumentResolver 在进行参数解析的过程中会用到 WebDataBinder，另外 ModelFactory 在更新 Model 时也会用到它。

WebDataBinderFactory 的创建过程就是将符合条件的注释了 @InitBinder 的方法找出来，并使用它们新建出 ServletRequestDataBinderFactory 类型的 WebDataBinderFactory。这里的 InitBinder 方法包括两部分：一部分是注释了 @ControllerAdvice 的并且符合要求的全局处理器里面的 InitBinder 方法；第二部分就是处理器自身的 InitBinder 方法，添加的顺序是先添加全局的后添加自身的。第二类 InitBinder 方法会在第一次调用后保存到缓存中，以后直接从缓存获取就可以了。查找注释了 @InitBinder 方法的方法和以前一样，使用 HandlerMethodSelector.

selectMethods 来找，而全局的 InitBinder 方法在创建 RequestMappingHandlerAdapter 的时候已经设置到缓存中了。WebDataBinderFactory 创建代码如下：

```
//org.springframework.web.servlet.mvc.method.annotation.RequestMappingHandlerAdapter
private WebDataBinderFactory getDataBinderFactory(HandlerMethod handlerMethod)
    throws Exception {
    Class<?> handlerType = handlerMethod.getBeanType();
    // 检查当前Handler中的InitBinder方法是否已经存在缓存中
    Set<Method> methods = this.initBinderCache.get(handlerType);
    // 如果没有则查找并设置到缓存中
    if (methods == null) {
        methods = HandlerMethodSelector.selectMethods(handlerType,INIT_BINDER_
            METHODS);
        this.initBinderCache.put(handlerType, methods);
    }
    // 定义保存InitBinder方法的临时变量
    List<InvocableHandlerMethod> initBinderMethods = new ArrayList<InvocableHand
        lerMethod>();
    // 将所有符合条件的全局InitBinder方法添加到initBinderMethods
    for(Entry<ControllerAdviceBean,Set<Method>>entry:this.initBinderAdviceCache.entrySet()) {
        if (entry.getKey().isApplicableToBeanType(handlerType)) {
            Object bean = entry.getKey().resolveBean();
            for (Method method : entry.getValue()) {
                initBinderMethods.add(createInitBinderMethod(bean, method));
            }
        }
    }
    // 将当前Handler中的InitBinder方法添加到initBinderMethods
    for (Method method : methods) {
        Object bean = handlerMethod.getBean();
        initBinderMethods.add(createInitBinderMethod(bean, method));
    }
    // 创建DataBinderFactory并返回
    return createDataBinderFactory(initBinderMethods);
}
protected InitBinderDataBinderFactory createDataBinderFactory(List<InvocableHand
    lerMethod> binderMethods) throws Exception {
    return new ServletRequestDataBinderFactory(binderMethods, getWebBindingInitializer());
}
```

通过注释大家应该就很容易理解了。需要注意的是 HandlerMethodSelector.selectMethods 的返回值是一个 Set，如果没找到相应的方法会返回一个空 Set 而不是 null，所以即使没找到 InitBinder 方法，initBinderCache 也会为当前的 Handler 设置一个空 Set，这样就可以用 initBinderCache.get(handlerType) 是否为 null 区分开没有调用过的处理器和调用过但没有 InitBinder 方法的处理器。WebDataBinderFactory 主要和相应的 InitBinder 方法相关联。

- ModelFactory

ModelFactory 是用来处理 Model 的，主要包含两个功能：①在处理器具体处理之前对 Model 进行初始化；②在处理完请求后对 Model 参数进行更新。

给 Model 初始化具体包括三部分内容：①将原来的 SessionAttributes 中的值设置到 Model；②执行相应注释了 @ModelAttribute 的方法并将其值设置到 Mode；③处理器中注释了 @ModelAttribute 的参数如果同时在 SessionAttributes 中也配置了，而且在 mavContainer 中还没有值则从全部 SessionAttributes（可能是其他处理器设置的值）中查找出并设置进去。

对 Model 更新是先对 SessionAttributes 进行设置，设置规则是如果处理器里调用了 SessionStatus#setComplete 则将 SessionAttributes 清空，否则将 mavContainer 的 defaultModel（可以理解为 Model，后面 ModelAndViewContainer 中会详细讲解）中相应的参数设置到 SessionAttributes 中，然后按需要给 Model 设置参数对应的 BindingResult。

从这里可以看出调用 SessionStatus#setComplete 清空 SessionAttributes 是在整个处理执行完以后才执行的，也就是说这条语句在处理器中的位置并不重要，放在处理器的开头或者结尾都不会影响当前处理器对 SessionAttributes 的使用。

ModelFactory 的创建过程在 getModelFactory 方法中，代码如下：

```
// org.springframework.web.servlet.mvc.method.annotation.RequestMappingHandlerAdapter
private ModelFactory getModelFactory(HandlerMethod handlerMethod, WebDataBinderFactory
    binderFactory) {
    // 获取SessionAttributesHandler
    SessionAttributesHandler sessionAttrHandler = getSessionAttributesHandler(ha
        ndlerMethod);
    // 获取处理器类的类型
    Class<?> handlerType = handlerMethod.getBeanType();
    // 获取处理器类中注释了@ModelAttribute而且没有注释@RequestMapping的类型，第一次获取后
        添加到缓存，以后直接从缓存中获取
    Set<Method> methods = this.modelAttributeCache.get(handlerType);
    if (methods == null) {
        methods = HandlerMethodSelector.selectMethods(handlerType, MODEL_
            ATTRIBUTE_METHODS);
        this.modelAttributeCache.put(handlerType, methods);
    }
    List<InvocableHandlerMethod>attrMethods=new ArrayList<InvocableHandlerMethod>();
    // 先添加全局@ModelAttribute方法，后添加当前处理器定义的@ModelAttribute方法
    for(Entry<ControllerAdviceBean,Set<Method>>entry:this.modelAttributeAdviceCache.entrySet()) {
        if (entry.getKey().isApplicableToBeanType(handlerType)) {
            Object bean = entry.getKey().resolveBean();
            for (Method method : entry.getValue()) {
                attrMethods.add(createModelAttributeMethod(binderFactory, bean,
                    method));
            }
        }
    }
    for (Method method : methods) {
        Object bean = handlerMethod.getBean();
        attrMethods.add(createModelAttributeMethod(binderFactory, bean, method));
    }
    // 新建ModelFactory
    return new ModelFactory(attrMethods, binderFactory, sessionAttrHandler);
}
```

从最后一句新建 ModelFactory 中可以看出主要使用了三个参数，第一个是注释了 @ModelAttribute 的方法，第二个是 WebDataBinderFactory，第三个是 SessionAttributesHandler。

其中 WebDataBinderFactory 使用的就是上面创建出来的 WebDataBinderFactory；SessionAttributesHandler 的创建方法 getSessionAttributesHandler 在前面已经介绍过了；注释了 @ModelAttribute 的方法分两部分：一部分是注释了 @ControllerAdvice 的类中定义的全局的 @ModelAttribute 方法；另一部分是当前处理器自身的 @ModelAttribute 方法，添加规则是先添加全局的后添加自己的。

- ServletInvocableHandlerMethod

ServletInvocableHandlerMethod 类型非常重要，它继承自 HandlerMethod，并且可以直接执行。实际请求的处理就是通过它来执行的，参数绑定、处理请求以及返回值处理都在它里边完成，创建方法 createRequestMappingMethod 代码如下：

```
//org.springframework.web.servlet.mvc.method.annotation.RequestMappingHandlerAdapter
private ServletInvocableHandlerMethod createRequestMappingMethod(
    HandlerMethod handlerMethod, WebDataBinderFactory binderFactory) {
    ServletInvocableHandlerMethod requestMethod;
    requestMethod = new ServletInvocableHandlerMethod(handlerMethod);
    requestMethod.setHandlerMethodArgumentResolvers(this.argumentResolvers);
    requestMethod.setHandlerMethodReturnValueHandlers(this.returnValueHandlers);
    requestMethod.setDataBinderFactory(binderFactory);
    requestMethod.setParameterNameDiscoverer(this.parameterNameDiscoverer);
    return requestMethod;
}
```

这里的参加过程非常简单，首先使用 handlerMethod 新建类 ServletInvocableHandlerMethod 类，然后将 argumentResolvers、returnValueHandlers、binderFactory 和 parameterNameDiscoverer 设置进去就完成了。

这三个变量弄明白后 invokeHandleMethod 方法就容易理解了。这三个变量创建完之后的工作还有三步（这里省略了异步处理）：①新建传递参数的 ModelAndViewContainer 容器，并将相应参数设置到其 Model 中；②执行请求；③请求处理完后进行一些后置处理。

- 新建 ModelAndViewContainer 类型的 mavContainer 参数，用于保存 Model 和 View，它贯穿于整个处理过程（注意，在处理请求时使用的并不是 ModelAndView），然后对 mavContainer 进行了设置，主要包括三部分内容：①将 FlashMap 中的数据设置到 Model；②使用 modelFactory 将 SessionAttributes 和注释了 @ModelAttribute 的方法的参数设置到 Model；③根据配置对 ignoreDefaultModelOnRedirect 进行了设置，这个参数在分析 ModelAndViewContainer 的时候再详细讲解。设置代码如下：

```
//org.springframework.web.servlet.mvc.method.annotation.RequestMappingHandlerAdapter.
    invokeHandleMethod
ModelAndViewContainer mavContainer = new ModelAndViewContainer();
mavContainer.addAllAttributes(RequestContextUtils.getInputFlashMap(request));
modelFactory.initModel(webRequest, mavContainer, requestMappingMethod);
```

```
mavContainer.setIgnoreDefaultModelOnRedirect(this.ignoreDefaultModelOnRedirect);
```

到这里传递参数的容器就准备好了。设置完 mavContainer 后又做了一些异步处理的相关的工作，异步处理在后面专门讲解。

- 执行请求，具体方法是直接调用 ServletInvocableHandlerMethod 里的 invokeAndHandle 方法执行的，代码如下：

```
//org.springframework.web.servlet.mvc.method.annotation.RequestMappingHandlerAdapter.
    invokeHandleMethod
requestMappingMethod.invokeAndHandle(webRequest, mavContainer);
```

ServletInvocableHandlerMethod 的 invokeAndHandle 方法执行请求的具体过程在后面分析 ServletInvocableHandlerMethod 的时候再详细讲解。

- 处理完请求后的后置处理，这是在 getModelAndView 方法中处理的。一共做了三件事：①调用 ModelFactory 的 updateModel 方法更新了 Model（包括设置了 SessionAttributes 和给 Model 设置 BindingResult）；②根据 mavContainer 创建了 ModelAndView；③如果 mavContainer 里的 model 是 RedirectAttributes 类型，则将其值设置到 FlashMap。代码如下：

```
//org.springframework.web.servlet.mvc.method.annotation.RequestMappingHandlerAdapter.
private ModelAndView getModelAndView(ModelAndViewContainer mavContainer,
    ModelFactory modelFactory, NativeWebRequest webRequest) throws Exception {

    modelFactory.updateModel(webRequest, mavContainer);
    if (mavContainer.isRequestHandled()) {
        return null;
    }
    ModelMap model = mavContainer.getModel();
    ModelAndView mav = new ModelAndView(mavContainer.getViewName(), model);
    // 如果mavContainer里的view不是引用，也就是不是String类型，则设置到mv中
    if (!mavContainer.isViewReference()) {
        mav.setView((View) mavContainer.getView());
    }
    if (model instanceof RedirectAttributes) {
        Map<String,?>flashAttributes=((RedirectAttributes)model).getFlashAttributes();
        HttpServletRequest request = webRequest.getNativeRequest(HttpServletReque
            st.class);
        RequestContextUtils.getOutputFlashMap(request).putAll(flashAttributes);
    }
    return mav;
}
```

这里的 model 只有处理器在返回 redirect 类型的视图时才可能是 RedirectAttributes 类型，否则不会是 RedirectAttributes 类型，也就是说在不返回 redirect 类型视图的处理器中即使使用 RedirectAttributes 设置了变量也不会保存到 FalseMap 中，具体细节介绍 ModelAndViewContainer 的时候再详细分析。

整个 RequestMappingHandlerAdapter 处理请求的过程（自身处理过程，不包含组件内部处

理）就分析完了，接下来分析里面涉及的组件，在将这些组件全部分析完成后再返回来看就容易理解了。

13.2.3 小结

本节详细分析了 RequestMappingHandlerAdapter 自身的结构。作为一个 HandlerAdapter，RequestMappingHandlerAdapter 的作用就是使用处理器处理请求。它使用的处理器是 HandlerMethod 类型，处理请求的过程主要分为三步：绑定参数、执行请求和处理返回值。

所绑定的参数的来源有 6 个地方：① request 中相关的参数，主要包括 url 中的参数、post 过来的参数以及请求头中的值；② cookie 中的参数；③ session 中的参数；④设置到 FlashMap 中的参数，这种主要用于 redirect 的参数传递；⑤ SessionAttributes 传递的参数；⑥通过相应的注释了 @ModelAttribute 的方法进行设置的参数。前三类参数通过 request 管理，后三类通过 Model 管理。前三类在 request 中获取，不需要做过多准备工作。第四类参数是直接在 RequestMappingHandlerAdapter 中进行处理的，在请求前将之前保存的设置到 model，请求处理完成后如果需要则将 model 中的值设置到 FlashMap。后两类参数使用 ModelFactory 管理。

准备好参数源后使用 ServletInvocableHandlerMethod 组件具体执行请求，其中包括使用 ArgumentResolver 解析参数、执行请求、使用 ReturnValueHandler 处理返回值等内容，详细内容会在 ServletInvocableHandlerMethod 中具体讲解。

ServletInvocableHandlerMethod 执行完请求处理后还有一些扫尾工作，主要是 Model 中参数的缓存和 ModelAndView 的创建。

整个处理过程其实非常简单，只是里面使用了很多我们不熟悉的组件，这些组件如果理解了再返回来看就简单了。接下来就分别讲解这些组件。

13.3 ModelAndViewContainer

ModelAndViewContainer 承担着整个请求过程中数据的传递工作。它除了保存 Model 和 View 外还有一些别的功能，如果不知道这些功能，很多代码就无法理解。先看一下它里面所包含的属性，定义如下：

```
//org.springframework.web.method.support.ModelAndViewContainer
private Object view;
    private final ModelMap defaultModel = new BindingAwareModelMap();
    private ModelMap redirectModel;
    private final SessionStatus sessionStatus = new SimpleSessionStatus();
    private boolean ignoreDefaultModelOnRedirect = false;
    private boolean redirectModelScenario = false;
    private boolean requestHandled = false;
```

- view：视图，Object 类型的，可以是实际视图也可以是 String 类型的逻辑视图。
- defaultModel：默认使用的 Model。

- redirectModel：redirect 类型的 Model。
- sessionStatus：用于设置 SessionAttribute 使用完的标志。
- ignoreDefaultModelOnRedirect：如果为 true 则在处理器返回 redirect 视图时一定不使用 defaultModel。
- redirectModelScenario：处理器返回 redirect 视图的标志。
- requestHandled：请求是否已经处理完成的标志。

先看一下 defaultModel 和 redirectModel，这两个都是 Model，前者是默认使用的 Model，后者用于传递 redirect 时的参数。我们在处理器中使用了 Model 或者 ModelMap 时 ArgumentResolver 会传入 defaultModel，它是 BindingAwareModelMap 类型，既继承了 ModelMap 又实现了 Model 接口，所以在处理器中使用 Model 或者 ModelMap 其实使用的是同一个对象，Map 参数传入的也是这个对象。处理器中 RedirectAttributes 类型的参数 ArgumentResolver 会传入 redirectModel，它实际上是 RedirectAttributesModelMap 类型。ModelAndViewContainer 的 getModel 方法会根据条件返回这两个 Model 里的一个，代码如下：

```
//org.springframework.web.method.support.ModelAndViewContainer
public ModelMap getModel() {
    if (useDefaultModel()) {
        return this.defaultModel;
    } else {
        return (this.redirectModel != null) ? this.redirectModel : new
            ModelMap();
    }
}
private boolean useDefaultModel() {
    return (!this.redirectModelScenario || (this.redirectModel == null && !this.
        ignoreDefaultModelOnRedirect));
}
```

判断逻辑在 useDefaultModel 中，如果 redirectModelScenario 为 false，也就是返回的不是 redirect 视图的时候一定返回 defaultModel，如果返回 redirect 视图的情况下需要根据 redirectModel 和 ignoreDefaultModelOnRedirect 的情况进一步，如果 redirectModel 不为空和 ignoreDefaultModelOnRedirect 设置为 true 这两个条件中有一个成立则返回 redirectModel，否则返回 defaultModel。总结如下：

返回 defaultModel 的情况：①处理器返回的不是 redirect 视图；②处理器返回的是 redirect 视图但是 redirectModel 为 null，而且 ignoreDefaultModelOnRedirect 也是 false。

返回 redirectModel 的情况：①处理器返回 redirect 视图，并且 redirectModel 不为 null；②处理器返回的是 redirect 视图，并且 ignoreDefaultModelOnRedirect 为 true。

ignoreDefaultModelOnRedirect 可以在 RequestMappingHandlerAdapter 中设置。判断处理器返回的是不是 redirect 视图的标志设置在 redirectModelScenario 中，它是在 ReturnValueHandler 中设置的，ReturnValueHandler 如果判断到是 redirect 视图就会将 redirectModelScenario 设置为 true。也就是说在 ReturnValueHandler 处理前 ModelAndViewContainer 的 getModel 返回的一定

是 defaultModel，处理后才可能是 redirectModel。

现在再返回去看 RequestMappingHandlerAdapter 中的 getModelAndView 方法 getModel 后判断 Model 是不是 RedirectAttributes 类型就清楚是怎么回事了。在 getModel 返回 redirectModel 的情况下，在处理器中设置到 Model 中的参数就不会被使用了（设置 SessionAttribute 除外）。这样也没有什么危害，因为只有 redirect 的情况才会返回 redirectModel，而这种情况是不需要渲染页面的，所以 defaultModel 里的参数本来也没什么用。同样，如果返回 defaultModel，设置到 RedirectAttributes 中的参数也将丢弃，也就是说在返回的 View 不是 redirect 类型时，即使处理器使用 RedirectAttributes 参数设置了值也不会传递到下一个请求。

另外，通过 @SessionAttribute 传递的参数是在 ModelFactory 中的 updateModel 方法中设置的，那里使用了 mavContainer.getDefaultModel 方法，这样就确保无论在什么情况下都是使用 defaultModel，也就是只有将参数设置到 Model 或者 ModelMap 里才能使用 SessionAttribute 缓存，设置到 RedirectAttributes 里的参数不可以。

ModelAndViewContainer 还提供了添加、合并和删除属性的方法，它们都是直接调用 Model 操作的，代码如下：

```
//org.springframework.web.method.support.ModelAndViewContainer
public ModelAndViewContainer addAttribute(String name, Object value) {
    getModel().addAttribute(name, value);
    return this;
}
public ModelAndViewContainer addAttribute(Object value) {
    getModel().addAttribute(value);
    return this;
}
public ModelAndViewContainer addAllAttributes(Map<String, ?> attributes) {
    getModel().addAllAttributes(attributes);
    return this;
}
public ModelAndViewContainer mergeAttributes(Map<String, ?> attributes) {
    getModel().mergeAttributes(attributes);
    return this;
}
public ModelAndViewContainer removeAttributes(Map<String, ?> attributes) {
    if (attributes != null) {
        for (String key : attributes.keySet()) {
            getModel().remove(key);
        }
    }
    return this;
}
```

添加、删除属性都没什么需要说的，合并属性的逻辑是如果原来的 Model 中不包含传入的属性则添加进去，如果原来 Model 中已经有了就不操作了，具体代码在 ModelMap 中，如下：

```
// org.springframework.ui.ModelMap
public ModelMap mergeAttributes(Map<String, ?> attributes) {
    if (attributes != null) {
        for (Map.Entry<String, ?> entry : attributes.entrySet()) {
            String key = entry.getKey();
            if (!containsKey(key)) {
                put(key, entry.getValue());
            }
        }
    }
    return this;
}
```

把这些弄明白 ModelAndViewContainer 基本就明白了，剩下的只是两个非常简单的功能。sessionStatus 属性就是在处理器中通知 SessionAttribute 已经使用完时所用到的 SessionStatus 类型的参数，它用于标示 SessionAttribute 是否已经使用完，如果使用完了则在 ModelFactory 的 updateModel 方法中将 SessionAttribute 的相应参数清除，否则将当前 Model 的相应参数设置进去。

requestHandled 用于标示请求是否已经全部处理完，如果是就不再往下处理，直接返回。这里的全部处理完主要指已经返回 response，比如，在处理器返回值有 @ResponseBody 注释或者返回值为 HttpEntity 类型等情况都会将 requestHandled 设置为 true。

13.4 SessionAttributesHandler 和 SessionAttributeStore

SessionAttributesHandler 用来处理 @SessionAttributes 注释的参数，不过它只是做一些宏观的事情，比如，哪个 Handler 都可以缓存哪些参数、某个参数在当前的 SessionAttributes 中是否存在、如何同时操作多个参数等，而具体的存储工作是交给 SessionAttributeStore 去做的，不过 SessionAttributeStore 并不是保存数据的容器，而是用于保存数据的工具，具体保存数据的容器默认使用的是 Session，当然也可以使用别的容器，重写 SessionAttributeStore 然后设置到 RequestMappingHandlerAdapter，在 SessionAttributeStore 中保存到别的容器就可以了，如果集群就可以考虑一下。

SessionAttributesHandler 里面有四个属性：attributeNames、attributeTypes、knownAttributeNames 和 sessionAttributeStore。sessionAttributeStore 是 SessionAttributeStore 类型的，用于具体执行 Attribute 的存储工作，前三个属性都是 Set 类型，attributeNames 存储 @SessionAttributes 注释里 value 对应的值，也就是参数名，attributeTypes 存储 @SessionAttributes 注释里 types 对应的值，也就是参数类型，knownAttributeNames 用于存储所有已知可以被当前处理器处理的属性名，它来自两个地方，首先在构造方法里会将所有 attributeNames 的值设置到 knownAttributeNames 中，其次当调用 isHandlerSessionAttribute 方法检查，而且是当前 Handler 所管理的 SessionAttributes 的时候也会添加到 knownAttributeNames，而保存属性的 storeAttributes 方法会在每个属性保存前调用 isHandlerSessionAttribute 方法判断是否支

持要保存的属性，所以所有保存过的属性的名称都会被保存在 knownAttributeNames 里面。knownAttributeNames 作用主要是保存了除了使用 value 配置的名称外还将通过 types 配置的已经保存过的属性名保存起来，这样在清空的时候只需要遍历 knownAttributeNames 就可以了。

```
// org.springframework.web.method.annotation.SessionAttributesHandler
public SessionAttributesHandler(Class<?> handlerType, SessionAttributeStore
    sessionAttributeStore) {
    Assert.notNull(sessionAttributeStore, "SessionAttributeStore may not be
        null.");
    this.sessionAttributeStore = sessionAttributeStore;
    SessionAttributes annotation = AnnotationUtils.findAnnotation(handlerType,
        SessionAttributes.class);
    if (annotation != null) {
        this.attributeNames.addAll(Arrays.asList(annotation.value()));
        this.attributeTypes.addAll(Arrays.<Class<?>>asList(annotation.types()));
    }
    for (String attributeName : this.attributeNames) {
        this.knownAttributeNames.add(attributeName);
    }
}
public boolean isHandlerSessionAttribute(String attributeName, Class<?>
    attributeType) {
    Assert.notNull(attributeName, "Attribute name must not be null");
    if (this.attributeNames.contains(attributeName) || this.attributeTypes.
        contains(attributeType)) {
        this.knownAttributeNames.add(attributeName);
        return true;
    } else {
        return false;
    }
}
public void storeAttributes(WebRequest request, Map<String, ?> attributes) {
    for (String name : attributes.keySet()) {
        Object value = attributes.get(name);
        Class<?> attrType = (value != null) ? value.getClass() : null;
        if (isHandlerSessionAttribute(name, attrType)) {
            this.sessionAttributeStore.storeAttribute(request, name, value);
        }
    }
}
```

SessionAttributesHandler 中除了保存属性 storeAttributes 的方法外还有取回属性值的 retrieveAttributes 方法和清空属性的 cleanupAttributes 方法，它们都是根据 knownAttributeNames 来操作的。另外还有按属性名取回属性的 retrieveAttribute 方法，代码如下：

```
// org.springframework.web.method.annotation.SessionAttributesHandler
public Map<String, Object> retrieveAttributes(WebRequest request) {
    Map<String, Object> attributes = new HashMap<String, Object>();
    for (String name : this.knownAttributeNames) {
        Object value = this.sessionAttributeStore.retrieveAttribute(request, name);
        if (value != null) {
```

```
                attributes.put(name, value);
            }
        }
        return attributes;
    }
    public void cleanupAttributes(WebRequest request) {
        for (String attributeName : this.knownAttributeNames) {
            this.sessionAttributeStore.cleanupAttribute(request, attributeName);
        }
    }
    Object retrieveAttribute(WebRequest request, String attributeName) {
        return this.sessionAttributeStore.retrieveAttribute(request, attributeName);
    }
```

需要注意的是，在取出全部属性和清除属性时都遍历了 knownAttributeNames，前面说过它里面保存着当前 Handler 注释里所有使用过的属性名，所以这两个方法的操作只是对当前处理器类的 @SessionAttributes 注释里配置的属性起作用，而按名称取属性的方法可以在整个 SessionAttributes 中查找，没有 knownAttributeNames 的限制。另外需要注意的是，如果在不同的 Handler 中用 SessionAttributes 保存的属性使用了相同的名称，它们会相互影响。

具体对每个参数保存、取回和删除的工作是由 SessionAttributeStore 完成的。这是一个接口，里面的三个方法分别对应上述三个功能，它的默认实现类是 DefaultSessionAttributeStore，它将参数保存到 Session 中，代码如下：

```
package org.springframework.web.bind.support;
import org.springframework.util.Assert;
import org.springframework.web.context.request.WebRequest;
public class DefaultSessionAttributeStore implements SessionAttributeStore {
    private String attributeNamePrefix = "";
    @Override
    public void storeAttribute(WebRequest request, String attributeName, Object
        attributeValue) {
        Assert.notNull(request, "WebRequest must not be null");
        Assert.notNull(attributeName, "Attribute name must not be null");
        Assert.notNull(attributeValue, "Attribute value must not be null");
        String storeAttributeName = getAttributeNameInSession(request,
            attributeName);
        request.setAttribute(storeAttributeName, attributeValue, WebRequest.
            SCOPE_SESSION);
    }

    @Override
    public Object retrieveAttribute(WebRequest request, String attributeName) {
        Assert.notNull(request, "WebRequest must not be null");
        Assert.notNull(attributeName, "Attribute name must not be null");
        String storeAttributeName = getAttributeNameInSession(request,
            attributeName);
        return request.getAttribute(storeAttributeName, WebRequest.SCOPE_SESSION);
    }

    @Override
```

```
        public void cleanupAttribute(WebRequest request, String attributeName) {
            Assert.notNull(request, "WebRequest must not be null");
            Assert.notNull(attributeName, "Attribute name must not be null");
            String storeAttributeName = getAttributeNameInSession(request,
                attributeName);
            request.removeAttribute(storeAttributeName, WebRequest.SCOPE_SESSION);
        }
        protected String getAttributeNameInSession(WebRequest request, String
            attributeName) {
            return this.attributeNamePrefix + attributeName;
        }
    }
```

需要注意的是，这里对Session的操作使用的是request的setAttribute、getAttribute以及removeAttribute，虽然是request调用的，但并不是设置到了request上面，通过最后一个参数指定了设置范围。前面介绍过，在这里使用的request实际是ServletWebRequest，这三个方法在其父类ServletRequestAttributes里定义，它可以通过最后一个参数指定操作的范围，在分析FrameworkServlet时已经对ServletRequestAttributes介绍过了，下面再看一下它的setAttribute的代码：

```
org.springframework.web.context.request. ServletRequestAttributes
public void setAttribute(String name, Object value, int scope) {
    if (scope == SCOPE_REQUEST) {
        if (!isRequestActive()) {
            throw new IllegalStateException(
                "Cannot set request attribute - request is not active anymore!");
        }
        this.request.setAttribute(name, value);
    } else {
        HttpSession session = getSession(true);
        this.sessionAttributesToUpdate.remove(name);
        session.setAttribute(name, value);
    }
}
```

如果第三个参数传入的是SCOPE_REQUEST则会存储到request，否则存储到Session。sessionAttributesToUpdate属性用于保存从Session中获取过的值，最后request使用完后再同步给Session，因为Session中的值可能已经使用别的方式修改过，如果不好理解可以忽略这里的sessionAttributesToUpdate属性，它对这里的逻辑没有影响。总之，使用SCOPE_SESSION会对Session进行操作，而不是对request操作。

下面总结一下，SessionAttributesHandler与@SessionAttributes注释相对应，用于对SessionAttributes操作，其中包含判断某个参数是否可以被处理以及批量对多个参数进行处理等功能。具体对单个参数的操作是交给SessionAttributeStore去完成的，它的默认实现DefaultSessionAttributeStore使用ServletWebRequest将参数设置到了Session中。SessionAttributesHandler是在ModelFactory中使用的。

13.5 ModelFactory

ModelFactory 是用来维护 Model 的，具体包含两个功能：①初始化 Model；②处理器执行后将 Model 中相应的参数更新到 SessionAttributes 中。

13.5.1 初始化 Model

初始化 Model 主要是在处理器执行前将相应数据设置到 Model 中，是通过调用 initModel 方法完成的，代码如下：

```
// org.springframework.web.method.annotation.ModelFactory
public void initModel(NativeWebRequest request, ModelAndViewContainer
    mavContainer, HandlerMethod handlerMethod) throws Exception {
    // 从SessionAttributes中取出保存的参数，并合并到mavContainer中
    Map<String, ?> sessionAttributes = this.sessionAttributesHandler.
        retrieveAttributes(request);
    mavContainer.mergeAttributes(sessionAttributes);

    // 执行注释了@ModelAttribute的方法并将结果设置到Model
    invokeModelAttributeMethods(request, mavContainer);

    // 遍历既注释了@ModelAttribute又在@SessionAttributes注释中的参数
    for (String name : findSessionAttributeArguments(handlerMethod)) {
        if (!mavContainer.containsAttribute(name)) {
            Object value = this.sessionAttributesHandler.retrieveAttribute(request,
                name);
            if (value == null) {
                throw new HttpSessionRequiredException("Expected session
                    attribute '" + name + "'");
            }
            mavContainer.addAttribute(name, value);
        }
    }
}
```

这里一共分了三步：①从 SessionAttributes 中取出保存的参数，并合并到 mavContainer 中；②执行注释了 @ModelAttribute 的方法并将结果设置到 Model；③判断既注释了 @ModelAttribute 又在 @SessionAttributes 注释中（参数名或者参数类型在注释中设置着）的参数是否已经设置到了 mavContainer 中，如果没有则使用 SessionAttributesHandler 从 SessionAttributes 中获取并设置到 mavContainer 中。

第一步是直接在 initModel 中完成的，代码也非常简单，这里就不解释了。

第二步是调用 invokeModelAttributeMethods 方法完成的，代码如下：

```
// org.springframework.web.method.annotation.ModelFactory
private void invokeModelAttributeMethods(NativeWebRequest request,
    ModelAndViewContainer mavContainer)
      throws Exception {
```

```
    while (!this.modelMethods.isEmpty()) {
        // 获取注释了@ModelAttribute的方法
        InvocableHandlerMethod attrMethod = getNextModelMethod(mavContainer).
            getHandlerMethod();
        // 获取注释@ModelAttribute中设置的value作为参数名
        String modelName = attrMethod.getMethodAnnotation(ModelAttribute.class).
            value();
        // 如果参数名已经在mavContainer中则跳过
        if (mavContainer.containsAttribute(modelName)) {
            continue;
        }

        // 执行@ModelAttribute注释的方法
        Object returnValue = attrMethod.invokeForRequest(request, mavContainer);

        if (!attrMethod.isVoid()){
            // 使用getNameForReturnValue获取参数名
                String returnValueName = getNameForReturnValue(returnValue,
                    attrMethod.getReturnType());
            if (!mavContainer.containsAttribute(returnValueName)) {
                mavContainer.addAttribute(returnValueName, returnValue);
            }
        }
    }
}
```

这里遍历每个注释了 @ModelAttribute 的方法，然后从注释中获取参数名，如果获取到了（注释中设置了 value），而且在 mavContainer 中已经存在此参数了则跳过此方法，否则执行方法（这时的方法封装成了 InvocableHandlerMethod 类型，可以直接执行，后面会详细讲解），执行完之后判断返回值是不是 Void 类型，如果是则说明这个方法是自己将参数设置到 Model 中的，这里就不处理了，否则使用 getNameForReturnValue 方法获取到参数名，并判断是否已存在 mavContainer 中，如果不存在则设置进去。

这里的重点是获取参数名的规则，获取参数名的 getNameForReturnValue 方法代码如下：

```
// org.springframework.web.method.annotation.ModelFactory
public static String getNameForReturnValue(Object returnValue, MethodParameter
    returnType) {
    ModelAttribute annotation = returnType.getMethodAnnotation(ModelAttribute.
        class);
    if (annotation != null && StringUtils.hasText(annotation.value())) {
        return annotation.value();
    }
    else {
        Method method = returnType.getMethod();
        Class<?> resolvedType = GenericTypeResolver.resolveReturnType(method,
            returnType.getContainingClass());
        return Conventions.getVariableNameForReturnType(method, resolvedType,
            returnValue);
    }
}
```

这里首先获取了返回值的@ModelAttribute注释，也就是方法的@ModelAttribute注释，如果设置了value则直接将其作为参数名返回，否则使用Conventions的静态方法getVariableNameForReturnTyp根据方法、返回值类型和返回值获取参数名，其代码如下：

```
// org.springframework.core.Conventions
public static String getVariableNameForReturnType(Method method, Class<?>
    resolvedType, Object value) {
    Assert.notNull(method, "Method must not be null");

    if (Object.class.equals(resolvedType)) {
        if (value == null) {
            throw new IllegalArgumentException("Cannot generate variable name for
                an Object return type with null value");
        }
        return getVariableName(value);
    }

    Class<?> valueClass;
    boolean pluralize = false;

    if (resolvedType.isArray()) {
        valueClass = resolvedType.getComponentType();
        pluralize = true;
    }else if (Collection.class.isAssignableFrom(resolvedType)) {
        valueClass = GenericCollectionTypeResolver.getCollectionReturnType(method);
        if (valueClass == null) {
            if (!(value instanceof Collection)) {
                throw new IllegalArgumentException("Cannot generate variable name for
                    non-typed Collection return type and a non-Collection value");
            }
            Collection<?> collection = (Collection<?>) value;
            if (collection.isEmpty()) {
                throw new IllegalArgumentException(
                    "Cannot generate variable name for non-typed Collection return
                        type and an empty Collection value");
            }
                Object valueToCheck = peekAhead(collection);
                valueClass = getClassForValue(valueToCheck);
        }
        pluralize = true;
    }else {
    valueClass = resolvedType;
    }

    String name = ClassUtils.getShortNameAsProperty(valueClass);
    return (pluralize ? pluralize(name) : name);
}
```

代码比较长，它的核心逻辑就是获取返回值类型的“ShortName”。“ShortName”是使用ClassUtils的getShortNameAsProperty方法获取的，具体逻辑是先获取到去掉包名之后的类名，然后再判断类名是不是大于一个字符，而且前两个字符都是大写，如果是则直接返回，否则将第一个字符变成小写返回。不过这里的方法返回值类型如果是 Object 则会使用返回值的实际类型，如果返回值为数组或者 Collection 类型时会使用内部实际包装的类型，并在最后加“List”。下面看几个例子。

```
String ——> string
ClassUtils ——> classUtils
UFOModel ——>UFOModel
List<Double>  ——> doubleList
Set<Double>  ——> doubleList
Double[]  ——>doubleList
```

这一步的难点在解析参数名，如果理解了解析参数名的规则，这一步也就理解了。这一步的整个流程是首先会判断返回值是不是 Void 类型，如果是则不处理了，如果不是则先判断注释里有没有 value，如果有则使用注释的 value 做参数名，如果没有则根据上面说的规则来解析出参数名，最后判断得到的参数名是否已经存在 mavContainer 中，如果不存在则将其和返回值添加到 mavContainer 中。

第三步是遍历既注释了 @ModelAttribute 又在 @SessionAttributes 注释中的参数，判断是否已经存在 mavContainer 里了，如果没有则使用 SessionAttributesHandler 从整个 SessionAttributes 中获取（第一步获取的是当前处理器保存到 SessionAttributes 的属性），如果可以获取到则设置到 mavContainer 中，如果获取不到则抛出异常。这里获取同时有 @ModelAttribute 注释又在 @SessionAttributes 注释中的参数的方法是 findSessionAttribute-Arguments，代码如下：

```
// org.springframework.web.method.annotation.ModelFactory
private List<String> findSessionAttributeArguments(HandlerMethod handlerMethod) {
    List<String> result = new ArrayList<String>();
    for (MethodParameter parameter : handlerMethod.getMethodParameters()) {
        if (parameter.hasParameterAnnotation(ModelAttribute.class)) {
            String name = getNameForParameter(parameter);
            if (this.sessionAttributesHandler.isHandlerSessionAttribute(name,
                    parameter.getParameterType())) {
                result.add(name);
            }
        }
    }
    return result;
}
```

它的逻辑是遍历方法里的每个参数，如果有 @ModelAttribute 注释则获取到它对应的参数名，然后用获取到的参数名和参数的类型检查是不是在 @SessionAttributes 注释中，如果在则符合要求。获取 @ModelAttribute 注释的参数对应参数名的方法是 getNameForParameter，代码如下：

```
// org.springframework.web.method.annotation.ModelFactory
public static String getNameForParameter(MethodParameter parameter) {
    ModelAttribute annot = parameter.getParameterAnnotation(ModelAttribute.class);
    String attrName = (annot != null) ? annot.value() : null;
    return StringUtils.hasText(attrName) ? attrName :  Conventions.getVariableNa
```

```
        meForParameter(parameter);
}
```

这里首先从注释中获取，如果注释没有则使用 Conventions 的 getVariableNameForParameter 方法获取，代码如下：

```
// org.springframework.core.Conventions
public static String getVariableNameForParameter(MethodParameter parameter) {
    Assert.notNull(parameter, "MethodParameter must not be null");
    Class<?> valueClass;
    boolean pluralize = false;

    if (parameter.getParameterType().isArray()) {
        valueClass = parameter.getParameterType().getComponentType();
        pluralize = true;
    }else if (Collection.class.isAssignableFrom(parameter.getParameterType())) {
        valueClass = GenericCollectionTypeResolver.getCollectionParameterType
            (parameter);
        if (valueClass == null) {
           throw new IllegalArgumentException(
                  "Cannot generate variable name for non-typed Collection
                       parameter type");
        }
        pluralize = true;
    }else {
        valueClass = parameter.getParameterType();
    }

    String name = ClassUtils.getShortNameAsProperty(valueClass);
    return (pluralize ? pluralize(name) : name);
}
```

这里跟第二步里的 getVariableNameForReturnType 方法的逻辑是一样的，就不细讲了。

第三步跟第一步的区别是第一步是将当前处理器中保存的所有 SessionAttributes 属性合并到了 mavContainer，而第三步可以使用其他处理器中保存的 SessionAttributes 属性来设置注释了 @ModelAttribute 的参数。

这三步就讲完了，最后再总结一下，首先将当前处理器中保存的所有 SessionAttributes 属性合并到 mavContainer，然后执行注释了 @ModelAttribute 的方法并将结果合并到 mavContainer，最后检查注释了 @ModelAttribute 而且在 @SessionAttributes 中也设置了的参数是否已经添加到了 mavContainer 中，如果没有则从整个 SessionAttributes 中获取出来并设置进去，如果获取不到则抛出异常。整个过程的重点和难点是获取设置到 Model 中的参数名的规则。

从这里可以看出 Model 中参数的优先级是这样的：① FlashMap 中保存的参数优先级最高，它在 ModelFactory 前面执行；② SessionAttributes 中保存的参数的优先级第二，它不可以覆盖 FlashMap 中设置的参数；③通过注释了 @ModelAttribute 的方法设置的参数优先级第三；④注释了 @ModelAttribute 而且从别的处理器的 SessionAttributes 中获取的参数优先级最低。而且从前面创建 ModelFactory 的过程可以看出，注释了 @ModelAttribute 的方法是全局的优先，处理器自己定义的次之。

13.5.2 更新 Model

更新 Model 是通过 updateModel 方法完成的，代码如下：

```
// org.springframework.web.method.annotation.ModelFactory
public void updateModel(NativeWebRequest request, ModelAndViewContainer
    mavContainer) throws Exception {
    ModelMap defaultModel = mavContainer.getDefaultModel();
    if (mavContainer.getSessionStatus().isComplete()){
        this.sessionAttributesHandler.cleanupAttributes(request);
    }else {
        this.sessionAttributesHandler.storeAttributes(request, defaultModel);
    }
    if (!mavContainer.isRequestHandled() && mavContainer.getModel() ==
        defaultModel) {
        updateBindingResult(request, defaultModel);
    }
}
```

这里做了两件事：①对 SessionAttributes 进行设置，设置规则是如果处理器里调用了 SessionStatus#setComplete 则将 SessionAttributes 清空，否则将 mavContainer 的 defaultModel 中相应的参数设置到 SessionAttributes 中；②判断请求是否已经处理完或者是 redirect 类型的返回值，其实也就是判断需要不需要渲染页面，如果需要渲染则给 Model 中相应参数设置 BindingResult。

我们知道在处理器中绑定参数时如果参数注释了 @Valid 或者 @Validated，则会将校验结果设置到跟其相邻的下一个 Error 或者 BindingResult 类型的参数中。如果参数没有 @Valid 和 @Validated 注释但在 Model 中，而且符合条件（具体条件下面具体讲解），这时为了渲染方便 ModelFactory 会给 Model 设置一个跟参数相对应的 BindingResult，不过这里设置的 BindingResult 里面并没有校验的错误值，因为这里并没有调用 Binder 的 validate 方法来校验参数。具体设置的方法是 updateBindingResult，代码如下：

```
// org.springframework.web.method.annotation.ModelFactory
private void updateBindingResult(NativeWebRequest request, ModelMap model) throws
    Exception {
    List<String> keyNames = new ArrayList<String>(model.keySet());
    for (String name : keyNames) {
        Object value = model.get(name);
        if (isBindingCandidate(name, value)) {
            String bindingResultKey = BindingResult.MODEL_KEY_PREFIX + name;
            if (!model.containsAttribute(bindingResultKey)) {
                WebDataBinder dataBinder = dataBinderFactory.createBinder(request,
                    value, name);
                model.put(bindingResultKey, dataBinder.getBindingResult());
            }
        }
    }
}
```

这里首先取出 Model 中保存的所有参数进行遍历，然后通过 isBindingCandidate 方法判断是否需要添加 BindingResult，如果需要则使用 WebDataBinder 获取 BindingResult 并添加到 Model，在添加前先检查 Model 中是否已经存在，如果已经存在就不添加了。判断是否需要添加 BindingResult 的 isBindingCandidate 方法代码如下：

```
// org.springframework.web.method.annotation.ModelFactory
private boolean isBindingCandidate(String attributeName, Object value) {
    if (attributeName.startsWith(BindingResult.MODEL_KEY_PREFIX)) {
        return false;
    }

    Class<?> attrType = (value != null) ? value.getClass() : null;
    if (this.sessionAttributesHandler.isHandlerSessionAttribute(attributeName,
         attrType)) {
        return true;
    }

    return(value != null && !value.getClass().isArray() && !(value instanceof Collection) &&
        !(value instanceof Map) && !BeanUtils.isSimpleValueType(value.
            getClass()));
}
```

这里判断的逻辑是先判断他本身是不是其他参数绑定结果的 BindingResult（通过固定的前缀判断），如果是则不需要再对它添加 BindingResult 了返回 false，然后判断是不是 SessionAttributes 管理的属性，如果是则返回 true，最后检查如果不是空值、数组、Collection、Map 和简单类型（如 boolean、byte、char、short、int、long、float、double、Boolean、Byte、Character、Short、Integer、Long、Float、Double、Enum、Number、Date 等）则返回 true 添加 BindingResult。

也就是说如果不是 BindingResult、空值、数组、Collection、Map 和简单类型都会返回 true，如果是这些类型但是在 SessionAttributes 中设置了，（除了 BindingResult 类型）也会返回 true，其他情况就返回 false。

updateModel 一共做了两件事，第一件事是维护 SessionAttributes 的数据，第二件事是给 Model 中需要的参数设置 BindingResult，以备视图使用。

多知道点

Redirect 转发后的参数怎么校验

在处理器中如果想对一个参数进行校验只需要在前面加上 @Valid 或者 @Validated 注释就可以了，但是 Redirect 转发后校验结果就丢失了，因为它默认是保存在 ModelAndViewContainer 的 defaultModel 中的，而 FlashMap 只会传递 redirectModel 里保存的参数，所以校验结果就会丢失。

如果想传递校验参数可以有两种方法，一种是通过 SessionAttributes 传递，这时只需要在处理器类上注释 @SessionAttributes(types={BindingResult.class}) 即可，这样 BindingResult

类型的参数就会被保存到 SessionAttributes 中，在 redirect 处理器方法中设置 SessionStatus #setComplete 就可以了。如果使用这种方法一定要及时清空 SessionAttributes（给 SessionStatus 设置 Complete），否则可能会造成混乱。

另一种方法的思路是重新校验一遍，要使用这种方法首先需要明白 Spring MVC 是在哪里校验参数的。Spring MVC 校验参数是在 ModelAttributeMethodProcessor 参数解析的时候判断有没有 @Valid 或者 @Validated 注释，如果有就会校验，ModelAttributeMethodProcessor 解析器用于解析注释了 @ ModelAttribute 的参数和没注释的非通用类型（如自定义类型）的参数，所以可以在 redirect 后的处理器中将需要校验的参数写到处理器的参数中并注释 @Valid 或者 @Validated，这种方法更加清晰，而且不容易出问题，所以建议大家尽量使用这种方式。下面来看个例子。

```
@RequestMapping(value={"/signup"},method= {RequestMethod.POST})
public String signup( @Validated User user, BindingResult br,
    RedirectAttributesra) throws Exception {
    ra.addFlashAttribute("user", user);
    return "redirect:show";
}

@RequestMapping(value={"/show"},method= {RequestMethod.GET})
public String show(@Validated User user, BindingResult br) throws Exception {
    return "/user.jsp";
}
```

当用户发出 Post 的 /signup 请求后会 redirect 到 /show 对应的 show 处理器方法，show 方法添加了 User 参数并且添加了 @Validated 注释，所以 ModelAttributeMethodProcessor 参数解析器在解析的时候就会将校验结果设置到 Model 中。

13.6 ServletInvocableHandlerMethod

ServletInvocableHandlerMethod 的继承结构如图 13-4 所示。

可以看出 ServletInvocableHandlerMethod 其实也是一种 HandlerMethod，只是增加了方法执行的功能。当然相应地也增加了参数解析、返回值处理等相关功能。之前一直使用 HandlerMethod，但还没有对它的结构进行过分析，本节就从 HandlerMethod 开始依次对这三个组件进行分析。

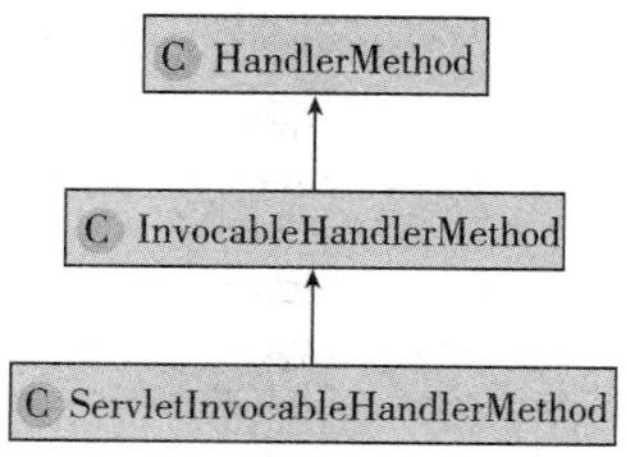

C HandlerMethod

C InvocableHandlerMethod

C ServletInvocableHandlerMethod

图 13-4 ServletInvocableHandlerMethod 继承结构图

13.6.1 HandlerMethod

HandlerMethod 前面已经介绍过了，用于封装 Handler 和其中具体处理请求的 Method，分别对应其中的 bean 和 method 属性，除了这两个还有三个属性：beanFactory、bridgedMethod 和 parameters。beanFactory 主要用于新建 HandlerMethod 时传入的 Handler（也就是 bean 属性）

是 String 的情况，这时需要使用 beanFactory 根据传入的 String 作为 beanName 获取到对应的 bean，并设置为 Handler；bridgedMethod 指如果 method 是 bridge method 则设置为其所对应的原有方法，否则直接设置为 method；parameters 代表处理请求的方法的参数。定义如下：

```
// org.springframework.web.method.HandlerMethod
private final Object bean;
private final BeanFactory beanFactory;
private final Method method;
private final Method bridgedMethod;
private final MethodParameter[] parameters;
```

这里所有的属性都是 final 的，所以创建后就不可以修改了，前面说的如果 Handler 是 String 类型，将其变为容器中对应 bean 的过程在专门的方法 createWithResolvedBean 中来操作的，这里面是通过使用从容器中找到的 bean 和自己原来的属性新建一个 HandlerMethod 来完成的，代码如下：

```
// org.springframework.web.method.HandlerMethod
public HandlerMethod createWithResolvedBean() {
    Object handler = this.bean;
    if (this.bean instanceof String) {
        String beanName = (String) this.bean;
        handler = this.beanFactory.getBean(beanName);
    }
    return new HandlerMethod(this, handler);
}
private HandlerMethod(HandlerMethod handlerMethod, Object handler) {
     Assert.notNull(handlerMethod, "HandlerMethod is required");
     Assert.notNull(handler, "Handler object is required");
     this.bean = handler;
     this.beanFactory = handlerMethod.beanFactory;
     this.method = handlerMethod.method;
     this.bridgedMethod = handlerMethod.bridgedMethod;
     this.parameters = handlerMethod.parameters;
}
```

HandlerMethod 中属性的含义除了 bridgedMethod 外都比较容易理解，只是保存参数的属性 parameters 使用了大家可能不太熟悉的类型 MethodParameter。一个 MethodParameter 类型的对象表示一个方法的参数，对 MethodParameter 主要是理解其参数的含义，它们定义如下：

```
package org.springframework.core;
// 省略了imports
public class MethodParameter {
    private final Method method;
    private final Constructor<?> constructor;
    private final int parameterIndex;
    private int nestingLevel = 1;
    private volatile Class<?> containingClass;
    private volatile Class<?> parameterType;
    private volatile Type genericParameterType;
    private volatile Annotation[] parameterAnnotations;
```

```
    private volatile ParameterNameDiscoverer parameterNameDiscoverer;
    private volatile String parameterName;
    ...
}
```

下面分别来解释：

- method：参数所在的方法。
- constructor：参数的构成方法。
- parameterIndex：参数的序号，也就是第几个参数，从 0 开始计数。
- nestingLevel：嵌套级别，如果是复合参数会用到，比如，有一个 List<String> params 参数，则 params 的嵌套级别为 1，List 内部的 String 的嵌套级别为 2。
- typeIndexesPerLevel：保存每层嵌套参数的序数。
- containingClass：容器的类型，也就是参数所属方法所在的类。
- parameterType：参数的类型。
- genericParameterType：Type 型的参数类型，也是参数的类型，但它的类型是 Type。
- parameterAnnotations：参数的注释。
- parameterNameDiscoverer：参数名称查找器。
- parameterName：参数名称。

MethodParameter 里最重要的是 method 和 parameterIndex，有了这两个参数后参数类型、注释等都可以获取到。不过在正常的反射技术里是不知道参数名的，所以这里专门使用了一个参数名查找的组件 parameterNameDiscoverer，它可以查找出我们定义参数时参数的名称，这就给 ArgumentResolver 的解析提供了方便。

在 HandlerMethod 中定义了两个内部类来封装参数，一个封装方法调用的参数，一个封装方法返回的参数，它们主要使用 method 和 parameterIndex 来创建 MethodParameter，封装返回值的 ReturnValueMethodParameter 继承自封装调用参数的 HandlerMethodParameter，它们使用的 method 都是 bridgedMethod，返回值使用的 parameterIndex 是 -1，代码如下：

```
// org.springframework.web.method.HandlerMethod
protected class HandlerMethodParameter extends MethodParameter {
    public HandlerMethodParameter(int index) {
        super(HandlerMethod.this.bridgedMethod, index);
    }
    @Override
    public Class<?> getContainingClass() {
        return HandlerMethod.this.getBeanType();
    }
    @Override
    public <T extends Annotation> T getMethodAnnotation(Class<T> annotationType) {
      return HandlerMethod.this.getMethodAnnotation(annotationType);
    }
}
private class ReturnValueMethodParameter extends HandlerMethodParameter {
    private final Object returnValue;
```

```
    public ReturnValueMethodParameter(Object returnValue) {
        super(-1);
        this.returnValue = returnValue;
    }
    @Override
    public Class<?> getParameterType() {
        return (this.returnValue != null ? this.returnValue.getClass() : super.
            getParameterType());
    }
}
```

现在大家就明白 HandlerMethod 是怎么回事了。下面再给大家介绍什么是 bridge method（桥方法）。

多知道点

什么是 bridge method

Bridge method 是 Java 里的一个概念，不过正常情况下使用得并不多。在 java 说明书《The Java LanguageSpecification》中“Method Invocation Expressions”一节介绍了 bridge method。举例如下：

```
abstract class C<T> {
    abstract T id(T x);
}
class D extends C<String> {
    public String id(String x) { return x; }
}
C c = new D();
c.id(new Object());
```

在 C 类中定义了泛型，子类 D 中给泛型设置了 String，使用时新建了 D 类型的 C，调用时由于 C 中泛型没有指定具体的类型，所以可以给它的 id 方法传入任意类型的参数，所以上面的代码中传入 Object 编译并没有问题，但实际使用的是 D 类型的实例，D 给泛型设置了 String，这在运行时就出错了。

在 Java 虚拟机中其实会给 D 创建两个 id 方法，除了我们定义的 String 为参数的 id 方法，还会创建一个 Object 做参数的方法（这一点也可以通过调用 D.class.getMethods() 看到，只是 D 中的 id 方法需要是 public 的），创建的方法如下：

```
Object id(Object x) { return id((String) x); }
```

这个 Object 为参数的方法就叫桥方法（bridge method），它作为一个桥将 Object 为参数的调用转换到了 String 为参数的方法。

在 HandlerMethod 中的 bridgedMethod 指的是被桥的方法（注意是 bridged 而不是 bridge），也就是原来的方法。比如，HandlerMethod 中的 method 如果是 Object 类型的 id 方法，bridgedMethod 就是 String 类型的 id 方法，如果 method 是 String 类型的 id 方法，bridgedMethod 将和 method 代表同一个方法，如果不涉及泛型 bridgedMethod 和 method

都是同一个方法。在 spring 中获取原方法 bridgedMethod 是通过 BridgeMethodResolver.findBridgedMethod 来完成的，大概思路是按相同的方法名和相同的参数个数找不是桥的方法。

13.6.2 InvocableHandlerMethod

InvocableHandlerMethod 继承自 HandlerMethod，在父类基础上添加了调用的功能，也就是说 InvocableHandlerMethod 可以直接调用内部属性 method 对应的方法（严格来说应该是 bridgedMethod）。

InvocableHandlerMethod 里增加了三个属性：

- dataBinderFactory：WebDataBinderFactory 类型，可以创建 WebDataBinder，用于参数解析器 ArgumentResolver 中。
- argumentResolvers：HandlerMethodArgumentResolverComposite 类型，用于解析参数。
- parameterNameDiscoverer：ParameterNameDiscoverer 类型，用来获取参数名，用于 MethodParameter 中。

InvocableHandlerMethod 中 Method 调用的方法是 invokeForRequest，代码如：

```
//org.springframework.web.method.support.InvocableHandlerMethod
public Object invokeForRequest(NativeWebRequest request, ModelAndViewContainer
    mavContainer,
        Object... providedArgs) throws Exception {
    Object[] args = getMethodArgumentValues(request, mavContainer, providedArgs);
    if (logger.isTraceEnabled()) {
        StringBuilder sb = new StringBuilder("Invoking [");
        sb.append(getBeanType().getSimpleName()).append(".");
        sb.append(getMethod().getName()).append("] method with arguments ");
        sb.append(Arrays.asList(args));
        logger.trace(sb.toString());
    }
    Object returnValue = doInvoke(args);
    if (logger.isTraceEnabled()) {
        logger.trace("Method [" + getMethod().getName() + "] returned [" +
            returnValue + "]");
    }
    return returnValue;
}
```

这个方法非常简单，除了日志打印就两条代码了，一条是准备方法所需要的参数，使用的是 getMethodArgumentValues 方法，另一条用于具体调用 Method，具体使用的方法是 doInvoke 方法。doInvoke 方法是实际执行请求处理的方法，我们写的代码都是通过它来执行的，所以这个方法是整个 HandlerMethod 系列的处理器中最核心的方法，不过它的代码非常简单，如下所示：

```
//org.springframework.web.method.support.InvocableHandlerMethod
```

```
protected Object doInvoke(Object... args) throws Exception {
    ReflectionUtils.makeAccessible(getBridgedMethod());
    try {
        return getBridgedMethod().invoke(getBean(), args);
    } catch (IllegalArgumentException ex) {
        assertTargetBean(getBridgedMethod(), getBean(), args);
        throw new IllegalStateException(getInvocationErrorMessage(ex.getMessage(),
            args), ex);
    } catch (InvocationTargetException ex) {
        // Unwrap for HandlerExceptionResolvers ...
        Throwable targetException = ex.getTargetException();
        if (targetException instanceof RuntimeException) {
            throw (RuntimeException) targetException;
        } else if (targetException instanceof Error) {
            throw (Error) targetException;
        }else if (targetException instanceof Exception) {
            throw (Exception) targetException;
        }else {
            String msg = getInvocationErrorMessage("Failed to invoke controller
                method", args);
            throw new IllegalStateException(msg, targetException);
        }
    }
}
```

除了异常处理外，真正执行的方法就是直接调用 bridgedMethod 的 invoke 方法，在调用前先使用 ReflectionUtils.makeAccessible 强制将它变为可调用，也就是说即使我们定义的处理器方法是 private 的也可以被调用。

再返回来看一下参数绑定的 getMethodArgumentValues 方法，代码如下：

```
//org.springframework.web.method.support.InvocableHandlerMethod
private Object[] getMethodArgumentValues(NativeWebRequest request,
    ModelAndViewContainer mavContainer, Object... providedArgs) throws Exception {
   // 获取方法的参数，在HandlerMethod中
   MethodParameter[] parameters = getMethodParameters();
   // 用于保存解析出参数的值
   Object[] args = new Object[parameters.length];
   for (int i = 0; i < parameters.length; i++) {
      MethodParameter parameter = parameters[i];
      // 给parameter设置参数名解析器
      parameter.initParameterNameDiscovery(this.parameterNameDiscoverer);
      // 给parameter设置containingClass和parameterType
      GenericTypeResolver.resolveParameterType(parameter, getBean().getClass());
      // 如果相应类型的参数已经在providedArgs中提供了，则直接设置到parameter
      args[i] = resolveProvidedArgument(parameter, providedArgs);
      if (args[i] != null) {
         continue;
      }
      // 使用argumentResolvers解析参数
      if (this.argumentResolvers.supportsParameter(parameter)) {
         try {
            args[i] = this.argumentResolvers.resolveArgument(
```

```
                parameter, mavContainer, request, this.dataBinderFactory);
            continue;
        } catch (Exception ex) {
            if (logger.isTraceEnabled()) {
                logger.trace(getArgumentResolutionErrorMessage("Error resolving
                    argument", i), ex);
            }
            throw ex;
        }
    }
    // 如果没解析出参数，则抛出异常
    if (args[i] == null) {
        String msg = getArgumentResolutionErrorMessage("No suitable resolver for
            argument", i);
        throw new IllegalStateException(msg);
    }
  }
  return args;
}
```

通过注释大家就容易理解了，这里首先调用父类的 getMethodParameters 方法获取到 Method 的所有参数，然后定义了 Object 数组变量 args 用于保存解析出的参数值。接下来遍历每个参数进行解析，解析的方法有两种，第一种是在 providedArgs 里面找，第二种是使用 argumentResolvers 解析，在 RequestMappingHandlerAdapter 中的调用并没有提供 providedArgs，所以只有使用 argumentResolvers 解析。每个参数在解析前都初始化了三个属性：parameterNameDiscoverer、containingClass 和 parameterType，parameterNameDiscoverer 用于获取参数名，可以在 RequestMappingHandlerAdapter 定义时配置，默认使用 DefaultParameter-NameDiscoverer。containingClass 和 parameterType 在前面已经介绍过了，分别表示容器类型（也就是所属的类）和参数类型。如果没有解析出参数值最后会抛出 IllegalStateException 异常。

InvocableHandlerMethod 就分析完了，它就是在 HandlerMethod 的基础上添加的方法调用的功能，而方法调用又需要解析参数，所以又提供了解析参数的功能。实际上前面说过的注释了 @InitBinder 的方法和注释了 @ModelAttribute 的方法就是封装成了 Invocable-HandlerMethod 对象，然后直接执行的。

13.6.3 ServletInvocableHandlerMethod

ServletInvocableHandlerMethod 继承自 InvocableHandlerMethod，在父类基础上增加了三个功能：①对 @ResponseStatus 注释的支持；②对返回值的处理；③对异步处理结果的处理。

@ResponseStatus 注释用于处理器方法或者返回值上，作用是对返回 Response 的 Status 进行设置，它有两个参数：value 和 reason，value 是 HttpStatus 类型，不能为空，reason 是 String 类型，表示错误的原因，默认为空字符串（不是 null）。当一个方法注释了 @ResponseStatus 后，返回的 response 会使用注释中的 Status，如果处理器返回值为空或者 reason 不为空，则将中断处理直接返回（不再渲染页面）。实际环境中用的并不是很多。

对返回值的处理是使用 returnValueHandlers 属性完成的，它是 HandlerMethodReturnValueHandler 类型的属性。异步处理使用了两个内部子类，异步处理的相关内容后面专门讲解。

ServletInvocableHandlerMethod 处理请求使用的是 invokeAndHandle 方法，代码如下：

```
public void invokeAndHandle(ServletWebRequest webRequest,
        ModelAndViewContainer mavContainer, Object... providedArgs) throws
            Exception {

    Object returnValue = invokeForRequest(webRequest, mavContainer, providedArgs);
    setResponseStatus(webRequest);

    if (returnValue == null) {
        if (isRequestNotModified(webRequest) || hasResponseStatus() ||
            mavContainer.isRequestHandled()) {
            mavContainer.setRequestHandled(true);
            return;
        }
    }else if (StringUtils.hasText(this.responseReason)) {
        mavContainer.setRequestHandled(true);
        return;
    }

    mavContainer.setRequestHandled(false);
    try {
        this.returnValueHandlers.handleReturnValue(
                returnValue, getReturnValueType(returnValue), mavContainer,
                    webRequest);
    }catch (Exception ex) {
        if (logger.isTraceEnabled()) {
            logger.trace(getReturnValueHandlingErrorMessage("Error handling
                return value", returnValue), ex);
        }
        throw ex;
    }
}
```

首先调用父类的 invokeForRequest 执行请求，接着处理 @ResponseStatus 注释，最后处理返回值。处理 @ResponseStatus 注释的方法是 setResponseStatus，它会根据注释的值设置 response 的相关属性，代码如下：

```
private void setResponseStatus(ServletWebRequest webRequest) throws IOException {
    if (this.responseStatus == null) {
        return;
    }
    if (StringUtils.hasText(this.responseReason)) {
        webRequest.getResponse().sendError(this.responseStatus.value(), this.
            responseReason);
    } else {
        webRequest.getResponse().setStatus(this.responseStatus.value());
    }
    // 设置到request的属性，为了在redirect中使用
```

```
        webRequest.getRequest().setAttribute(View.RESPONSE_STATUS_ATTRIBUTE, this.
            responseStatus);
    }
```

处理返回值的逻辑是先判断返回值是不是 null，如果是 null，只要 request 的 notModified 为真、注释了 @ResponseStatus 和 mavContainer 的 requestHandled 为 true 这三项中有一项成立则设置为请求已经处理并返回，如果返回值不为 null，而 @ResponseStatus 注释里存在 reason，也会将请求设置为已处理并返回。设置已处理的方法前面已经讲过，就是设置 mavContainer 的 requestHandled 属性为 true。如果上面那些条件都不成立则将 mavContainer 的 requestHandled 设置为 false，并使用 returnValueHandlers 处理返回值。

到这里调用处理器处理请求的过程就讲完了。接下来分析解析参数的 HandlerMethod-ArgumentResolver 和处理返回值的 HandlerMethodReturnValueHandler。

13.7 HandlerMethodArgumentResolver

HandlerMethodArgumentResolver 是用来为处理器解析参数的，主要用在前面讲过的 InvocableHandler-Method 中。每个 Resolver 对应一种类型的参数，所以它的实现类非常多，其继承结构如图 13-5 所示。

这里有一个实现类比较特殊，那就是 HandlerMethodArgumentResolverComposite，它不具体解析参数，而是可以将多个别的解析器包含在其中，解析时调用其所包含的解析器具体解析参数，这种模式在前面已经见过好几次了，在此就不多说了。下面来看一下 HandlerMethodArgumentResolver 接口的定义：

```
package org.springframework.web.method.support;
// 省略了imports
public interface HandlerMethodArgumentResolver {
    boolean  supportsParameter(MethodParamet
        er parameter);
    Object  resolveArgument(MethodParameter
        parameter, ModelAndViewContainer
        mavContainer,
        NativeWebRequest webRequest,
            WebDataBinderFactory binderFactory)
            throws Exception;
}
```

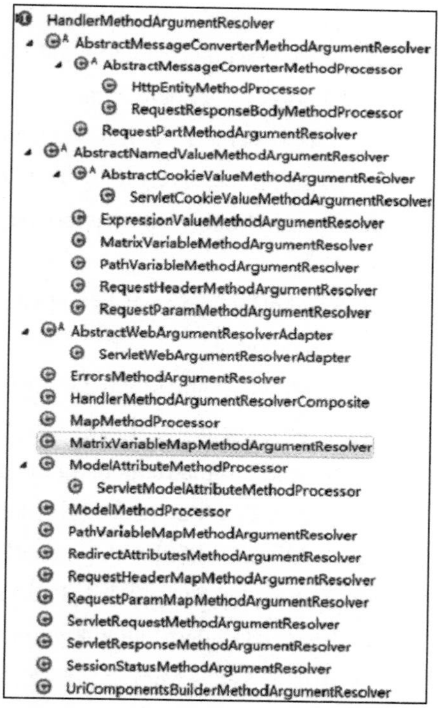

HandlerMethodArgumentResolver
- AbstractMessageConverterMethodArgumentResolver
  - AbstractMessageConverterMethodProcessor
    - HttpEntityMethodProcessor
    - RequestResponseBodyMethodProcessor
  - RequestPartMethodArgumentResolver
- AbstractNamedValueMethodArgumentResolver
  - AbstractCookieValueMethodArgumentResolver
    - ServletCookieValueMethodArgumentResolver
  - ExpressionValueMethodArgumentResolver
  - MatrixVariableMethodArgumentResolver
  - PathVariableMethodArgumentResolver
  - RequestHeaderMethodArgumentResolver
  - RequestParamMethodArgumentResolver
- AbstractWebArgumentResolverAdapter
  - ServletWebArgumentResolverAdapter
- ErrorsMethodArgumentResolver
- HandlerMethodArgumentResolverComposite
- MapMethodProcessor
- MatrixVariableMapMethodArgumentResolver
- ModelAttributeMethodProcessor
  - ServletModelAttributeMethodProcessor
- ModelMethodProcessor
- PathVariableMapMethodArgumentResolver
- RedirectAttributesMethodArgumentResolver
- RequestHeaderMapMethodArgumentResolver
- RequestParamMapMethodArgumentResolver
- ServletRequestMethodArgumentResolver
- ServletResponseMethodArgumentResolver
- SessionStatusMethodArgumentResolver
- UriComponentsBuilderMethodArgumentResolver

图 13-5　HandlerMethodArgumentResolver 继承结构图

非常简单，只有两个方法，一个用于判断是否可以解析传入的参数，另一个就是用于实际解析参数。

HandlerMethodArgumentResolver 实现类一般有两种命名方式，一种是 XXXMethod-ArgumentResolver，另一种是 XXXMethodProcessor。前者表示一个参数解析器，后者除了可以解析参数外还可以处理相应类型的返回值，也就是同时还是后面要讲到的 Handler-Method-ReturnValueHandle。其中的 XXX 表示用于解析的参数的类型。另外，还有个 Adapter，它也不是直接解析参数的，而是用来兼容 WebArgumentResolver 类型的参数解析器的适配器。

下面依次介绍这些解析器：

- AbstractMessageConverterMethodArgumentResolver：使用 HttpMessageConverter 解析 request body 类型参数的基类。
- AbstractMessageConverterMethodProcessor：定义相关工具，不直接解析参数。
- HttpEntityMethodProcessor：解析 HttpEntity 和 RequestEntity 类型的参数。
- RequestResponseBodyMethodProcessor：解析注释 @RequestBody 类型的参数。
- RequestPartMethodArgumentResolver：解析注释了 @RequestPart、MultipartFile 类型以及 javax.servlet.http.Part 类型的参数。
- AbstractNamedValueMethodArgumentResolver：解析 namedValue 类型的参数（有 name 的参数，如 cookie、requestParam、requestHeader、pathVariable 等）的基类，主要功能有：①获取 name；② resolveDefaultValue、handleMissingValue、handleNullValue；③调用模板方法 resolveName、handleResolvedValue 具体解析。
- AbstractCookieValueMethodArgumentResolver：解析注释了 @CookieValue 的参数的基类。
- ServletCookieValueMethodArgumentResolver：实现 resolveName 方法，具体解析 cookieValue。
- ExpressionValueMethodArgumentResolver：解析注释 @Value 表达式的参数，主要设置了 beanFactory，并用它完成具体解析，解析过程在父类完成。
- MatrixVariableMethodArgumentResolver：解析注释 @MatrixVariable 而且不是 Map 类型的参数（Map 类型使用 MatrixVariableMapMethodArgumentResolver 解析）。
- PathVariableMethodArgumentResolver：解析注释 @PathVariable 而且不是 Map 类型的参数（Map 类型则使用 PathVariableMapMethodArgumentResolver 解析）。
- RequestHeaderMethodArgumentResolver：解析注释了 @RequestHeader 而且不是 Map 类型的参数（Map 类型则使用 RequestHeaderMapMethodArgumentResolver 解析）。
- RequestParamMethodArgumentResolver：可以解析注释了 @RequestParam 的参数、MultipartFile 类型的参数和没有注释的通用类型（如 int、long 等）的参数。如果是注释了 @RequestParam 的 Map 类型的参数，则注释必须有 name 值（否则使用 RequestParamMapMethodArgumentResolver 解析）。
- AbstractWebArgumentResolverAdapter：用作 WebArgumentResolver 解析器的适配器。

- ServletWebArgumentResolverAdapte：给父类提供了 request。
- ErrorsMethodArgumentResolver：解析 Errors 类型的参数（一般是 Errors 或 BindingResult），当一个参数绑定出现异常时会自动将异常设置到其相邻的下一个 Errors 类型的参数，设置方法就是使用了这个解析器，内部是直接从 model 中获取的。
- HandlerMethodArgumentResolverComposite：argumentResolver 的容器，可以封装多个 Resolver，具体解析由封装的 Resolver 完成，主要为了方便调用。
- MapMethodProcessor：解析 Map 型参数（包括 ModelMap 类型），直接返回 mavContainer 中的 model。
- MatrixVariableMapMethodArgumentResolver：解析注释了 @ MatrixVariable 的 Map 类型参数。
- ModelAttributeMethodProcessor：解析注释了 @ ModelAttribute 的参数，如果其中的 annotationNotRequired 属性为 true 还可以解析没有注释的非通用类型的参数（RequestParamMethodArgumentResolver 解析没有注释的通用类型的参数）。
- ServletModelAttributeMethodProcessor：对父类添加了 Servlet 特性，使用 ServletRequestDataBinder 代替父类的 WebDataBinder 进行参数的绑定。
- ModelMethodProcessor：解析 Model 类型参数，直接返回 mavContainer 中的 model。
- PathVariableMapMethodArgumentResolver：解析注释了 @PathVariable 的 Map 类型的参数。
- RedirectAttributesMethodArgumentResolver：解析 RedirectAttributes 类型的参数，新建 RedirectAttributesModelMap 类型的 RedirectAttributes 并设置到 mavContainer 中，然后返回给我们的参数。
- RequestHeaderMapMethodArgumentResolver：解析注释了 @RequestHeader 的 Map 类型的参数。
- RequestParamMapMethodArgumentResolver：解析注释了 @RequestParam 的 Map 类型，而且注释中有 value 的参数。
- ServletRequestMethodArgumentResolver：解析 WebRequest、ServletRequest、MultipartRequest、HttpSession、Principal、Locale、TimeZone、InputStream、Reader、HttpMethod 类型和 "java.time.ZoneId" 类型的参数，它们都是使用 request 获取的。
- ServletResponseMethodArgumentResolver：解析 ServletResponse、OutputStream、Writer 类型的参数。
- SessionStatusMethodArgumentResolver：解析 SessionStatus 类型参数，直接返回 mavContainer 中的 SessionStatus。
- UriComponentsBuilderMethodArgumentResolver：解析 UriComponentsBuilder 类型的参数。

由于解析器的数量太多，在此就不对每一个都详细分析了，那样也没有必要，我们找两个常用到的来分析，让大家知道里面是怎么解析的，如果大家对哪个类型的参数解析过程感兴趣，可以先在上面找到对应的处理器然后自己去查看相应的源码。

下面来分析一下解析 Model 类型参数的 ModelMethodProcessor 解析器和解析注释了 @PathVariable 的参数类型的 PathVariableMethodArgumentResolver 解析器，这两种类型的参数使用得非常多。

ModelMethodProcessor 既可以解析参数也可以处理返回值，下面为解析参数相关的代码：

```
package org.springframework.web.method.annotation;
// 省略了imports
public class ModelMethodProcessor implements HandlerMethodArgumentResolver,
    HandlerMethodReturnValueHandler {
    @Override
    public boolean supportsParameter(MethodParameter parameter) {
        return Model.class.isAssignableFrom(parameter.getParameterType());
    }
    @Override
    public Object resolveArgument(MethodParameter parameter, ModelAndViewContainer
        mavContainer,
        NativeWebRequest webRequest, WebDataBinderFactory binderFactory) throws
            Exception {
        return mavContainer.getModel();
    }
}
```

可以看到这个实现非常简单，supportsParameter 方法判断如果是 Model 类型就可以，resolveArgument 方法是直接返回 mavContainer 里的 Model。通过前面的分析知道，这时的 Model 可能已经保存了一些值，如 SessionAttribute 中的值、FlashMap 中的值等，所以在处理器中如果定义了 Model 类型的参数，给我们传的 Model 中可能已经保存的有值了。

再来看一下 PathVariableMethodArgumentResolver，它用于解析 url 路径中的值，它的实现比较复杂，它继承自 AbstractNamedValueMethodArgumentResolver，前面介绍过这个解析器是处理 namedValue 类型参数的基类，cookie、requestParam、requestHeader、pathVariable 等类型参数的解析器都继承自它，它跟我们之前讲过的很多组件一样，使用的也是模板模式。其中没有实现 supportsParameter 方法，只实现了 resolveArgument 方法，代码如下：

```
// org.springframework.web.method.annotation.AbstractNamedValueMethodArgumentRes
    olver
public final Object resolveArgument(MethodParameter parameter, ModelAndViewContainer
    mavContainer,
        NativeWebRequest webRequest, WebDataBinderFactory binderFactory) throws
            Exception {
    // 获取参数类型
    Class<?> paramType = parameter.getParameterType();
    // 根据参数类型获取NamedValueInfo
    NamedValueInfo namedValueInfo = getNamedValueInfo(parameter);
    // 具体解析参数，是模板方法，在子类实现
    Object arg = resolveName(namedValueInfo.name, parameter, webRequest);
    // 如果没有解析到参数
```

```
        if (arg == null) {
            if (namedValueInfo.defaultValue != null) {
                arg = resolveDefaultValue(namedValueInfo.defaultValue);
            } else if (namedValueInfo.required && !parameter.getParameterType().
                getName().equals("java.util.Optional")) {
                handleMissingValue(namedValueInfo.name, parameter);
            }
            arg = handleNullValue(namedValueInfo.name, arg, paramType);
        } else if ("".equals(arg) && namedValueInfo.defaultValue != null) {
            arg = resolveDefaultValue(namedValueInfo.defaultValue);
        }
        // 如果binderFactory不为空，则用它创建binder并转换解析出的参数（如果需要转换）
        if (binderFactory != null) {
            WebDataBinder binder = binderFactory.createBinder(webRequest, null,
                namedValueInfo.name);
            arg = binder.convertIfNecessary(arg, paramType, parameter);
        }
        // 对解析出的参数进行后置处理
        handleResolvedValue(arg, namedValueInfo.name, parameter, mavContainer,
            webRequest);
        return arg;
    }
```

通过注释大家可以看到，首先根据参数类型获取到NamedValueInfo，然后将它传入模板方法resolveName由子类具体解析，最后对解析的结果进行处理。这里用到的NamedValueInfo是一个内部类，其中包含的三个属性分别表示参数名、是否必须存在和默认值，定义如下：

```
// org.springframework.web.method.annotation.AbstractNamedValueMethodArgumentRes
    olver
protected static class NamedValueInfo {
    private final String name;
    private final boolean required;
    private final String defaultValue;
    public NamedValueInfo(String name, boolean required, String defaultValue) {
        this.name = name;
        this.required = required;
        this.defaultValue = defaultValue;
    }
}
```

下面解释对解析出的结果处理的过程，首先判断解析出的结果是否为null或者空字符串，如果是则判断NamedValueInfo是否包含默认值，如果包含则调用resolveDefaultValue方法设置默认值，如果解析出的结果为null也没有默认值而且namedValueInfo中设置了required为true则调用handleMissingValue方法，这也是模板方法，在子类实现，然后调用handleNullValue处理null返回值。接下来判断binderFactory是否为空，如果不为空则用它创建binder并转换解析出的参数（如果需要转换），最后调用handleResolvedValue处理解析出的参数值，这也是个模板方法，在子类实现。这里的逻辑描述起来有点复杂，直接看代码其实很容易理解。

下面再总结一下 resolveArgument 过程中所使用的方法，理解了这些方法这里的处理过程就容易理解了。

1）getNamedValueInfo 方法通过参数类型获取 NamedValueInfo，具体过程是先从缓存中获取，如果获取不到则调用 createNamedValueInfo 方法根据参数创建，createNamedValueInfo 是一个模板方法，在子类实现，创建出来后调用 updateNamedValueInfo 更新 NamedValueInfo，最后保存到缓存 namedValueInfoCache 中。updateNamedValueInfo 方法具有两个功能：①如果 name 为空则使用 parameter 的 name；②如果默认值是代表没有的 ValueConstants.DEFAULT_NONE 类型则设置为 null。

```
// org.springframework.web.method.annotation.AbstractNamedValueMethodArgumentRes
    olver
private NamedValueInfo getNamedValueInfo(MethodParameter parameter) {
    NamedValueInfo namedValueInfo = this.namedValueInfoCache.get(parameter);
    if (namedValueInfo == null) {
        namedValueInfo = createNamedValueInfo(parameter);
        namedValueInfo = updateNamedValueInfo(parameter, namedValueInfo);
        this.namedValueInfoCache.put(parameter, namedValueInfo);
    }
    return namedValueInfo;
}
```

createNamedValueInfo 在子类 PathVariableMethodArgumentResolver 的实现是根据 @PathVariable 注释创建的，这里使用了继承自 NamedValueInfo 的内部类 PathVariable-NamedValueInfo，在 PathVariableNamedValueInfo 的构造方法里使用 @PathVariable 注释的 value 值创建了 NamedValueInfo，默认 required 为 true，也就是必须存在，如果没解析到值会抛异常，defaultValue 使用了 ValueConstants.DEFAULT_NONE，这是一个专门用来代表空默认值的变量，代码如下：

```
// org.springframework.web.servlet.mvc.method.annotation.PathVariableMethodArgum
    entResolver
protected NamedValueInfo createNamedValueInfo(MethodParameter parameter) {
    PathVariable annotation = parameter.getParameterAnnotation(PathVariable.
        class);
    return new PathVariableNamedValueInfo(annotation);
}
private static class PathVariableNamedValueInfo extends NamedValueInfo {
    public PathVariableNamedValueInfo(PathVariable annotation) {
        super(annotation.value(), true, ValueConstants.DEFAULT_NONE);
    }
}
```

2）resolveName，这个方法用于具体解析参数，是个模板方法，PathVariableMethodArgumentResolver 中实现如下：

```
// org.springframework.web.servlet.mvc.method.annotation.PathVariableMethodArgum
     entResolver
protected Object resolveName(String name, MethodParameter parameter,
    NativeWebRequest request) throws Exception {
    Map<String, String> uriTemplateVars =
        (Map<String, String>) request.getAttribute(
            HandlerMapping.URI_TEMPLATE_VARIABLES_ATTRIBUTE, RequestAttributes.
                SCOPE_REQUEST);
    return (uriTemplateVars != null) ? uriTemplateVars.get(name) : null;
}
```

可以看到它是直接从 request 里获取的 HandlerMapping.URI_TEMPLATE_VARIABLES_ATTRIBUTE 属性的值，这个值是在 RequestMappingInfoHandlerMapping 中的 handleMatch 中设置的，也就是在 HandlerMapping 中根据 lookupPath 找到处理请求的处理器后设置的。

3）resolveDefaultValue，这个方法是根据 NamedValueInfo 里的 defaultValue 设置默认值，如果包含占位符会将其设置为相应的值。

4）handleMissingValue，如果参数是必须存在的，也就是 NamedValueInfo 的 required 为 true，但是没有解析出参数，而且也没有默认值，就会调用（如果是 java1.8 中的 Optional 类型则不调用），这也是个模板方法，PathVariableMethodArgumentResolver 中直接抛出了异常，代码如下：

```
// org.springframework.web.servlet.mvc.method.annotation.PathVariableMethodArgum
     entResolver
protected void handleMissingValue(String name, MethodParameter parameter) throws
    ServletRequestBindingException {
    throw new ServletRequestBindingException("Missing URI template variable '" +
        name +
         "' for method parameter of type " + parameter.getParameterType().
             getSimpleName());
}
```

5）handleNullValue，如果解析结果为 null，而且也没有默认值，并且 handleMissingValue 没调用或者调用了但没抛异常的情况下才会执行，可见这个方法执行的机会是比较小的，主要用于没解析出参数值也没默认值，不过是 Optional 类型参数的情况。

它的实现方法中首先判断所需的参数是不是 Boolean 类型，如果是则给它设置为 false，如果是其他原始的类型（原始类型共包含 Boolean、Character、Byte、Short、Integer、Long、Float、Double 和 Void 九个）则抛出异常，否则直接返回。代码如下：

```
// org.springframework.web.method.annotation.AbstractNamedValueMethodArgumentRes
     olver
private Object handleNullValue(String name, Object value, Class<?> paramType) {
    if (value == null) {
        if (Boolean.TYPE.equals(paramType)) {
            return Boolean.FALSE;
        }
```

```
        else if (paramType.isPrimitive()) {
            throw new IllegalStateException("Optional " + paramType + " parameter
                '" + name +
                "' is present but cannot be translated into a null value due to
                    being declared as a " +
                "primitive type. Consider declaring it as object wrapper for the
                    corresponding primitive type.");
        }
    }
    return value;
}
```

也就是说如果是原始类型（除了Boolean），即使是Optional类型（如Optional<Double>）也会抛出异常，这是因为原始类型不可以转换为null，如果想不抛异常可以通过对应的包装类型进行声明，如Optional<double>，这样就不会抛异常了。

6）handleResolvedValue，用于处理解析出的参数值，是模板方法，PathVariableMethodArgumentResolver中实现如下：

```
// org.springframework.web.servlet.mvc.method.annotation.PathVariableMethodArgum
    entResolver
protected void handleResolvedValue(Object arg, String name, MethodParameter
    parameter,
        ModelAndViewContainer mavContainer, NativeWebRequest request) {
    String key = View.PATH_VARIABLES;
    int scope = RequestAttributes.SCOPE_REQUEST;
    Map<String, Object> pathVars = (Map<String, Object>) request.
        getAttribute(key, scope);
    if (pathVars == null) {
        pathVars = new HashMap<String, Object>();
        request.setAttribute(key, pathVars, scope);
    }
    pathVars.put(name, arg);
}
```

这里的功能是将解析出的PathVariable设置到了request的属性中，方便以后（如View中）使用。

PathVariableMethodArgumentResolver就分析到这里，通过这两个处理器的分析大家应该已经可以理解HandlerMethodArgumentResolver的工作原理了。其实非常简单，里面就两个方法，supportsParameter用于判断是否支持所传入的参数，resolveArgument用于解析出参数值，而具体解析过程是从哪里获取参数值的并没有什么通用的模式，只要最后按类型返回相应的值就可以了。

多知道点

PathVariable和MatrixVariable的使用方法

PathVariable和MatrixVariable的使用让Spring MVC变得非常灵活。相信很多读者对PathVariable并不陌生，它使用得非常多，而且用起来也非常方便，同时PathVariable也是

Spring MVC 的众多优势之一。PathVariable 的作用是将 url 作为模板，可以获取里面的参数，这里的参数并不是问号后面传递的参数（那种参数使用 @RequestParam 注释定义或者也可以不使用注释），而是 url 本身路径中的参数，我们来看几个例子。

```
// Get  /students/176
@RequestMapping(value={"/students/{studentId}"},method= {RequestMethod.GET})
public void getStudent(@PathVariable String studentId){
    // studentId = 176
}
// Get  /students/176/books/7
@RequestMapping(value={"/students/{studentId}/books/{bookId}"},method=
    {RequestMethod.GET})
public void getStudentBook(@PathVariable String bookId, @PathVariable String
    studentId){
    // studentId = 176, bookId = 7
}
// Get  /books/7
@RequestMapping(value={"/books/{id}"},method= {RequestMethod.GET})
public void getBook(@PathVariable("id") String bookId){
    // bookId = 7
}
```

通过这三个例子大家就可以明白 @ PathVariable 的用法，需要注意的是，参数解析的时候并不是按照 url 里边参数的顺序给 PathVariable 设置值的，比如，上面的第二个例子中参数和模板里的顺序调换后仍然可以正确解析，第三个例子中 url 模板中的参数名与变量名不同，这时通过注释里的 value 值也可以正确解析。

其实通过前面对 PathVariableMethodArgumentResolver 的分析就不难理解这个结果了，参数的解析是根据 getNamedValueInfo 获取到的 NamedValueInfo 中的 name 查找的，在第一次调用时会创建一个 NamedValueInfo，创建时将 @PathVariable 中的 value 作为了 name，创建完成后在 updateNamedValueInfo 中判断 name 是否为空，如果为空则将参数名设置为 name。所以查找的逻辑是如果 @PathVariable 注释中设置了 value 就按 value 查找，否则按参数名查找，而跟参数在 url 中的顺序没有任何关系。

因为 updateNamedValueInfo 方法定义在 AbstractNamedValueMethodArgumentResolver 中，所以这个规则不仅适用于 PathVariable，还适用于 cookie、requestParam、requestHeader 以及下面要说的 MatrixVariable 等 NamedValue 类型的属性。

MatrixVariable 也是 url 中的参数，不过它不是 url 中的一个值（两个斜杠“/”之间的部分），而是值的一些属性，它通过分号“;”和逗号“;”设置。比如，有个查电话本的处理器，名字通过 PathVariable 类型的 neme 传递。

```
// Get  /telephoneNumbers/liyang
@RequestMapping(value={"/telephoneNumbers/{name}"},method= {RequestMethod.GET})
public void getTel(@PathVariable String name){
    // name = liyang
}
```

一般情况这样就可以了，但有时候却不能满足要求，比如，上学时我们班有两个叫李阳的，而且一男一女，如果只是根据name查找就不知道找哪个了，这时就可以使用Matrix-Variable了，它是通过在name后面加分号后设置的参数，比如，下面的代码使用了性别属性。

```
// Get  /telephoneNumbers/liyang;gender=male
@RequestMapping(value={"/telephoneNumbers/{name}"},method= {RequestMethod.GET})
public void getTel(@PathVariable String name, @MatrixVariable String gender){
    // name=liyang  gender=male
}
```

后来发现又有个叫李阳的英语老师，这时又不能满足要求了，因为叫李阳的男性还有两个，还不能确定是哪个。我们可以再接着往上加属性，比如，可以再添加个group属性（也就是说一个PathVariable可以有不止一个属性，它们都是用分号分割）。

```
// Get /telephoneNumbers/liyang;gender=male;group=englishTeacher
@RequestMapping(value={"/telephoneNumbers/{name}"},method= {RequestMethod.GET})
public void getTel(@PathVariable String name,@MatrixVariable String gender, @MatrixVariable
    String group){
    // name=liyang  gender=male  group=englishTeacher
}
```

现在问题就解决了。不过这时候使用起来就麻烦了，如果想找一个人还得首先知道它的性别和属于哪个群组，否则调用请求就会出错。对这个问题有两种解决方案，一种是设置默认值，另一种是给属性设置成不是必须有的，也就是required设为false，它们的设置都是在@MatrixVariable注释中，这里使用第二种方法，如下所示：

```
// Get /telephoneNumbers/liyang;group=englishTeacher
@RequestMapping(value={"/telephoneNumbers/{name}"},method= {RequestMethod.GET})
public void getTel(@PathVariable String name, @MatrixVariable(required = false)
    String gender, @MatrixVariable(required = false) String group){
    // name=liyang  gender=null  group=englishTeacher
}
```

这样虽然gender并没有传参数，但也可以调用也不报错了。如果还有别的属性需要添加直接按相同的方法添加就可以了。

下面再把需求修改一下，需要先找出手机然后再找联系人，代码如下：

```
// Get /telephones/iphone/telephoneNumbers/liyang;group=englishTeacher
@RequestMapping(value={"/telephones/{telName}/telephoneNumbers/{name}"},method=
    {RequestMethod.GET})
public void getTel(@PathVariable String telName, @PathVariable String name,@Matrix-
    Variable(required = false) String gender, @MatrixVariable(required = false)
    String group){
    // telName=iphone
    // name=liyang  gender=null  group=englishTeacher
}
```

电话当然也可以添加属性，这里添加个和前面不一样的属性，前面的属性都是只有一个值，这里添加一个可以有多个值的属性——表示颜色的 colors 属性，在处理器里是一个 Set 类型，代码如下：

```
// Get  /telephones/xiaomi;colors=black,red,golden/telephoneNumbers/liyang;
     group=englishTeacher
@RequestMapping(value={"/telephones/{telName}/telephoneNumbers/{name}"},method=
    {RequestMethod.GET})
public void getTel(@PathVariable String telName, @PathVariable Stringname,
     @MatrixVariable(required = false) Set<String> colors, @MatrixVariable
         (required = false) String gender, @MatrixVariable(required = false)
         String group){
     // telName=xiaomi  colors={black,red,golden}
     // name=liyang  gender=null  group=englishTeacher
}
```

Set 类型的属性就这么使用，首先在处理器中定义为 Set 类型，然后在 url 中传参时使用逗号将多个值分开。下面再来给电话添加一个 group 属性。添加方法大家应该都知道，不过这个属性在联系人上已经使用了，这样两个 group 就重复了，怎么区分呢？即使在注释里配置 value 也不行，因为它们都叫 group。解决方法是在 @MatrixVariable 注释里配置 pathVar 参数，指定属于哪个 PathVariable 的属性，代码如下：

```
// Get  /telephones/xiaomi;colors=black,red,golden;group=note/telephoneNumbers/
     liyang;group=englishTeacher
@RequestMapping(value={"/telephones/{telName}/telephoneNumbers/
    {name}"},method= {RequestMethod.GET})
public void getTel(@PathVariable String telName, @MatrixVariable(value="group",
    pathVar="telName", required = false) String telGroup,@PathVariable String name, @
    MatrixVariable(required = false) Set<String> colors, @MatrixVariable(required
    = false) String gender, @MatrixVariable(value="group", pathVar="name", required
    = false) String group){
    // telName=xiaomi  colors={black,red,golden} telGroup=note
    // name=liyang  gender=null  group=englishTeacher
}
```

除了前面所说的 @MatrixVariable 还有一种使用方法，它可以将所有的 MatrixVariable 以 Map 的形式保存在指定的参数里面，而且还可以通过 pathVar 指定具体的 PathVariable，比如，上面的请求可以分别将参数保存在不同的 map 中，而且这时默认的 required 是 false。

```
// Get  /telephones/xiaomi;colors=black,red,golden;group=note/telephoneNumbers/li
     yang;gender=male;group=englishTeacher
@RequestMapping(value={"/telephones/{telName}/telephoneNumbers/{name}"},method=
    {RequestMethod.GET})
public void getTel(@MatrixVariable Map<String, String> matrixVars,
                   @MatrixVariable(pathVar="telName") Map<String, String> telMatrixVars,
                   @MatrixVariable(pathVar="name") Map<String, String> contactMatrixVars){
    // matrixVars: {colors=[black, red, golden], group=[note, englishTeacher],
        gender=[male]}
```

```
    // telMatrixVars: {colors=[black, red, golden], group=[note]}
    // contactMatrixVars: {gender=[male], group=[englishTeacher]}
}
```

MatrixVariable 的使用会给程序带来极大的方便，不过现在使用得还不是很广，首先是因为很多开发人员不熟悉这种用法，另外配套设施也不完善，比如，现在如果使用 MatrixVariable，一般需要手工拼接 url，这也是比较麻烦的。

另外，要在 Spring MVC 中使用 MatrixVariable 必须将 RequestMappingHandlerMapping 中的 removeSemicolonContent 设为 false，默认为 true。如果使用 mvc：annotation-driven 可以简单通过 <mvc：annotation-driven enable-matrix-variables="true"/> 设置。

removeSemicolonContent 用于标示是否删除 url 中分号相关的内容，它的作用应该是为了防止注入用的。如果对 web 安全感兴趣，有本叫《白帽子讲 Web 安全》的书写得不错，大家可以看一下，是吴翰清编著的，这本书对 Web 安全做了系统介绍，读完后可以对 Web 安全的结构以及原理有个整体的认识，在脑子里建立了整体的结构后如果对某方面想深入学习可以再查阅相关资料。

13.8 HandlerMethodReturnValueHandler

HandlerMethodReturnValueHandler 用在 ServletInvocableHandlerMethod 中，作用是处理处理器执行后的返回值，主要有三个功能：①将相应参数添加到 Model；②设置 View；③如果请求已经处理完则设置 ModelAndViewContainer 的 requestHandled 为 true。

HandlerMethodReturnValueHandler 的使用方式与 HandlerMethodArgumentResolver 非常相似，接口里也是两个方法，一个用于判断是否支持，一个用于具体处理返回值，接口定义如下：

```
package org.springframework.web.method.support;
import org.springframework.core.MethodParameter;
import org.springframework.web.context.request.NativeWebRequest;
public interface HandlerMethodReturnValueHandler {
    boolean supportsReturnType(MethodParameter returnType);
    void handleReturnValue(Object returnValue, MethodParameter returnType,
         ModelAndViewContainer mavContainer, NativeWebRequest webRequest) throws
             Exception;
}
```

实现类中也有一个特殊的类，那就是 HandlerMethodReturnValueHandlerComposite，它和前面说的 HandlerMethodArgumentResolverComposite 功能相同，自己不具体处理返回值，而是使用内部封装的组件进行处理。其他实现类都和具体返回值类型相对应，继承结构如图 13-6 所示。

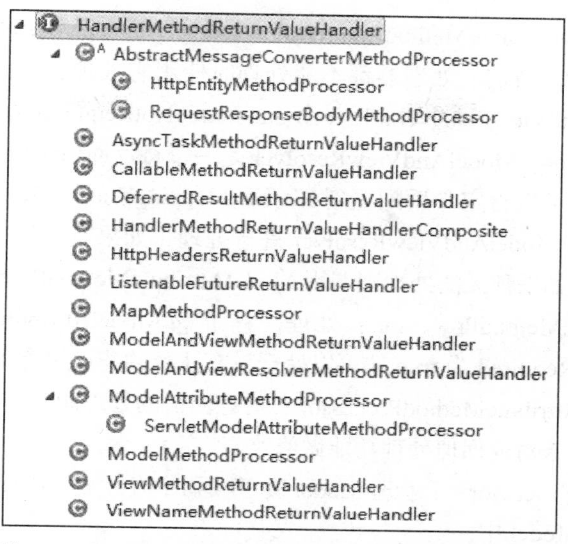

图 13-6　HandlerMethodReturnValueHandler 继承结构图

下面依次介绍这些处理器：

- AbstractMessageConverterMethodProcessor：处理返回值需要使用 HttpMessageConverter 写入 esponse 的基类，自己并未具体做处理，而是定义了相关工具。
- HttpEntityMethodProcessor：处理 HttpEntity 类型，并且不是 RequestEntity 类型的返回值。
- RequestResponseBodyMethodProcessor：处理当返回值或者处理请求的 Handler 类注释了 @ResponseBody 情况下的返回值。
- AsyncTaskMethodReturnValueHandler：处理 WebAsyncTask 类型的返回值，用于异步请求，使用 WebAsyncManager 完成。
- CallableMethodReturnValueHandler：处理 Callable 类型的返回值，用于异步请求，使用 WebAsyncManager 完成。
- DeferredResultMethodReturnValueHandler：处理 DeferredResult 类型的返回值，用于异步请求，使用 WebAsyncManager 完成。
- HandlerMethodReturnValueHandlerComposite：用于封装其他处理器，方便调用。
- HttpHeadersReturnValueHandler：处理 HttpHeaders 类型的返回值，将 HttpHeaders 的返回值添加到 response 的 Headers 并设置 mavContainer 的 requestHandled 为 true。
- ListenableFutureReturnValueHandler：处理 ListenableFuture 类型的返回值，用于异步请求，使用 WebAsyncManager 完成。
- MapMethodProcessor：处理 Map 类型的返回值，将 Map 添加到 mavContainer 的 Model 中。
- ModelAndViewMethodReturnValueHandler：处理 ModelAndView 类型的返回值，将返回值中的 View 和 Model 设置到 mavContainer 中。

- ModelAndViewResolverMethodReturnValueHandler：可以处理所有返回值，一般设置在最后一个，当别的处理器都不能处理时使用它处理。它内部封装了一个 List 类型的 ModelAndViewResolver 和一个 annotationNotRequired 为 true 的 ModelAttributeMethodProcessor，ModelAndViewResolver 是一个将返回值解析为 ModelAndView 类型的通用接口，可以自定义后配置到 RequestMappingHandlerAdapter 中。处理返回值时先遍历所有的 ModelAndViewResolver 进行处理，如果有可以处理的，则用它处理并将结果返回，如果都无法处理则调用 ModelAttributeMethodProcessor 进行处理。
- ModelAttributeMethodProcessor：处理注释了 @ ModelAttribute 类型的返回值，如果 annotationNotRequired 为 true 还可以处理没有注释的非通用类型的返回值。
- ServletModelAttributeMethodProcessor：对返回值的处理同父类，这里只是修改了参数解析的功能，未对返回值处理功能做修改。
- ModelMethodProcessor：处理 Model 类型返回值，将 Model 中的值添加到 mavContainer 的 Model 中。
- ViewMethodReturnValueHandler：处理 View 类型返回值，如果返回值为空直接返回，否则将返回值设置到 mavContainer 的 View 中，并判断返回值是不是 redirect 类型，如果是则设置 mavContainer 的 redirectModelScenario 为 true。
- ViewNameMethodReturnValueHandler：处理 void 和 String 类型返回值，如果返回值为空则直接返回，否则将返回值通过 mavContainer 的 setViewName 方法设置到其 View 中，并判断返回值是不是 redirect 类型，如果是则设置 mavContainer 的 redirectModelScenario 为 true。

返回值处理器的实现非常简单，这里分析一下使用得最多的 ViewNameMethodReturnValueHandler。

```
package org.springframework.web.servlet.mvc.method.annotation;
// 省略了imports
public class ViewNameMethodReturnValueHandler implements HandlerMethodReturnValueHandler {
    private String[] redirectPatterns;
    public void setRedirectPatterns(String... redirectPatterns) {
        this.redirectPatterns = redirectPatterns;
    }
    public String[] getRedirectPatterns() {
        return this.redirectPatterns;
    }
    @Override
    public boolean supportsReturnType(MethodParameter returnType) {
        Class<?> paramType = returnType.getParameterType();
        return (void.class.equals(paramType) || String.class.equals(paramType));
    }
    @Override
    public void handleReturnValue(Object returnValue, MethodParameter returnType,
            ModelAndViewContainer mavContainer, NativeWebRequest webRequest)
                throws Exception {
```

```
        if (returnValue == null) {
            return;
        } else if (returnValue instanceof String) {
            String viewName = (String) returnValue;
            mavContainer.setViewName(viewName);
            if (isRedirectViewName(viewName)) {
                mavContainer.setRedirectModelScenario(true);
            }
        } else {
            // should not happen
            throw new UnsupportedOperationException("Unexpected return type: " +
               returnType.getParameterType().getName() + " in method: " +
                   returnType.getMethod());
        }
    }
    protected boolean isRedirectViewName(String viewName) {
       if (PatternMatchUtils.simpleMatch(this.redirectPatterns, viewName)) {
           return true;
        }
        return viewName.startsWith("redirect:");
    }
}
```

supportsReturnType 里通过判断返回值是不是 Void 或 String 类型来确定是否支持这种类型返回值的处理。具体处理的 handleReturnValue 方法先判断返回值是否为 null，如果是则直接返回，否则设置到 mavContainer 的 View 中，并判断返回值是不是 redirect 类型，如果是则设置 mavContainer 的 redirectModelScenario 为 true。如果既不为 null 也不是 String 类型则抛异常，不过因为只有 void 和 string 两种类型的返回值才可以进来，所以正常不会抛异常。

这里的“是不是 redirect 类型”专门使用了一个 isRedirectViewName 方法进行判断，在这个方法中首先使用 redirectPatterns 判断是否匹配，如果都不匹配在看是不是以“ redirect：”开头，这里的 redirectPatterns 可以自己来设置，是一个 String 数组，也就是可以设置多个 redirect 匹配模板，不过这里匹配为 redirect 类型后只是给 mavContainer 的 redirectModelScenario 标志设置为了 true，并不会做实际处理，如果想使用还需要定义相应的 View，挺麻烦的，一般来说默认的就够了，不过这个属性是 Spring 4.1 新增的，可能以后会有相应的用途。

13.9 小结

本章详细分析了 Spring MVC 中的 HandlerAdapter 的各种具体实现方式。HandlerAdapter 的继承结构比较简单，只有 5 个实现类，其中的一个还被弃用了，而剩下的 4 个中除了 RequestMappingHandlerAdapter 外，另外三个的实现也非常简单，不过 RequestMappingHandlerAdapter 却比较复杂。

RequestMappingHandlerAdapter 应该是整个 Spring MVC 组件中最复杂的组件，不过如果将它的处理流程理解清楚并且理解了里面所包含的组件，其实也非常简单。整个处理过程可以分为三步步：解析参数、执行请求和处理返回值。

解析参数过程中用到的参数来源有多个，大体可以分为两大类，一类从 Model 中来，另一类从 request 中来，前者通过 FlashMapManager 和 ModelFactory 管理。具体解析过程不同类型的参数使用不同的 HandlerMethodArgumentResolver 进行解析，有的 Resolver 使用了 WebDataBinderFactory 创建的 WebDataBinder，可以通过 @InitBinder 向 WebDataBinderFactory 中注册 WebDataBinder。

执行请求是用的 HandlerMethod 的子类 ServletInvocableHandlerMethod（实际执行是 InvocableHandlerMethod）。

返回值是使用 HandlerMethodReturnValueHandler 进行解析的，不同类型返回值对应不同的 HandlerMethodReturnValueHandler。

另外，整个处理过程中 ModelAndViewContainer 起着参数传递的作用。

如果你现在可以对上述整个过程在脑子里非常清晰地想明白，甚至可以想出重要的代码，那你对 RequestMappingHandlerAdapter 的理解就过关了，如果还不可以，建议你再反过头去把这一章多看几遍，想要完全理解 Spring MVC 就一定要把这部分弄明白，非常重要。

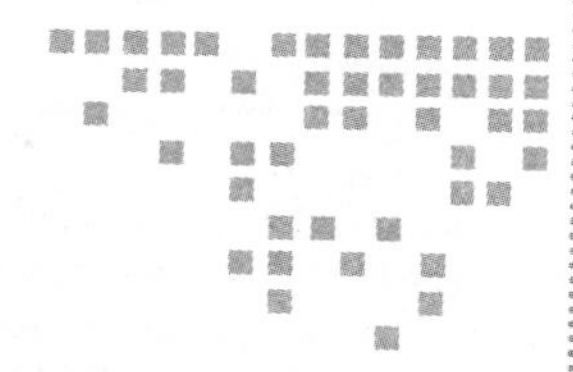

第 14 章 Chapter 14

ViewResolver

前面已经介绍过 ViewResolver 的功能和用法，它主要的作用是根据视图名和 Locale 解析出视图，解析过程主要做两件事：解析出使用的模板和视图的类型。ViewResolver 的继承结构如图 14-1 所示。

Spring MVC 中 ViewResolver 整体可以分为四大类：AbstractCachingViewResolver、BeanNameViewResolver、ContentNegotiatingViewResolver 和 ViewResolverComposite。其中后三类每一类都只有一个实现类，而 AbstractCachingViewResolver 却一家独大，这也难怪，因为它是所有可以缓存解析过的视图的基类，而逻辑视图和视图的关系一般是不变的，所以不需要每次都重新解析，最好解析过一次就缓存起来。

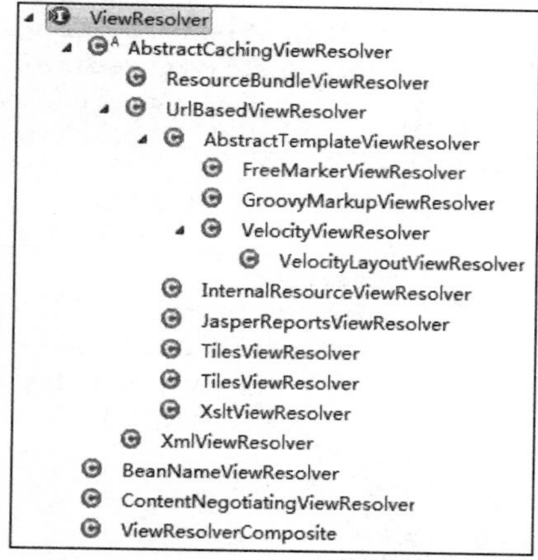

图 14-1　ViewResolver 继承结构图

在后三类中 BeanNameViewResolver 是使用逻辑视图作为 beanName 从 Spring MVC 容器里查找，前面已经分析过代码了，这里就不再说了。

ViewResolverComposite 大家看名字就明白了，它是一个封装着多个 ViewResolver 的容器，解析视图时遍历封装着的 ViewResolver 具体解析，不过这里的 ViewResolverComposite 除了遍历成员解析视图外还给成员进行了必要的初始化，其中包括对实现了 ApplicationContextAware 接口的 ViewResolver 设置 ApplicationContext、给实现 ServletContextAware 接口的 ViewResolver 设置 ServletContext 以及对实现 InitializingBean 接口的 ViewResolver 调用 afterPropertiesSet 方法。

```
package org.springframework.web.servlet.view;
// 省略了imports
public class ViewResolverComposite implements ViewResolver, Ordered,
    InitializingBean,
        ApplicationContextAware, ServletContextAware {
    private final List<ViewResolver> viewResolvers = new ArrayList<ViewResolver>();
    private int order = Ordered.LOWEST_PRECEDENCE;
    public void setViewResolvers(List<ViewResolver> viewResolvers) {
        this.viewResolvers.clear();
        if (!CollectionUtils.isEmpty(viewResolvers)) {
            this.viewResolvers.addAll(viewResolvers);
        }
    }
    public List<ViewResolver> getViewResolvers() {
        return Collections.unmodifiableList(this.viewResolvers);
    }
    public void setOrder(int order) {
        this.order = order;
    }
    @Override
    public int getOrder() {
        return this.order;
    }
    @Override
    public void setApplicationContext(ApplicationContext applicationContext)
        throws BeansException {
        for (ViewResolver viewResolver : this.viewResolvers) {
            if (viewResolver instanceof ApplicationContextAware) {
                ((ApplicationContextAware)viewResolver).setApplicationContext(ap
                    plicationContext);
            }
        }
    }
    @Override
    public void setServletContext(ServletContext servletContext) {
        for (ViewResolver viewResolver : this.viewResolvers) {
            if (viewResolver instanceof ServletContextAware) {
                ((ServletContextAware)viewResolver).setServletContext(servletContext);
            }
        }
    }
    @Override
    public void afterPropertiesSet() throws Exception {
        for (ViewResolver viewResolver : this.viewResolvers) {
            if (viewResolver instanceof InitializingBean) {
                ((InitializingBean) viewResolver).afterPropertiesSet();
            }
        }
    }
    @Override
    public View resolveViewName(String viewName, Locale locale) throws Exception {
        for (ViewResolver viewResolver : this.viewResolvers) {
            View view = viewResolver.resolveViewName(viewName, locale);
```

```
                if (view != null) {
                    return view;
                }
            }
            return null;
        }
    }
```

这里的代码非常容易理解，通过这段代码大家可以对 XXXComposite 类型的组件理解得更加深刻了。之前多次介绍过这种组件，但由于它非常简单所以之前一直也没列过代码。其实它真正的解析过程就是最后一个方法 resolveViewName，非常简单。别的方法都是给所包含的 ViewResolver 做初始化的，当然还有 viewResolvers 的 get/set 方法和设置 Order 的方法。

ContentNegotiatingViewResolver 类比较复杂，这里把它和 AbstractCachingViewResolver 系列实现类单独进行分析。

14.1 ContentNegotiatingViewResolver

ContentNegotiatingViewResolver 解析器的作用是在别的解析器解析的结果上增加了对 MediaType 和后缀的支持，MediaType 即媒体类型，有的地方也叫 Content-Type，比如，常用的 text/html、text/javascript 以及表示上传表单的 multipart/form-data 等。对视图的解析并不是自己完成的而是使用所封装的 ViewResolver 来进行的。整个过程是这样的：首先遍历所封装的 ViewResolver 具体解析视图，可能会解析出多个视图，然后再使用 request 获取 MediaType，也可能会有多个结果，最后对这两个结果进行匹配查找出最优的视图。

ContentNegotiatingViewResolver 具体视图解析是使用的所封装的 viewResolvers 属性里的 ViewResolver 来解析的，viewResolvers 有两种初始化方法，一种方法是手动设置，另外一种方法是如果没有设置则自动获取 spring 容器中除了它自己外的所有 ViewResolver 并设置到 viewResolvers，如果是手动设置的，而且不在 spring 容器中（如果使用的是引用配置就会在容器中），会先对它进行初始化，代码如下：

```
//org.springframework.web.servlet.view.ContentNegotiatingViewResolver
protected void initServletContext(ServletContext servletContext) {
// 获取容器中所有ViewResolver类型的bean，注意这里是从整个spring容器而不只是SpringMVC容器中
    获取的
    Collection<ViewResolver> matchingBeans =BeanFactoryUtils.beansOfTypeIncludin
        gAncestors(getApplicationContext(), ViewResolver.class).values();
    // 如果没有手动注册则将容器中找到的ViewResolver设置给viewResolvers
    if (this.viewResolvers == null) {
        this.viewResolvers = new ArrayList<ViewResolver>(matchingBeans.size());
        for (ViewResolver viewResolver : matchingBeans) {
            if (this != viewResolver) {
                this.viewResolvers.add(viewResolver);
            }
        }
```

```
    } else {
    // 如果是手动注册的，并且在容器中不存在，则进行初始化
          for (int i=0; i < viewResolvers.size(); i++) {
          if (matchingBeans.contains(viewResolvers.get(i))) {
              continue;
          }
          String name = viewResolvers.get(i).getClass().getName() + i;
          getApplicationContext().getAutowireCapableBeanFactory().initializeBean
              (viewResolvers.get(i), name);
        }
    }
    if (this.viewResolvers.isEmpty()) {
        logger.warn("Did not find any ViewResolvers to delegate to; please
            configure them using the " +
            "'viewResolvers' property on the ContentNegotiatingViewResolver");
    }
    // 按照Order属性进行排序
    OrderComparator.sort(this.viewResolvers);
    this.cnManagerFactoryBean.setServletContext(servletContext);
}
```

解析视图的过程在 resolveViewName 方法中，如下：

```
//org.springframework.web.servlet.view.ContentNegotiatingViewResolver
public View resolveViewName(String viewName, Locale locale) throws Exception {
// 使用RequestContextHolder获取RequestAttributes，进而在下面获取request
    RequestAttributes attrs = RequestContextHolder.getRequestAttributes();
    Assert.isInstanceOf(ServletRequestAttributes.class, attrs);
    // 使用request获取MediaType，用作需要满足的条件
    List<MediaType> requestedMediaTypes = getMediaTypes(((ServletRequestAttribut
        es) attrs).getRequest());
    if (requestedMediaTypes != null) {
        // 获取所有候选视图，内部通过遍历封装的viewResolvers来解析
        List<View> candidateViews = getCandidateViews(viewName, locale,
            requestedMediaTypes);
        // 从多个候选视图中找出最优视图
        View bestView = getBestView(candidateViews, requestedMediaTypes, attrs);
        if (bestView != null) {
            return bestView;
        }
    }
    if (this.useNotAcceptableStatusCode) {
        if (logger.isDebugEnabled()) {
            logger.debug("No acceptable view found; returning 406 (Not
                Acceptable) status code");
        }
        return NOT_ACCEPTABLE_VIEW;
    }else {
        logger.debug("No acceptable view found; returning null");
        return null;
    }
}
```

通过注释大家可以看到，整个过程是这样的：首先使用 request 获取 MediaType 作为需要满足的条件，然后使用 viewResolvers 解析出多个候选视图，最后将两者进行匹配找出最优视图。获取 request 使用的是在前面分析 FrameworkServlet 时介绍过的 RequestContextHolder，如果记不清楚了可以返回去再看一下。接下来看一下获取候选视图的 getCandidateViews 方法。

```
//org.springframework.web.servlet.view.ContentNegotiatingViewResolver
private List<View> getCandidateViews(String viewName, Locale locale,
    List<MediaType> requestedMediaTypes) throws Exception {
    List<View> candidateViews = new ArrayList<View>();
    for (ViewResolver viewResolver : this.viewResolvers) {
        View view = viewResolver.resolveViewName(viewName, locale);
        if (view != null) {
            candidateViews.add(view);
        }
        for (MediaType requestedMediaType : requestedMediaTypes) {
            List<String> extensions = this.contentNegotiationManager.resolveFile
                Extensions(requestedMediaType);
                for (String extension : extensions) {
                String viewNameWithExtension = viewName + "." + extension;
                view = viewResolver.resolveViewName(viewNameWithExtension, locale);
                if (view != null) {
                    candidateViews.add(view);
                }
            }
        }
    }
    if (!CollectionUtils.isEmpty(this.defaultViews)) {
        candidateViews.addAll(this.defaultViews);
    }
    return candidateViews;
}
```

这里的逻辑也非常简单，首先遍历 viewResolvers 进行视图解析，并将所有解析出的结果添加到候选视图，然后判断有没有设置默认视图，如果有则也将它添加到候选视图。不过这里使用 viewResolvers 进行视图解析的过程稍微有点复杂，除了直接使用逻辑视图进行解析，还使用了通过遍历 requestedMediaTypes 获取到所对应的后缀，然后添加到逻辑视图后面作为一个新视图名进行解析。

解析出候选视图后使用 getBestView 方法获取最优视图，代码如下：

```
//org.springframework.web.servlet.view.ContentNegotiatingViewResolver
private View getBestView(List<View> candidateViews, List<MediaType>
    requestedMediaTypes, RequestAttributes attrs) {
// 判断解候选视图中有没有redirect视图，如果有直接将其返回
    for (View candidateView : candidateViews) {
        if (candidateView instanceof SmartView) {
            SmartView smartView = (SmartView) candidateView;
            if (smartView.isRedirectView()) {
                if (logger.isDebugEnabled()) {
                    logger.debug("Returning redirect view [" + candidateView + "]");
```

```
            }
            return candidateView;
        }
    }
}
for (MediaType mediaType : requestedMediaTypes) {
    for (View candidateView : candidateViews) {
        if (StringUtils.hasText(candidateView.getContentType())) {
// 根据候选视图获取对应的MediaType
            MediaType candidateContentType = MediaType.parseMediaType(candidateView.
                getContentType());
//判断当前MediaType是否支持从候选视图获取对应的MediaType，如text/*可以支持text/html、
    text/css、text/xml等所有text的类型
            if (mediaType.isCompatibleWith(candidateContentType)) {
                if (logger.isDebugEnabled()) {
                    logger.debug("Returning [" + candidateView + "] based on
                        requested media type '"
                          + mediaType + "'");
                }
                attrs.setAttribute(View.SELECTED_CONTENT_TYPE, mediaType, RequestAttributes.
                    SCOPE_REQUEST);
                return candidateView;
            }
        }
    }
}
return null;
}
```

首先判断解候选视图中有没有 redirect 视图，如果有直接将其返回，否则同时遍历从 request 中获取的 requestedMediaTypes 和解析出的候选逻辑视图 candidateViews，然后根据候选视图获取对应的 MediaType，并使用当前的 requestedMediaType 对其进行判断，如果支持则将所用的 requestedMediaType 添加到 request 的 Attribute 中，以便在视图渲染过程中使用，并将当前视图返回。

14.2 AbstractCachingViewResolver 系列

AbstractCachingViewResolver 提供了统一的缓存功能，当视图解析过一次就被缓存起来，直到缓存被删除前视图的解析都会自动从缓存中获取。

它的直接继承类有三个：ResourceBundleViewResolver、XmlViewResolver 和 UrlBasedViewResolver。第一个的用法在前面已经介绍过了，它是通过使用 properties 属性配置文件解析视图的；第二个跟第一个非常相似，只不过它使用了 xml 配置文件；第三个是所有直接将逻辑视图作为 url 查找模板文件的 ViewResolver 的基类，因为它设置了统一的查找模板的规则，所以它的子类只需要确定渲染方式也就是视图类型就可以了，它的每一个子类对应一种视图类型。

前两种解析器的实现原理非常简单，首先根据 Locale 将相应的配置文件初始化到

BeanFactory，然后直接将逻辑视图作为 beanName 到 factory 里查找就可以了。它们两个的 loadView 的代码是一样的，如下：

```
//org.springframework.web.servlet.view.ResourceBundleViewResolver
//org.springframework.web.servlet.view.XmlViewResolver
protected View loadView(String viewName, Locale locale) throws BeansException {
    BeanFactory factory = initFactory();
    try {
        return factory.getBean(viewName, View.class);
    }catch (NoSuchBeanDefinitionException ex) {
        return null;
    }
}
```

UrlBasedViewResolver 稍后再详细分析，先来看一下 AbstractCachingViewResolver 中解析视图的过程，代码如下：

```
//org.springframework.web.servlet.view.AbstractCachingViewResolver
public View resolveViewName(String viewName, Locale locale) throws Exception {
    if (!isCache()) {
    //实际创建视图
        return createView(viewName, locale);
    } else {
        Object cacheKey = getCacheKey(viewName, locale);
        View view = this.viewAccessCache.get(cacheKey);
        if (view == null) {
            synchronized (this.viewCreationCache) {
            view = this.viewCreationCache.get(cacheKey);
            if (view == null) {
                //创建视图
                view = createView(viewName, locale);
                if (view == null && this.cacheUnresolved) {
                    view = UNRESOLVED_VIEW;
                }
                if (view != null) {
                    this.viewAccessCache.put(cacheKey, view);
                    this.viewCreationCache.put(cacheKey, view);
                    if (logger.isTraceEnabled()) {
                        logger.trace("Cached view [" + cacheKey + "]");
                    }
                }
            }
        }
    }
    return (view != UNRESOLVED_VIEW ? view : null);
    }
}
protected View createView(String viewName, Locale locale) throws Exception {
    return loadView(viewName, locale);
}
```

逻辑非常简单，首先判断是否开启了缓存功能，如果没开启则直接调用 createView 创建视图，否则检查是否已经存在缓存中，如果存在则直接获取并返回，否则使用 createView 创建一个，然后保存到缓存中并返回。createView 内部直接调用了 loadView 方法，而 loadView 是一个模板方法，留给子类实际创建视图，这也是子类解析视图的入口方法。createView 之所以调用了 loadView 而没有直接作为模板方法让子类使用是因为在 loadView 前可以统一做一些通用的解析，如果解析不到再交给 loadView 执行，这点在 UrlBasedViewResolver 中有具体的体现。

AbstractCachingViewResolver 里有个 cacheLimit 参数需要说一下，它是用来设置最大缓存数的，当设置为 0 时不启用缓存，isCache 就是判断它是否大于 0，如果设置为一个大于 0 的数则它表示最多可以缓存视图的数量，如果往里面添加视图时超过了这个数那么最前面缓存的值将会删除。cacheLimit 的默认值是 1024，也就是最多可以缓存 1024 个视图。

多知道点

LinkedHashMap 中的自动删除功能

LinkedHashMap 中保存的值是有顺序的，不过除了这点还有一个功能，它可以自动删除最前面保存的值，这个很多人并不知道。

LinkedHashMap 中有一个 removeEldestEntry 方法，如果这个方法返回 true，Map 中最前面添加的内容将被删除，它是在添加属性的 put 或 putAll 方法被调用后自动调用的。这个功能主要是用在缓存中，用来限定缓存的最大数量，以防止缓存无限地增长。当新的值添加后，如果缓存达到了上限，最开头的值就会被删除，当然这需要设置，设置方法就是覆盖 removeEldestEntry 方法，当这个方法返回 true 时就表示达到了上限，返回 false 就是没达到上限，而 size() 方法可以返回现在所保存对象的数量，一般用它和设置的值做比较就可以了。AbstractCachingViewResolver 中的 viewCreationCache 就是使用的这种方式，代码如下：

```java
//org.springframework.web.servlet.view.AbstractCachingViewResolver
private final Map<Object, View> viewCreationCache =
      new LinkedHashMap<Object, View>(DEFAULT_CACHE_LIMIT, 0.75f, true) {
         @Override
         protected boolean removeEldestEntry(Map.Entry<Object, View> eldest) {
            if (size() > getCacheLimit()) {
               viewAccessCache.remove(eldest.getKey());
               return true;
            } else {
               return false;
            }
         }
      };
```

在 AbstractCachingViewResolver 中使用了两个 Map 做缓存，它们分别是 viewAccessCache 和 viewCreationCache。前者是 ConcurrentHashMap 类型，它内部使用了细粒度的锁，支持并发访问，效率非常高，而后者主要提供了限制缓存最大数的功能，效率不如前者高。使用的最多的获取缓存是从前者获取的，而添加缓存会给两者同时添加，后者如果发现缓存数量已达到上限时会在删除自己最前面的缓存的同时也删除前者对应的缓存。这种将两种 Map 的优点结合起来的用法非常值得我们学习和借鉴。

UrlBasedViewResolver

UrlBasedViewResolver 里面重写了父类的 getCacheKey、createView 和 loadView 三个方法。

getCacheKey 方法直接返回 viewName，它用于父类 AbstractCachingViewResolver 中设置缓存的 key，原来（AbstractCachingViewResolver 中）使用的是 viewName+ “_” +locale，也就是说 UrlBasedViewResolver 的缓存中 key 没有使用 Locale 只使用了 viewName，从这里可以看出 UrlBasedViewResolver 不支持 Locale。

在 createView 中首先检查是否可以解析传入的逻辑视图，如果不可以则返回 null 让别的 ViewResolver 解析，接着分别检查是不是 redirect 视图或者 forward 视图，检查的方法是看是不是以“redirect:”或“forward:”开头，如果是则返回相应视图，如果都不是则交给父类的 createView，父类中又调用了 loadView，代码如下：

```
//org.springframework.web.servlet.view.UrlBasedViewResolver
protected View createView(String viewName, Locale locale) throws Exception {
    // 检查是否支持此逻辑视图，可以配置支持的模板
    if (!canHandle(viewName, locale)) {
        return null;
    }
    // 检查是不是redirect视图
    if (viewName.startsWith(REDIRECT_URL_PREFIX)) {
        String redirectUrl = viewName.substring(REDIRECT_URL_PREFIX.length());
        RedirectView view = new RedirectView(redirectUrl, isRedirectContextRelative(),
            isRedirectHttp10Compatible());
        return applyLifecycleMethods(viewName, view);
    }
    // 检查是不是forward视图
    if (viewName.startsWith(FORWARD_URL_PREFIX)) {
        String forwardUrl = viewName.substring(FORWARD_URL_PREFIX.length());
        return new InternalResourceView(forwardUrl);
    }
    // 如果都不是则调用父类的createView，也就会调用loadView
    return super.createView(viewName, locale);
}
```

其实这里是为所有 UrlBasedViewResolver 子类解析器统一添加了检查是否支持传入的逻辑视图和传入的逻辑视图是不是 redirect 或者 forward 视图的功能。检查是否支持是调用的 canHandle 方法，它是通过可以配置的 viewNames 属性检查的，如果没有配置则可以解析所有逻辑视图，如果配置了则按配置的模式检查，配置的方法可以直接将所有可以解析的逻辑视图配置进去，也可以配置逻辑视图需要满足的模板，如“*report”“goto*”“*from*”等，代码如下：

```
//org.springframework.web.servlet.view.UrlBasedViewResolver
```

```
protected boolean canHandle(String viewName, Locale locale) {
    String[] viewNames = getViewNames();
    return (viewNames == null || PatternMatchUtils.simpleMatch(viewNames,
        viewName));
}
```

loadView 方法代码如下：

```
//org.springframework.web.servlet.view.UrlBasedViewResolver
protected View loadView(String viewName, Locale locale) throws Exception {
    AbstractUrlBasedView view = buildView(viewName);
    View result = applyLifecycleMethods(viewName, view);
    return (view.checkResource(locale) ? result : null);
}
```

loadView 一共执行了三句代码：①使用 buildView 方法创建 View；②使用 applyLifecycle-Methods 方法对创建的 View 初始化；③检查 view 对应的模板是否存在，如果存在则将初始化的视图返回，否则返回 null 交给下一个 ViewResolver 处理。

applyLifecycleMethods 方法是通过容器获取到 Factory 然后实现的。

```
//org.springframework.web.servlet.view.UrlBasedViewResolver
private View applyLifecycleMethods(String viewName, AbstractView view) {
    return (View) getApplicationContext().getAutowireCapableBeanFactory().
        initializeBean(view, viewName);
}
```

下面来看一下 buildView 方法，它用于具体创建 View，理解了这个方法就知道 Abstract-UrlBasedView 系列中 View 是怎么创建的了，它的子类只是在这里创建出来的视图的基础上设置了一些属性。所以这是 AbstractUrlBasedView 中最重要的方法，代码如下：

```
//org.springframework.web.servlet.view.UrlBasedViewResolver
protected AbstractUrlBasedView buildView(String viewName) throws Exception {
    AbstractUrlBasedView view = (AbstractUrlBasedView) BeanUtils.instantiateClas
        s(getViewClass());
    view.setUrl(getPrefix() + viewName + getSuffix());

    // 如果contentType不为null，将其值设置给view，可以在ViewResolver中配置
    String contentType = getContentType();
    if (contentType != null) {
        view.setContentType(contentType);
    }
    view.setRequestContextAttribute(getRequestContextAttribute());
    view.setAttributesMap(getAttributesMap());
    // 如果exposePathVariables不为null，将其值设置给view，它用于标示是否让view
       使用PathVariables，可以在ViewResolver中配置。PathVariables就是处理器中
       @PathVariables注释的参数
    Boolean exposePathVariables = getExposePathVariables();
    if (exposePathVariables != null) {
        view.setExposePathVariables(exposePathVariables);
    }
    // 如果exposeContextBeansAsAttributes不为null，将其值设置给view，它用于标示是否可以
    // 让view使用容器中注册的bean，此参数可以在ViewResolver中配置
```

```
        Boolean exposeContextBeansAsAttributes = getExposeContextBeansAsAttributes();
        if (exposeContextBeansAsAttributes != null) {
            view.setExposeContextBeansAsAttributes(exposeContextBeansAsAttributes);
        }
        // 如果exposedContextBeanNames不为null，将其值设置给view，它用于配置view可以使用容器
        // 中的哪些bean，可以在ViewResolver中配置
        String[] exposedContextBeanNames = getExposedContextBeanNames();
        if (exposedContextBeanNames != null) {
            view.setExposedContextBeanNames(exposedContextBeanNames);
        }
        return view;
    }
```

View 的创建过程也非常简单，首先根据使用 BeanUtils 根据 getViewClass 方法的返回值创建出 view，然后将 viewName 加上前缀、后缀设置为 url，前缀和后缀可以在配置 ViewResolver 时进行设置，这样 View 就创建完了，接下来根据配置给 View 设置一些参数，具体内容已经注释到代码上了。这里的 getViewClass 返回其中的 viewClass 属性，代表 View 的视图类型，可以在子类通过 setViewClass 方法进行设置。另外还有一个 requiredViewClass 方法，它用于在设置视图时判断所设置的类型是否支持，在 UrlBasedViewResolver 中默认返回 AbstractUrlBasedView 类型，requiredViewClass 使用在设置视图的 setViewClass 方法中，代码如下：

```
//org.springframework.web.servlet.view.UrlBasedViewResolver
public void setViewClass(Class<?> viewClass) {
    if (viewClass == null || !requiredViewClass().isAssignableFrom(viewClass)) {
        throw new IllegalArgumentException(
            "Given view class [" + (viewClass != null ? viewClass.getName() :
                null) +
            "] is not of type [" + requiredViewClass().getName() + "]");
    }
    this.viewClass = viewClass;
}
protected Class<?> requiredViewClass() {
    return AbstractUrlBasedView.class;
}
```

UrlBasedViewResolver 的代码就分析完了，通过前面的分析可知，只需要给它设置 Abstract-UrlBasedView 类型的 viewClass 就可以直接使用了，我们可以直接注册配置了 viewClass 的 UrlBasedViewResolver 来使用，不过最好还是使用相应的子类。

UrlBasedViewResolver 的子类主要做三件事：①通过重写 requiredViewClass 方法修改了必须符合的视图类型的值；②使用 setViewClass 方法设置了所用的视图类型；③给创建出来的视图设置一些属性。下面来看一下使用得非常多的 InternalResourceViewResolver 和 FreeMarkerViewResolver，前者用于解析 jsp 视图后者用于解析 FreeMarker 视图，其他实现类也都差不多。

InternalResourceViewResolver 直接继承自 UrlBasedViewResolver，它在构造方法中设置了 viewClass，在 buildView 中对父类创建的 View 设置了一些属性，requiredViewClass 方法返回

InternalResourceView 类型，代码如下：

```
//org.springframework.web.servlet.view.InternalResourceViewResolver
public InternalResourceViewResolver() {
    Class<?> viewClass = requiredViewClass();
    if (viewClass.equals(InternalResourceView.class) && jstlPresent) {
        viewClass = JstlView.class;
    }
    setViewClass(viewClass);
}
protected Class<?> requiredViewClass() {
    return InternalResourceView.class;
}
protected AbstractUrlBasedView buildView(String viewName) throws Exception {
    InternalResourceView view = (InternalResourceView) super.buildView(viewName);
    if (this.alwaysInclude != null) {
        view.setAlwaysInclude(this.alwaysInclude);
    }
    view.setPreventDispatchLoop(true);
    return view;
}
```

buildView 方法中给创建出来的 View 设置的 alwaysInclude 用于标示是否在可以使用 forward 的情况下也强制使用 include，默认为 false，可以在注册解析器时配置。setPreventDispatch-Loop(true) 用于阻止循环调用，也就是请求处理完成后又转发回了原来使用的处理器的情况。

FreeMarkerViewResolver 继承自 UrlBasedViewResolver 的子类 AbstractTemplateViewResol-ver，AbstractTemplateViewResolver 是所用模板类型 ViewResolver 的父类，它里面主要对创建的 View 设置了一些属性，并将 requiredViewClass 的返回值设置为 AbstractTemplateView 类型。代码如下：

```
//org.springframework.web.servlet.view.AbstractTemplateViewResolver
protected Class<?> requiredViewClass() {
    return AbstractTemplateView.class;
}
protected AbstractUrlBasedView buildView(String viewName) throws Exception {
    AbstractTemplateView view = (AbstractTemplateView) super.buildView(viewName);
    view.setExposeRequestAttributes(this.exposeRequestAttributes);
    view.setAllowRequestOverride(this.allowRequestOverride);
    view.setExposeSessionAttributes(this.exposeSessionAttributes);
    view.setAllowSessionOverride(this.allowSessionOverride);
    view.setExposeSpringMacroHelpers(this.exposeSpringMacroHelpers);
    return view;
}
```

下面解释这 5 个属性的含义：

- exposeRequestAttributes：是否将所有 RequestAttributes 暴露给 view 使用，默认为 false。
- allowRequestOverride：当 RequestAttributes 中存在 Model 中同名的参数时，是否允许

使用 RequestAttributes 中的值将 Model 中的值覆盖，默认为 false。
- exposeSessionAttributes：是否将所有 SessionAttributes 暴露给 view 使用，默认为 false。
- allowSessionOverride：当 SessionAttributes 中存在 Model 中同名的参数时，是否允许使用 RequestAttributes 中的值将 Model 中的值覆盖，默认为 false。
- exposeSpringMacroHelpers：是否将 RequestContext 暴露给 view 为 spring 的宏使用，默认为 true。

FreeMarkerViewResolver 的代码就非常简单了，只是覆盖 requiredViewClass 方法返回 FreeMarkerView 类型，并在构造方法中调用 setViewClass 方法设置了 viewClass。

```
package org.springframework.web.servlet.view.freemarker;
import org.springframework.web.servlet.view.AbstractTemplateViewResolver;
public class FreeMarkerViewResolver extends AbstractTemplateViewResolver {
    public FreeMarkerViewResolver() {
        setViewClass(requiredViewClass());
    }
    protected Class<?> requiredViewClass() {
        return FreeMarkerView.class;
    }
}
```

UrlBasedViewResolver 就分析完了，它实际完成了根据子类提供的 viewClass 类型创建视图的功能，它的子类只需要提供 viewClass 就可以了，有的子类会在创建完的视图上设置一些属性。

14.3 小结

本章详细分析了 Spring MVC 中 ViewResolver 的各种实现方式。大部分实现类都继承自 AbstractCachingViewResolver，它提供了对解析结果进行缓存的统一解决方案，它的子类中 ResourceBundleViewResolver 和 XmlViewResolver 分别通过 properties 和 xml 配置文件进行解析，UrlBasedViewResolver 将 viewName 添加前后缀后用作 url，它的子类只需要提供视图类型就可以了。

除了 AbstractCachingViewResolver 外，还有三个类：BeanNameViewResolver、Content-Negotiating-ViewResolver 和 ViewResolverComposite。第一个通过在 spring 容器里使用 viewName 查找 bean 来作为 View；第二个是使用内部封装的 ViewResolver 解析后再根据 MediaType 或后缀找出最优的视图；第三个是直接遍历内部封装的 ViewResolver 进行解析。这三个类中第一个的视图是在 spring 容器中，后两个是通过别的 ViewResolver 进行解析的，都不需要直接创建 View，所以也不需要缓存。

解析视图的核心工作就是查找模板文件和视图类型，而查找的主要参数只有 viewName 一个（Locale 只能起辅助作用）。这就产生了三种解析思路：①使用 viewName

查找模板文件；②使用 viewName 查找视图类型；③使用 viewName 同时查找模板文件和视图类型。Spring MVC 对这三种思路都提供了实现的方式，第一种思路对应的是 UrlBasedViewResolver 系列；第二种思路对应的是 BeanNameViewResolver ；第三种思路对应的是 ResourceBundleViewResolver 和 XmlViewResolver。理解了这层意思就能明白 Spring MVC 中 ViewResolver 的结构为什么这么安排了，如果 ResourceBundleViewResolver 和 XmlViewResolver 再提取一个父类出来就更清晰了。另外需要注意的是，并不是每个请求都需要使用 ViewResolver，只有当处理器执行后 view 是 String 类型时才需要用它来解析。

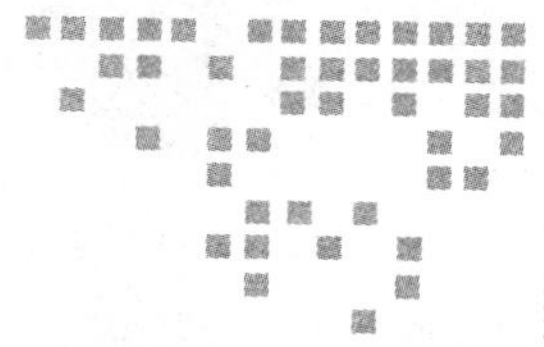

第 15 章 Chapter 15

RequestToViewNameTranslator

RequestToViewNameTranslator 可以在处理器返回的 view 为空时使用它根据 request 获取 viewName。Spring MVC 提供的实现类只有一个 DefaultRequestToViewNameTranslator，这个类也非常简单，只是因为有一些 getter/setter 方法，所以看起来代码比较多，实际执行解析的只有两个，代码如下：

```
//org.springframework.web.servlet.view.DefaultRequestToViewNameTranslator
public String getViewName(HttpServletRequest request) {
    String lookupPath = this.urlPathHelper.getLookupPathForRequest(request);
    return (this.prefix + transformPath(lookupPath) + this.suffix);
}
protected String transformPath(String lookupPath) {
    String path = lookupPath;
    if (this.stripLeadingSlash && path.startsWith(SLASH)) {
        path = path.substring(1);
    }
    if (this.stripTrailingSlash && path.endsWith(SLASH)) {
        path = path.substring(0, path.length() - 1);
    }
    if (this.stripExtension) {
        path = StringUtils.stripFilenameExtension(path);
    }
    if (!SLASH.equals(this.separator)) {
        path = StringUtils.replace(path, SLASH, this.separator);
    }
    return path;
}
```

getViewName 是接口定义的方法，实际解析时就调用它。在 getViewName 中首先从 request 获得 lookupPath，然后使用 transformPath 方法对其进行处理后加上前缀后缀返回。

transformPath 方法的作用简单来说就是根据配置对 lookupPath “掐头去尾换分隔符”，它是根据其中的四个属性的设置来处理的，下面分别解释一下这四个属性，其中用到的 Slash 是一个静态常量，表示 “/”。

- stripLeadingSlash：如果最前面的字符为 Slash 是否将其去掉。
- stripTrailingSlash：如果最后一个字符为 Slash 是否将其去掉。
- stripExtension：是否需要去掉扩展名。
- separator：如果其值与 Slash 不同则用于替换原来的分隔符 Slash。

getViewName 中还使用了可以给返回值添加前缀和后缀的 prefix 和 suffix，这些参数都可以配置。可以配置的参数除了这 6 个外还有 4 个：urlDecode、removeSemicolonContent、alwaysUseFullPath 和 urlPathHelper，前三个参数都是用在 urlPathHelper 中的，urlDecode 用于设置 url 是否需要编解码，一般默认就行；removeSemicolonContent 在前面已经说过了，用于设置是否删除 url 中与分号相关的内容；alwaysUseFullPath 用于设置是否总使用完整路径；urlPathHelper 是用于处理 url 的工具，一般使用 spring 默认提供的就可以了。

RequestToViewNameTranslator 组件非常简单，本章就介绍到这里。

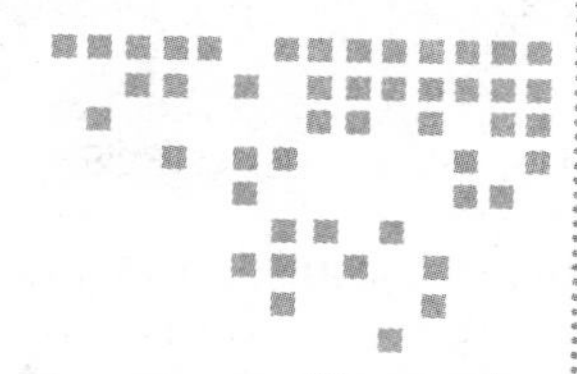

第 16 章 Chapter16

HandlerExceptionResolver

HandlerExceptionResolver 用于解析请求处理过程中所产生的异常，继承结构如图 16-1 所示。

其中 HandlerExceptionResolverComposite 作为容器使用，可以封装别的 Resolver，前面已经多次介绍过，这里就不再叙述了。

HandlerExceptionResolver 的主要实现都继承自抽象类 AbstractHandlerExceptionResolver，它有五个子类，其中的 AnnotationMethodHandlerExceptionResolver 已经被弃用，剩下的还有四个：

HandlerExceptionResolver
AbstractHandlerExceptionResolver
AbstractHandlerMethodExceptionResolver
ExceptionHandlerExceptionResolver
AnnotationMethodHandlerExceptionResolver
DefaultHandlerExceptionResolver
ResponseStatusExceptionResolver
SimpleMappingExceptionResolver
HandlerExceptionResolverComposite

图 16-1 HandlerExceptionResolver 继承结构图

- AbstractHandlerMethodExceptionResolver：和其子类 ExceptionHandlerExceptionResolver 一起完成使用 @ExceptionHandler 注释的方法进行异常解析的功能。
- DefaultHandlerExceptionResolver：按不同类型分别对异常进行解析。
- ResponseStatusExceptionResolver：解析有 @ResponseStatus 注释类型的异常。
- SimpleMappingExceptionResolver：通过配置的异常类和 view 的对应关系来解析异常。

异常解析过程主要包含两部分内容：给 ModelAndView 设置相应内容、设置 response 的相关属性。当然还可能有一些辅助功能，如记录日志等，在自定义的 ExceptionHandler 里还可以做更多的事情。

16.1 AbstractHandlerExceptionResolver

AbstractHandlerExceptionResolver 是所有直接解析异常类的父类，里面定义了通用的解析流程，并使用了模板模式，子类只需要覆盖相应的方法即可，resolveException 方法如下：

```
// org.springframework.web.servlet.handler.AbstractHandlerExceptionResolver
public ModelAndView resolveException(HttpServletRequest request, HttpServletResponse
    response,
        Object handler, Exception ex) {
    if (shouldApplyTo(request, handler)) {
        if (logger.isDebugEnabled()) {
            logger.debug("Resolving exception from handler[" + handler + "]: " + ex);
        }
        logException(ex, request);
        prepareResponse(ex, response);
        return doResolveException(request, response, handler, ex);
    } else {
        return null;
    }
}
```

首先使用 shouldApplyTo 方法判断当前 ExceptionResolver 是否可以解析所传入处理器所抛出的异常（可以指定只能处理指定的处理器抛出的异常），如果不可以则返回 null，交给下一个 ExceptionResolver 解析，如果可以则调用 logException 方法打印日志，接着调用 prepareResponse 设置 response，最后调用 doResolveException 实际解析异常，doResolveException 是个模板方法，留给子类实现。

shouldApplyTo 方法的代码如下：

```
// org.springframework.web.servlet.handler.AbstractHandlerExceptionResolver
protected boolean shouldApplyTo(HttpServletRequest request, Object handler) {
    if (handler != null) {
        if (this.mappedHandlers != null && this.mappedHandlers.contains(handler)) {
            return true;
        }
        if (this.mappedHandlerClasses != null) {
            for (Class<?> handlerClass : this.mappedHandlerClasses) {
                if (handlerClass.isInstance(handler)) {
                    return true;
                }
            }
        }
    }
    return (this.mappedHandlers == null && this.mappedHandlerClasses == null);
}
```

这里使用了两个属性：mappedHandlers 和 mappedHandlerClasses，这两个属性可以在定义 HandlerExceptionResolver 的时候进行配置，用于指定可以解析处理器抛出的哪些异常，也就是如果设置了这两个值中的一个，那么这个 ExceptionResolver 就只能解析所设置的处理器抛出的异常。mappedHandlers 用于配置处理器的集合，mappedHandlerClasses 用于配置处理器类型的集合。检查方法非常简单，在此就不细说了，如果两个属性都没配置则将处理所有异常。

logException 是默认记录日志的方法，代码如下：

```
// org.springframework.web.servlet.handler.AbstractHandlerExceptionResolver
protected void logException(Exception ex, HttpServletRequest request) {
    if (this.warnLogger != null && this.warnLogger.isWarnEnabled()) {
        this.warnLogger.warn(buildLogMessage(ex, request), ex);
    }
}
protected String buildLogMessage(Exception ex, HttpServletRequest request) {
    return "Handler execution resulted in exception";
}
```

logException 方法首先调用 buildLogMessage 创建了日志消息，然后使用 warnLogger 将其记录下来。

prepareResponse 方法根据 preventResponseCaching 标示判断是否给 response 设置禁用缓存的属性，preventResponseCaching 默认为 false，代码如下：

```
// org.springframework.web.servlet.handler.AbstractHandlerExceptionResolver
protected void prepareResponse(Exception ex, HttpServletResponse response) {
    if (this.preventResponseCaching) {
        preventCaching(response);
    }
}
protected void preventCaching(HttpServletResponse response) {
    response.setHeader(HEADER_PRAGMA, "no-cache");
    response.setDateHeader(HEADER_EXPIRES, 1L);
    response.setHeader(HEADER_CACHE_CONTROL, "no-cache");
    response.addHeader(HEADER_CACHE_CONTROL, "no-store");
}
```

最后的 doResolveException 方法是模板方法，子类使用它具体完成异常的解析工作

16.2 ExceptionHandlerExceptionResolver

ExceptionHandlerExceptionResolver 继承自 AbstractHandlerMethodExceptionResolver，后者继承自 AbstractHandlerExceptionResolver。AbstractHandlerMethodExceptionResolver 重写了 shouldApplyTo 方法，并在处理请求的 doResolveException 方法中将实际处理请求的过程交给了模板方法 doResolveHandlerMethodException。代码如下：

```
package org.springframework.web.servlet.handler;
// 省略了imports
public abstract class AbstractHandlerMethodExceptionResolver extends AbstractHan
    dlerExceptionResolver {
    @Override
    protected boolean shouldApplyTo(HttpServletRequest request, Object handler) {
        if (handler == null) {
            return super.shouldApplyTo(request, handler);
        } else if (handler instanceof HandlerMethod) {
            HandlerMethod handlerMethod = (HandlerMethod) handler;
            handler = handlerMethod.getBean();
            return super.shouldApplyTo(request, handler);
```

```java
            } else {
                return false;
            }
        }
        @Override
        protected final ModelAndView doResolveException(
                HttpServletRequest request, HttpServletResponse response,
                Object handler, Exception ex) {
            return doResolveHandlerMethodException(request, response, (HandlerMethod)
                handler, ex);
        }
        protected abstract ModelAndView doResolveHandlerMethodException(
            HttpServletRequest request, HttpServletResponse response,
            HandlerMethod handlerMethod, Exception ex);
}
```

AbstractHandlerMethodExceptionResolver 的作用其实相当于一个适配器。一般的处理器是类的形式，但 HandlerMethod 其实是将方法作为处理器来使用的，所以需要进行适配。首先在 shouldApplyTo 中判断如果处理器是 HandlerMethod 类型则将处理器设置为其所在的类，然后再交给父类判断，如果为空则直接交给父类判断，如果既不为空也不是 HandlerMethod 类型则返回 false 不处理。

doResolveException 将处理传递给 doResolveHandlerMethodException 方法具体处理，这样做主要是为了层次更加合理，而且这样设计后如果有多个子类还可以在 doResolveException 中统一做一些事情。

下面来看 ExceptionHandlerExceptionResolver，它其实就是一个简化版的 RequestMapping-HandlerAdapter，它的执行也是使用的 ServletInvocableHandlerMethod，首先根据 handlerMethod 和 exception 将其创建出来（大致过程是在处理器类里找出所有注释了 @Exception-Handler 的方法，然后再根据其配置中的异常和需要解析的异常进行匹配），然后设置了 argumentResolvers 和 returnValueHandlers，接着调用其 invokeAndHandle 方法执行处理，最后将处理结果封装成 ModelAndView 返回。如果 RequestMappingHandlerAdapter 理解了，再来看它就会觉得非常简单。代码如下：

```java
//org.springframework.web.servlet.mvc.method.annotation.ExceptionHandlerExceptio
    nResolver
protected ModelAndView doResolveHandlerMethodException(HttpServletRequest
    request,
        HttpServletResponse response, HandlerMethod handlerMethod, Exception
            exception) {
    // 找到处理异常的方法
    ServletInvocableHandlerMethod exceptionHandlerMethod = getExceptionHandlerMe
        thod(handlerMethod, exception);
    if (exceptionHandlerMethod == null) {
        return null;
    }
    // 设置argumentResolvers和returnValueHandlers
    exceptionHandlerMethod.setHandlerMethodArgumentResolvers(this.
```

```
        argumentResolvers);
    exceptionHandlerMethod.setHandlerMethodReturnValueHandlers(this.
        returnValueHandlers);
    ServletWebRequest webRequest = new ServletWebRequest(request, response);
    ModelAndViewContainer mavContainer = new ModelAndViewContainer();
    try {
        if (logger.isDebugEnabled()) {
            logger.debug("Invoking @ExceptionHandler method: " +
                exceptionHandlerMethod);
        }
        // 执行ExceptionHandler方法解析异常
        exceptionHandlerMethod.invokeAndHandle(webRequest, mavContainer,
            exception);
    } catch (Exception invocationEx) {
        if (logger.isErrorEnabled()) {
            logger.error("Failed to invoke @ExceptionHandler method: " + exception-
                HandlerMethod, invocationEx);
        }
        return null;
    }
    if (mavContainer.isRequestHandled()) {
        return new ModelAndView();
    } else {
        ModelAndView mav = new ModelAndView().addAllObjects(mavContainer.
            getModel());
        mav.setViewName(mavContainer.getViewName());
        if (!mavContainer.isViewReference()) {
            mav.setView((View) mavContainer.getView());
        }
        return mav;
    }
}
```

这里只是返回了 ModelAndView，并没有对 response 进行设置，如果需要可以自己在异常处理器中设置。

16.3 DefaultHandlerExceptionResolver

DefaultHandlerExceptionResolver 的解析过程是根据异常类型的不同，使用不同的方法进行处理，doResolveException 代码如下：

```
//org.springframework.web.servlet.mvc.support.DefaultHandlerExceptionResolver
protected ModelAndView doResolveException(HttpServletRequest request,
    HttpServletResponse response,
        Object handler, Exception ex) {
    try {
        if (ex instanceof NoSuchRequestHandlingMethodException) {
            return handleNoSuchRequestHandlingMethod((NoSuchRequestHandlingMethod
                Exception) ex, request, response, handler);
        } else if (ex instanceof HttpRequestMethodNotSupportedException) {
```

```
            return handleHttpRequestMethodNotSupported((HttpRequestMethodNotSupport
                edException) ex, request, response, handler);
        } else if (ex instanceof HttpMediaTypeNotSupportedException) {
            return handleHttpMediaTypeNotSupported((HttpMediaTypeNotSupportedExcept
                ion) ex, request, response, handler);
        } else if (ex instanceof HttpMediaTypeNotAcceptableException) {
            return handleHttpMediaTypeNotAcceptable((HttpMediaTypeNotAcceptableExce
                ption) ex, request, response, handler);
        } else if (ex instanceof MissingServletRequestParameterException) {
            return handleMissingServletRequestParameter((MissingServletRequestParam
                eterException) ex, request, response, handler);
        } else if (ex instanceof ServletRequestBindingException) {
            return handleServletRequestBindingException((ServletRequestBindingExcep
                tion) ex, request, response, handler);
        } else if (ex instanceof ConversionNotSupportedException) {
            return handleConversionNotSupported((ConversionNotSupportedException)
                ex, request, response, handler);
        } else if (ex instanceof TypeMismatchException) {
            return handleTypeMismatch((TypeMismatchException) ex, request, response,
                handler);
        } else if (ex instanceof HttpMessageNotReadableException) {
            return handleHttpMessageNotReadable((HttpMessageNotReadableException)
                ex, request, response, handler);
        } else if (ex instanceof HttpMessageNotWritableException) {
            return handleHttpMessageNotWritable((HttpMessageNotWritableException)
                ex, request, response, handler);
        } else if (ex instanceof MethodArgumentNotValidException) {
            return handleMethodArgumentNotValidException((MethodArgumentNotValidExc
                eption) ex, request, response, handler);
        }else if (ex instanceof MissingServletRequestPartException) {
            return handleMissingServletRequestPartException((MissingServletRequestP
                artException) ex, request, response, handler);
        }else if (ex instanceof BindException) {
            return handleBindException((BindException) ex, request, response,
                handler);
        }else if (ex instanceof NoHandlerFoundException) {
            return handleNoHandlerFoundException((NoHandlerFoundException) ex,
                request, response, handler);
        }
    }catch (Exception handlerException) {
        logger.warn("Handling of [" + ex.getClass().getName() + "] resulted in
            Exception", handlerException);
    }
    return null;
}
```

具体的解析方法也非常简单，主要是设置 response 的相关属性，下面介绍前两个异常的处理方法，也就是没找到处理器执行方法和 request 的 Method 类型不支持的异常处理，代码如下：

```
//org.springframework.web.servlet.mvc.support.DefaultHandlerExceptionResolver
protected ModelAndView handleNoSuchRequestHandlingMethod(NoSuchRequestHandlingMe
```

```
        thodException ex,
          HttpServletRequest request, HttpServletResponse response, Object handler)
              throws IOException {
        pageNotFoundLogger.warn(ex.getMessage());
        response.sendError(HttpServletResponse.SC_NOT_FOUND);
        return new ModelAndView();
    }
    protected ModelAndView handleHttpRequestMethodNotSupported(HttpRequestMethodN
        otSupportedException ex, HttpServletRequest request, HttpServletResponse
        response, Object handler) throws IOException {
        pageNotFoundLogger.warn(ex.getMessage());
        String[] supportedMethods = ex.getSupportedMethods();
        if (supportedMethods != null) {
            response.setHeader("Allow", StringUtils.arrayToDelimitedString(supported
                Methods, ", "));
        }
        response.sendError(HttpServletResponse.SC_METHOD_NOT_ALLOWED, ex.getMessage());
        return new ModelAndView();
    }
```

可以看到其处理方法就是给 response 设置了相应属性，然后返回一个空的 ModelAndView。其中 response 的 sendError 方法用于设置错误类型，它有两个重载方法 sendError(int) 和 sendError(int，String)，int 参数用于设置 404 ）500 等错误类型，String 类型的参数用于设置附加的错误信息，可以在页面中获取到。sendError 和 setStatus 方法的区别是前者会返回 web.xml 中定义的相应错误页面，后者只是设置了 status 而不会返回相应错误页面。其他处理方法也都大同小异，就不解释了。

16.4 ResponseStatusExceptionResolver

ResponseStatusExceptionResolver 用来解析注释了 @ResponseStatus 的异常（如自定义的注释了 @ResponseStatus 的异常），代码如下：

```
//org.springframework.web.servlet.mvc.annotation.ResponseStatusExceptionResolver
protected ModelAndView doResolveException(HttpServletRequest request,
    HttpServletResponse response,
        Object handler, Exception ex) {
    ResponseStatus responseStatus = AnnotationUtils.findAnnotation(ex.getClass(),
        ResponseStatus.class);
    if (responseStatus != null) {
        try {
            return resolveResponseStatus(responseStatus,request,response,handler,ex);
        }catch (Exception resolveEx) {
            logger.warn("Handling of @ResponseStatus resulted in Exception",
                resolveEx);
        }
    }
    return null;
}
```

```
protected ModelAndView resolveResponseStatus(ResponseStatus responseStatus,
    HttpServletRequest request,
        HttpServletResponse response, Object handler, Exception ex) throws
            Exception {
    int statusCode = responseStatus.value().value();
    String reason = responseStatus.reason();
    if (this.messageSource != null) {
        reason = this.messageSource.getMessage(reason, null, reason,
            LocaleContextHolder.getLocale());
    }
    if (!StringUtils.hasLength(reason)) {
        response.sendError(statusCode);
    }else {
        response.sendError(statusCode, reason);
    }
    return new ModelAndView();
}
```

doResolveException 方法中首先使用 AnnotationUtils 找到 ResponseStatus 注释，然后调用 resolveResponseStatus 方法进行解析，后者使用注释里的 value 和 reason 作为参数调用了 response 的 sendError 方法。

16.5 SimpleMappingExceptionResolver

SimpleMappingExceptionResolver 需要提前配置异常类和 view 的对应关系然后才能使用，doResolveException 代码如下：

```
//org.springframework.web.servlet.handler.SimpleMappingExceptionResolver
protected ModelAndView doResolveException(HttpServletRequest request,
    HttpServletResponse response,
        Object handler, Exception ex) {
    // 根据异常查找显示错误页面的逻辑视图
    String viewName = determineViewName(ex, request);
    if (viewName != null) {
        // 检查是否配置了所找到的viewName对应的statusCode
        Integer statusCode = determineStatusCode(request, viewName);
        if (statusCode != null) {
            applyStatusCodeIfPossible(request, response, statusCode);
        }
        return getModelAndView(viewName, ex, request);
    } else {
        return null;
    }
}
```

这里首先调用 determineViewName 方法根据异常找到显示异常的逻辑视图，然后调用 determineStatusCode 方法判断逻辑视图是否有对应的 statusCode，如果有则调用 applyStatus-CodeIfPossible 方法设置到 response，最后调用 getModelAndView 将异常和解析出的 viewName 封装成 ModelAndView 并返回。

查找视图的 determineViewName 方法如下：

```
//org.springframework.web.servlet.handler.SimpleMappingExceptionResolver
protected String determineViewName(Exception ex, HttpServletRequest request) {
    String viewName = null;
    // 如果异常在设置的excludedExceptions中所包含则返回null
    if (this.excludedExceptions != null) {
        for (Class<?> excludedEx : this.excludedExceptions) {
            if (excludedEx.equals(ex.getClass())) {
                return null;
            }
        }
    }
    // 调用findMatchingViewName方法实际查找
    if (this.exceptionMappings != null) {
        viewName = findMatchingViewName(this.exceptionMappings, ex);
    }
    // 如果没找到viewName并且配置了defaultErrorView，则使用defaultErrorView
    if (viewName == null && this.defaultErrorView != null) {
        if (logger.isDebugEnabled()) {
            logger.debug("Resolving to default view '" + this.defaultErrorView +
                "' for exception of type [" +
                    ex.getClass().getName() + "]");
        }
        viewName = this.defaultErrorView;
    }
    return viewName;
}
```

这里首先检查异常是不是配置在 excludedExceptions 中（excludedExceptions 用于配置不处理的异常），如果是则返回 null，否则调用 findMatchingViewName 实际查找 viewName，如果没找到而且配置了 defaultErrorView，则使用 defaultErrorView。findMatchingViewName 从传入的参数就可以看出来它是根据配置的 exceptionMappings 参数匹配当前异常的，不过并不是直接完全匹配的，而是只要配置异常的字符在当前处理的异常或其父类中存在就可以了，如配置“BindingException”可以匹配“xxx.UserBindingException”“xxx.DeptBindingException”等，而“java.lang.Exception”可以匹配所有它的子类，即所有“CheckedExceptions”，其代码如下：

```
//org.springframework.web.servlet.handler.SimpleMappingExceptionResolver
protected String findMatchingViewName(Properties exceptionMappings, Exception ex) {
    String viewName = null;
    String dominantMapping = null;
    int deepest = Integer.MAX_VALUE;
    for (Enumeration<?> names = exceptionMappings.propertyNames(); names.
        hasMoreElements();) {
        String exceptionMapping = (String) names.nextElement();
        int depth = getDepth(exceptionMapping, ex);
        if (depth >= 0 && (depth < deepest || (depth == deepest &&
                dominantMapping != null && exceptionMapping.length() >
                    dominantMapping.length()))) {
          deepest = depth;
```

```
            dominantMapping = exceptionMapping;
            viewName = exceptionMappings.getProperty(exceptionMapping);
        }
    }
    if (viewName != null && logger.isDebugEnabled()) {
        logger.debug("Resolving to view '" + viewName + "' for exception of type
            [" + ex.getClass().getName() +"], based on exception mapping [" +
            dominantMapping + "]");
    }
    return viewName;
}
```

大致过程就是遍历配置文件，然后调用 getDepth 查找，如果返回值大于等于 0 则说明可以匹配，而且如果有多个匹配项则选择最优的，选择方法是判断两项内容：①匹配的深度；②匹配的配置项文本的长度。深度越浅越好，配置的文本越长越好。深度是指如果匹配的是异常的父类而不是异常本身，那么深度就是异常本身到被匹配的父类之间的继承层数。getDepth 方法的代码如下：

```
//org.springframework.web.servlet.handler.SimpleMappingExceptionResolver
protected int getDepth(String exceptionMapping, Exception ex) {
    return getDepth(exceptionMapping, ex.getClass(), 0);
}
private int getDepth(String exceptionMapping, Class<?> exceptionClass, int depth)
{
    // 如果异常的类名里包含查找的配置文本则匹配成功
    if (exceptionClass.getName().contains(exceptionMapping)) {
        return depth;
    }
    // 查找到异常的根类Throwable还没匹配，则说明不匹配，返回-1
    if (exceptionClass.equals(Throwable.class)) {
        return -1;
    }
    return getDepth(exceptionMapping, exceptionClass.getSuperclass(), depth + 1);
}
```

getDepth 中调用了同名的带 depth 参数的递归方法 getDepth，并给 depth 传入了 0。后面的 getDepth 方法判断传入的类名中是否包含匹配的字符串，如果找到则返回相应的 depth，如果没有则对 depth 加 1 后递归检查异常的父类，直到检查的类变成 Throwable 还不匹配则返回 -1。

分析完 determineViewName，再回过头去分析 determineStatusCode，代码如下：

```
//org.springframework.web.servlet.handler.SimpleMappingExceptionResolver
protected Integer determineStatusCode(HttpServletRequest request, String
viewName) {
    if (this.statusCodes.containsKey(viewName)) {
        return this.statusCodes.get(viewName);
    }
    return this.defaultStatusCode;
}
```

determineStatusCode 方法非常简单，就是直接从配置的 statusCodes 中用 viewName 获取，如果获取不到则返回默认值 defaultStatusCode，statusCodes 和 defaultStatusCode 都可以在定义 SimpleMappingExceptionResolver 的时候进行配置。找到 statusCode 后会调用 applyStatusCodeIfPossible 方法将其设置到 response 上，代码如下：

```
//org.springframework.web.servlet.handler.SimpleMappingExceptionResolver
protected void applyStatusCodeIfPossible(HttpServletRequest request,
    HttpServletResponse response, int statusCode) {
    if (!WebUtils.isIncludeRequest(request)) {
        if (logger.isDebugEnabled()) {
            logger.debug("Applying HTTP status code " + statusCode);
        }
        response.setStatus(statusCode);
        request.setAttribute(WebUtils.ERROR_STATUS_CODE_ATTRIBUTE, statusCode);
    }
}
```

最后调用 getModelAndView 生成 ModelAndView 并返回，生成过程是将解析出的 viewName 设置为 View，如果 exceptionAttribute 不为空则将异常添加到 Model，代码如下：

```
//org.springframework.web.servlet.handler.SimpleMappingExceptionResolver
protected ModelAndView getModelAndView(String viewName, Exception ex,
    HttpServletRequest request) {
    return getModelAndView(viewName, ex);
}
protected ModelAndView getModelAndView(String viewName, Exception ex) {
    ModelAndView mv = new ModelAndView(viewName);
    if (this.exceptionAttribute != null) {
        if (logger.isDebugEnabled()) {
            logger.debug("Exposing Exception as model attribute '" + this.
                exceptionAttribute + "'");
        }
        mv.addObject(this.exceptionAttribute, ex);
    }
    return mv;
}
```

SimpleMappingExceptionResolver 就分析完了，这里面有不少可配置的选项，总结如下：

- exceptionMappings：用于配置异常类（字符串类型）和 viewName 的对应关系，异常类可以是异常（包含包名的完整名）的一部分，还可以是异常父类的一部分。
- excludedExceptions：用于配置不处理的异常。
- defaultErrorView：用于配置当无法从 exceptionMappings 中解析出视图时使用的默认视图。
- statusCodes：用于配置解析出的 viewName 和 statusCode 对应关系。
- defaultStatusCode：用于配置 statusCodes 中没有配置相应的 viewName 时使用的默认 statusCode。
- exceptionAttribute：用于配置异常在 Model 中保存的参数名，默认为 "exception"，如果为 null，异常将不保存到 Model 中。

16.6 小结

本章详细分析了 Spring MVC 中异常解析组件 HandlerExceptionResolver 的所有实现类。实现类中除了 HandlerExceptionResolverComposite，每个类处理一种异常处理方式，它们具体做的工作主要包括将异常相关信息设置到 Model 中和给 response 设置相应属性两个方面。

mvc:annotation-driven 会自动将 ExceptionHandlerExceptionResolver、DefaultHandlerExceptionResolver 和 ResponseStatusExceptionResolver 配置到 Spring MVC 中，SimpleMappingExceptionResolver 如果想使用需要自己配置，其实 SimpleMappingExceptionResolver 的使用还是很方便的，只需要将异常类型和错误页面的对应关系设置进去就可以了，而且还可以通过设置父类将某种类型的所有异常对应到指定页面。另外 ExceptionHandlerExceptionResolver 不仅可以使用处理器类中注释的 @ExceptionHandler 方法处理异常，还可以使用 @ControllerAdvice 注释的类里有 @ExceptionHandler 注释的全局异常处理方法。

一般刚开始接触编程的人都会对异常感到害怕，也讨厌异常。不过等学会调试并随着编程经验逐渐增多以后慢慢会觉得异常还是挺有用，是排查问题中非常有用的武器。随着自己慢慢成长，直到有一天自己也开始定义并使用异常的时候，才会发现异常原来是那么有用、那么方便！

HandlerExceptionResolver 是 Spring MVC 提供的非常方便的通用异常处理工具，不过需要注意的是，它只能处理请求处理过程中抛出的异常，异常处理本身所抛出的异常和视图解析过程中抛出的异常它是不能处理的。

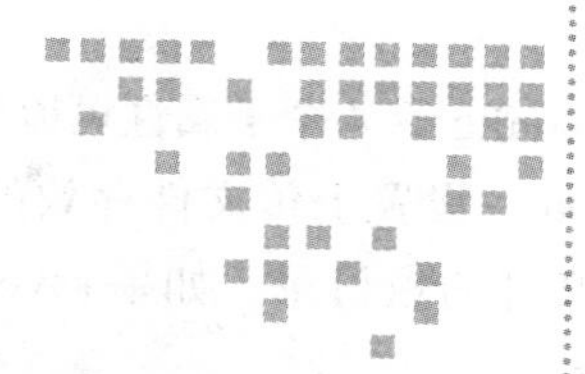

第 17 章 Chapter 17

MultipartResolver

MultipartResolver 用于处理上传请求，有两个实现类：StandardServletMultipartResolver 和 CommonsMultipartResolver。前者使用了 Servlet3.0 标准的上传方式，后者使用了 Apache 的 commons-fileupload。

17.1 StandardServletMultipartResolver

StandardServletMultipartResolver 使用了 Servlet3.0 标准的上传方式，在 Servlet3.0 中上传文件非常简单，只需要调用 request 的 getParts 方法就可以获取所有上传的文件。如果想单独获取某个文件可以使用 request.getPart（fileName），获取到 Part 后直接调用它到 write(saveFileName) 方法就可以将文件保存为以 saveFileName 为文件名的文件，也可以调用 getInputStream 获取 InputStream。如果想要使用这种上传方式还需要在配置上传文件的 Servlet 时添加 multipart-config 属性，例如，我们使用的 Spring MVC 中所有的请求都在 DispatcherServlet 这个 Servlet 中，所以可以给它配置上 multipart-config，如下所示：

```
<!-- web.xml  -->
<servlet>
    <servlet-name>let'sGo</servlet-name>
    <servlet-class>org.springframework.web.servlet.DispatcherServlet</servlet-class>
    <load-on-startup>1</load-on-startup>
    <multipart-config>
        <location>/tmp</location>
        <max-file-size>-1</max-file-size>
        <max-request-size>-1</max-request-size>
        <file-size-threshold>0</file-size-threshold>
    </multipart-config>
```

```
</servlet>
```

multipart-config 有 4 个子属性可以配置，下面分别介绍：

- location：设置上传文件存放的根目录，也就是调用 Part 的 write(saveFileName) 方法保存文件的根目录。如果 saveFileName 带了绝对路径，将以 saveFileName 所带路径为准。
- max-file-size：设置单个上传文件的最大值，默认值为 -1，表示无限制。
- max-request-size：设置一次上传的所有文件总和的最大值，默认值为 -1，表示无限制。
- file-size-threshold：设置不写入硬盘的最大数据量，默认值为 0，表示所有上传的文件都会作为一个临时文件写入硬盘。

下面看一下 StandardServletMultipartResolver，它的代码非常简单。

```
package org.springframework.web.multipart.support;
// 省略了imports
public class StandardServletMultipartResolver implements MultipartResolver {
    private boolean resolveLazily = false;
    public void setResolveLazily(boolean resolveLazily) {
        this.resolveLazily = resolveLazily;
    }
    @Override
    public boolean isMultipart(HttpServletRequest request) {
        if (!"post".equals(request.getMethod().toLowerCase())) {
            return false;
        }
        String contentType = request.getContentType();
        return (contentType != null && contentType.toLowerCase().
            startsWith("multipart/"));
    }
    @Override
    public MultipartHttpServletRequest resolveMultipart(HttpServletRequest
        request) throws MultipartException {
        return new StandardMultipartHttpServletRequest(request, this.
            resolveLazily);
    }
    @Override
    public void cleanupMultipart(MultipartHttpServletRequest request) {
        try {
            for (Part part : request.getParts()) {
               if (request.getFile(part.getName()) != null) {
                   part.delete();
               }
            }
        }catch (Exception ex) {
            LogFactory.getLog(getClass()).warn("Failed to perform cleanup of
                multipart items", ex);
        }
    }
}
```

如何判断是不是上传请求呢？在 isMultipart 方法中首先判断是不是 post 请求，如果是则再检查 contentType 是不是以“multipart/”开头，如果也是则认为是上传请求。

resolveMultipart 方法直接将当前请求封装成 StandardMultipartHttpServletRequest 并返回。

cleanupMultipart 方法删除了缓存。

下面来看一下 StandardMultipartHttpServletRequest。

```
//org.springframework.web.multipart.support.StandardMultipartHttpServletRequest
private void parseRequest(HttpServletRequest request) {
    try {
        Collection<Part> parts = request.getParts();
        this.multipartParameterNames = new LinkedHashSet<String>(parts.size());
        MultiValueMap<String, MultipartFile> files = new LinkedMultiValueMap<String,
            MultipartFile>(parts.size());
        for (Part part : parts) {
            String filename = extractFilename(part.getHeader(CONTENT_DISPOSITION));
            if (filename != null) {
                files.add(part.getName(), new StandardMultipartFile(part, filename));
            }
            else {
                this.multipartParameterNames.add(part.getName());
            }
        }
        setMultipartFiles(files);
    }catch (Exception ex) {
        throw new MultipartException("Could not parse multipart servlet request",ex);
    }
}
```

可以看到，它的大概思路就是通过 request 的 getParts 方法获取所有 Part，然后使用它们创建出 File 并保存到对应的属性，以便在处理器中可以直接调用。

17.2 CommonsMultipartResolver

CommonsMultipartResolver 使用了 commons-fileupload 来完成具体的上传操作。

在 CommonsMultipartResolver 中，判断是不是上传请求的 isMultipart，这将交给 commons-fileupload 的 ServletFileUpload 类完成，代码如下：

```
//org.springframework.web.multipart.commons.CommonsMultipartResolver
public boolean isMultipart(HttpServletRequest request) {
    return (request != null && ServletFileUpload.isMultipartContent(request));
}
```

CommonsMultipartResolver 中实际处理 request 的方法是 resolveMultipart，代码如下：

```
//org.springframework.web.multipart.commons.CommonsMultipartResolver
public MultipartHttpServletRequest resolveMultipart(final HttpServletRequest
    request) throws MultipartException {
    Assert.notNull(request, "Request must not be null");
```

```
    if (this.resolveLazily) {
       return new DefaultMultipartHttpServletRequest(request) {
         @Override
         protected void initializeMultipart() {
            MultipartParsingResult parsingResult = parseRequest(request);
            setMultipartFiles(parsingResult.getMultipartFiles());
            setMultipartParameters(parsingResult.getMultipartParameters());
            setMultipartParameterContentTypes(parsingResult.
                getMultipartParameterContentTypes());
            }
       };
    } else {
       MultipartParsingResult parsingResult = parseRequest(request);
       return new DefaultMultipartHttpServletRequest(request, parsingResult.
           getMultipartFiles(),
       parsingResult.getMultipartParameters(), parsingResult.getMultipartParame
           terContentTypes());
    }
}
```

它根据不同的 resolveLazily 配置使用了两种不同的方法，不过都是将 Request 转换为 DefaultMultipartHttpServletRequest 类型，而且都使用 parseRequest 方法进行处理。

如果 resolveLazily 为 true，则会将 parsingResult 方法放在 DefaultMultipartHttpServlet-Request 类重写的 initializeMultipart 方法中，initializeMultipart 方法只有在调用相应的 get 方法（getMultipartFiles、getMultipartParameters 或 getMultipartParameterContentTypes）时才会被调用。

如果 resolveLazily 为 false，则将会先调用 parseRequest 方法来处理 request，然后将处理的结果传入 DefaultMultipartHttpServletRequest。

parseRequest 方法是使用 commons-fileupload 中的 FileUpload 组件解析出 fileItems，然后再调用 parseFileItems 方法将 fileItems 分为参数和文件两类，并设置到三个 Map 中，三个 Map 分别用于保存参数、参数的 ContentType 和上传的文件，代码如下：

```
//org.springframework.web.multipart.commons.CommonsMultipartResolver
protected MultipartParsingResult parseRequest(HttpServletRequest request) throws
    MultipartException {
    String encoding = determineEncoding(request);
    FileUpload fileUpload = prepareFileUpload(encoding);
    try {
        List<FileItem> fileItems = ((ServletFileUpload) fileUpload).
            parseRequest(request);
        return parseFileItems(fileItems, encoding);
    }atch (FileUploadBase.SizeLimitExceededException ex) {
        throw new MaxUploadSizeExceededException(fileUpload.getSizeMax(), ex);
    }catch (FileUploadException ex) {
        throw new MultipartException("Could not parse multipart servlet request",
            ex);
    }
}
//org.springframework.web.multipart.commons.CommonsFileUploadSupport
protected MultipartParsingResult parseFileItems(List<FileItem> fileItems, String
```

```
encoding) {
MultiValueMap<String,MultipartFile>multipartFiles=new LinkedMultiValueMap
    <String,MultipartFile>();
Map<String, String[]> multipartParameters = new HashMap<String, String[]>();
Map<String, String> multipartParameterContentTypes = new HashMap<String,
    String>();
// 将fileItems分为文件和参数两类，并设置到对应的Map
for (FileItem fileItem : fileItems) {
  // 如果是参数类型
  if (fileItem.isFormField()) {
     String value;
     String partEncoding = determineEncoding(fileItem.getContentType(),
         encoding);
     if (partEncoding != null) {
        try {
           value = fileItem.getString(partEncoding);
        } catch (UnsupportedEncodingException ex) {
           if (logger.isWarnEnabled()) {
              logger.warn("Could not decode multipart item '" + fileItem.
                  getFieldName() +
                    "' with encoding '" + partEncoding + "': using platform
                        default");
           }
           value = fileItem.getString();
        }
     } else {
        value = fileItem.getString();
     }
     String[] curParam = multipartParameters.get(fileItem.getFieldName());
     if (curParam == null) {
        // 单个参数
        multipartParameters.put(fileItem.getFieldName(), new String[]
            {value});
     } else {
        // 数组参数
        String[] newParam = StringUtils.addStringToArray(curParam, value);
        multipartParameters.put(fileItem.getFieldName(), newParam);
     }
     // 保存参数的ContentType
     multipartParameterContentTypes.put(fileItem.getFieldName(), fileItem.
         getContentType());
  } else {
     // 如果是文件类型
     CommonsMultipartFile file = new CommonsMultipartFile(fileItem);
     multipartFiles.add(file.getName(), file);
     if (logger.isDebugEnabled()) {
        logger.debug("Found multipart file [" + file.getName() + "] of size "
            + file.getSize() +
              " bytes with original filename [" + file.getOriginalFilename() +
                  "], stored " +
              file.getStorageDescription());
     }
  }
```

```
    }
    return new MultipartParsingResult(multipartFiles, multipartParameters, multip
        artParameterContentTypes);
}
```

通过上面这些步骤就将 request 转换为 DefaultMultipartHttpServletRequest 类型，并将解析出的三类参数设置到对应的 Map。最后来看一下清理上传缓存的方法。代码如下：

```
//org.springframework.web.multipart.commons.CommonsMultipartResolver
public void cleanupMultipart(MultipartHttpServletRequest request) {
    if (request != null) {
        try {
            cleanupFileItems(request.getMultiFileMap());
        }catch (Throwable ex) {
            logger.warn("Failed to perform multipart cleanup for servlet request",ex);
        }
    }
}
//org.springframework.web.multipart.commons.CommonsFileUploadSupport
protected void cleanupFileItems(MultiValueMap<String, MultipartFile>
    multipartFiles) {
    for (List<MultipartFile> files : multipartFiles.values()) {
        for (MultipartFile file : files) {
            if (file instanceof CommonsMultipartFile) {
                CommonsMultipartFile cmf = (CommonsMultipartFile) file;
                cmf.getFileItem().delete();
                if (logger.isDebugEnabled()) {
                    logger.debug("Cleaning up multipart file [" + cmf.getName() + "]
                        with original filename [" +cmf.getOriginalFilename() + "],
                        stored " + cmf.getStorageDescription());
                }
            }
        }
    }
}
```

清理缓存的 cleanupMultipart 方法获取到 request 里的 multiFileMap（保存着上传文件）后将具体清理工作交给了 cleanupFileItems 方法，后者遍历传入的文件并将它们删除，因为删除的是 MultiValueMap 类型，所以使用了两层循环来操作。

17.3 小结

本章分析了 MultipartResolver 的两个实现类，MultipartResolver 的作用就是将上传请求包装成可以直接获取 File 的 Request，从而方便操作。所以 MultipartResolver 的重点是从 Request 中解析出上传的文件并设置到相应上传类型的 Request 中。具体解析上传文件的过程使用 Servlet 的标准上传和 Apache 的 commons-fileupload 两种方式来完成，它们所对应的 Request 分别为 StandardMultipartHttpServletRequest 和 DefaultMultipartHttpServletRequest 类型。

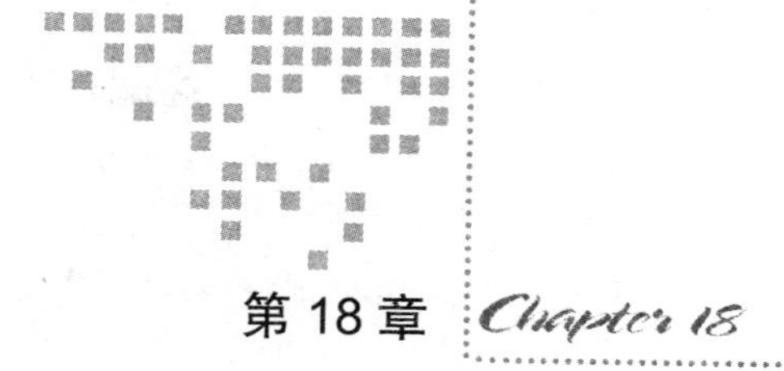

第 18 章 Chapter 18

LocaleResolver

LocaleResolver 的作用是使用 request 解析出 Locale，它的继承结构如图 18-1 所示。

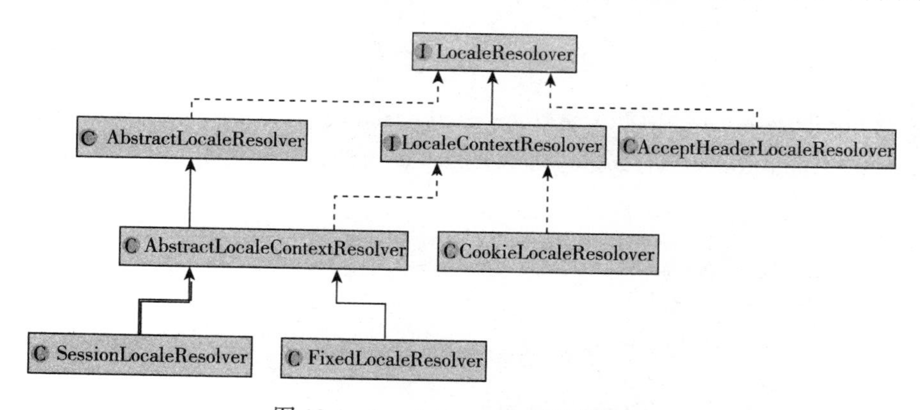

图 18-1　LocaleResolver 继承结构图

虽然 LocaleResolver 的实现类结构看起来比较复杂，但是实现却非常简单。在 LocaleResolver 的实现类中，AcceptHeaderLocaleResolver 直接使用了 Header 里的“acceptlanguage”值，不可以在程序中修改；FixedLocaleResolver 用于解析出固定的 Locale，也就是说在创建时就设置好确定的 Locale，之后无法修改；SessionLocaleResolver 用于将 Locale 保存到 Session 中，可以修改；CookieLocaleResolver 用于将 Locale 保存到 Cookie 中，可以修改。

另外，从 Spring MVC4.0 开始，LocaleResolver 添加了一个子接口 LocaleContextResolver，其中增加了获取和设置 LocaleContext 的能力，并添加了抽象类 AbstractLocaleContextResolver，

抽象类添加了对 TimeZone 也就是时区的支持。LocaleContextResolver 接口定义如下：

```
package org.springframework.web.servlet;
// 省略了imports
public interface LocaleContextResolver extends LocaleResolver {
    LocaleContext resolveLocaleContext(HttpServletRequest request);
    void setLocaleContext(HttpServletRequest request, HttpServletResponse
        response, LocaleContext localeContext);
}
```

下面分别看一下这些实现类，先来看 AcceptHeaderLocaleResolver，这个类直接实现的 LocaleResolver 接口，代码非常简单，如下所示：

```
package org.springframework.web.servlet.i18n;
// 省略了imports
public class AcceptHeaderLocaleResolver implements LocaleResolver {
   @Override
   public Locale resolveLocale(HttpServletRequest request) {
      return request.getLocale();
   }
   @Override
   public void setLocale(HttpServletRequest request, HttpServletResponse
       response, Locale locale) {
      throw new UnsupportedOperationException(
            "Cannot change HTTP accept header - use a different locale resolution
                strategy");
   }
}
```

再来看 LocaleResolver 的抽象实现类 AbstractLocaleResolver。这个类也很简单，只是添加默认 Locale 的 defaultLocale 属性，并添加 getter/setter 方法，并未实现接口方法，代码如下：

```
package org.springframework.web.servlet.i18n;
// 省略了imports
public abstract class AbstractLocaleResolver implements LocaleResolver {
   private Locale defaultLocale;
   public void setDefaultLocale(Locale defaultLocale) {
      this.defaultLocale = defaultLocale;
   }
   protected Locale getDefaultLocale() {
      return this.defaultLocale;
   }
}
```

下面来看 Spring MVC 新增加的 AbstractLocaleContextResolver 类，它里面做了两件事：①添加默认时区的属性 defaultTimeZone，以及其 getter/setter 方法；②提供 LocaleResolver 接口的默认实现，实现方法是使用 LocaleContext。代码如下：

```
package org.springframework.web.servlet.i18n;
// 省略了imports
public abstract class AbstractLocaleContextResolver extends AbstractLocale-
    Resolver implements LocaleContextResolver {
```

```
    private TimeZone defaultTimeZone;
    public void setDefaultTimeZone(TimeZone defaultTimeZone) {
        this.defaultTimeZone = defaultTimeZone;
    }
    public TimeZone getDefaultTimeZone() {
        return this.defaultTimeZone;
    }
    @Override
    public Locale resolveLocale(HttpServletRequest request) {
        return resolveLocaleContext(request).getLocale();
    }
    @Override
    public void setLocale(HttpServletRequest request, HttpServletResponse
        response, Locale locale) {
        setLocaleContext(request,response,(locale!=null?new SimpleLocaleContext(locale)
            : null));
    }
}
```

剩下的三个类就是实际解析 Locale 的类了，下面分别看一下。先来看使用固定 Locale 的 FixedLocaleResolver。

```
package org.springframework.web.servlet.i18n;
// 省略了imports
public class FixedLocaleResolver extends AbstractLocaleContextResolver {
    public FixedLocaleResolver() {
        setDefaultLocale(Locale.getDefault());
    }
    public FixedLocaleResolver(Locale locale) {
        setDefaultLocale(locale);
    }
    public FixedLocaleResolver(Locale locale, TimeZone timeZone) {
        setDefaultLocale(locale);
        setDefaultTimeZone(timeZone);
    }
    @Override
    public Locale resolveLocale(HttpServletRequest request) {
        Locale locale = getDefaultLocale();
        if (locale == null) {
            locale = Locale.getDefault();
        }
        return locale;
    }
    @Override
    public LocaleContext resolveLocaleContext(HttpServletRequest request) {
        return new TimeZoneAwareLocaleContext() {
            @Override
            public Locale getLocale() {
                return getDefaultLocale();
            }
            @Override
            public TimeZone getTimeZone() {
                return getDefaultTimeZone();
```

```
            }
        };
    }
    @Override
    public void setLocaleContext(HttpServletRequest request, HttpServletResponse
        response, LocaleContext localeContext) {
        throw new UnsupportedOperationException("Cannot change fixed locale - use a
            different locale resolution strategy");
    }
}
```

FixedLocaleResolver 继承自 AbstractLocaleContextResolver，也就具有了 defaultLocale 和 defaultTimeZone 属性。FixedLocaleResolver 在构造方法里对这两个属性进行了设置，它一共有三个构造方法，其中，如果有 Locale、TimeZone 参数则将其设置为默认值，无参数的构造方法会使用 Locale.getDefault() 作为默认 Locale，这时一般为 Java 虚拟机所在环境的 Locale，也可以人为修改。

resolveLocaleContext 方法返回新建的 TimeZoneAwareLocaleContext 匿名类，其中 getLocale 和 getTimeZone 使用了 defaultLocale 和 defaultTimeZone。

setLocaleContext 方法不支持使用，相应的 setLocale 方法也不支持使用，因为它在父类中调用了 setLocaleContext。也就是说，这里的 Locale 和 TimeZone 都是不可以修改的，最初设置的什么就是什么，设置之后就不可以修改。设置 Locale 和 TimeZone 的方法是在配置 FixedLocaleResolver 时设置的，可以通过设置构造方法的参数来设置，也可以直接设置 defaultLocale 和 defaultTimeZone 属性。

SessionLocaleResolver 和 FixedLocaleResolver 的实现差不多，只不过把从默认值获取变成从 Session 中获取，不过如果获取不到还会使用默认值。另外 SessionLocaleResolver 添加了设置（也就是修改）LocaleContext 的支持。解析 Locale 的 resolveLocale 方法代码如下：

```
// org.springframework.web.servlet.i18n.SessionLocaleResolver
public Locale resolveLocale(HttpServletRequest request) {
    Locale locale = (Locale) WebUtils.getSessionAttribute(request, LOCALE_SESSION_
        ATTRIBUTE_NAME);
    if (locale == null) {
        locale = determineDefaultLocale(request);
    }
    return locale;
}
protected Locale determineDefaultLocale(HttpServletRequest request) {
    Locale defaultLocale = getDefaultLocale();
    if (defaultLocale == null) {
        defaultLocale = request.getLocale();
    }
    return defaultLocale;
}
```

这里首先从 Session 中获取，如果获取不到会调用 determineDefaultLocale 方法获取默认值，determineDefaultLocale 方法会先获取 defaultLocale，如果获取不到会调用 Request 的

getLocale 方法获取 Request 头的 Locale。

解析 LocaleContext 的方法除 resolveLocale 方法外，还可以使用 resolveLocaleContext 方法，它和前者的解析方式一样，只是在前者的基础上增加了对 TimeZone 解析的内容，代码如下：

```
// org.springframework.web.servlet.i18n.SessionLocaleResolver
public LocaleContext resolveLocaleContext(final HttpServletRequest request) {
    return new TimeZoneAwareLocaleContext() {
        @Override
        public Locale getLocale() {
            Locale locale = (Locale) WebUtils.getSessionAttribute(request, LOCALE_
                SESSION_ATTRIBUTE_NAME);
            if (locale == null) {
                locale = determineDefaultLocale(request);
            }
            return locale;
        }
        @Override
        public TimeZone getTimeZone() {
            TimeZone timeZone = (TimeZone) WebUtils.getSessionAttribute(request,
                TIME_ZONE_SESSION_ATTRIBUTE_NAME);
            if (timeZone == null) {
                timeZone = determineDefaultTimeZone(request);
            }
            return timeZone;
        }
    };
}
protected TimeZone determineDefaultTimeZone(HttpServletRequest request) {
    return getDefaultTimeZone();
}
```

其中解析 TimeZone 的过程和解析 Locale 的过程一样，先从 Session 中获取，如果获取不到则使用默认值。

下面看一下设置 LocaleContext 的 setLocaleContext 方法，代码如下：

```
// org.springframework.web.servlet.i18n.SessionLocaleResolver
public void setLocaleContext(HttpServletRequest request, HttpServletResponse
    response, LocaleContext localeContext) {
    Locale locale = null;
    TimeZone timeZone = null;
    if (localeContext != null) {
        locale = localeContext.getLocale();
        if (localeContext instanceof TimeZoneAwareLocaleContext) {
            timeZone = ((TimeZoneAwareLocaleContext) localeContext).getTimeZone();
        }
    }
    WebUtils.setSessionAttribute(request, LOCALE_SESSION_ATTRIBUTE_NAME, locale);
    WebUtils.setSessionAttribute(request, TIME_ZONE_SESSION_ATTRIBUTE_NAME,
        timeZone);
}
```

这里先从 LocaleContext 中获取 Locale 和 TimeZone，然后设置到 Session 中。

SessionLocaleResolver 就分析完毕。CookieLocaleResolver 和 SessionLocaleResolver 的处理方式非常相似，只是将 Session 变成 Cookie 来保存属性。另外由于 CookieLocaleResolver 为了处理 Cookie 方便而继承了 CookieGenerator，所以它就不能继承 AbstractLocaleContextResolver，不过它仍然提供保存默认 Locale 和 TimeZone 的属性 defaultLocale 和 defaultTimeZone，这只是自己定义的，具体代码就不叙述了。

第 19 章 Chapter 19

ThemeResolver

ThemeResolver 用于根据 request 解析 Theme，其继承结构如图 19-1 所示。

ThemeResolver 的实现和 LocaleResolver 非常相似，而且继承结构也非常相似，不过没有像 LocaleResolver 那样添加新的子接口，所以相对来说要更简单。

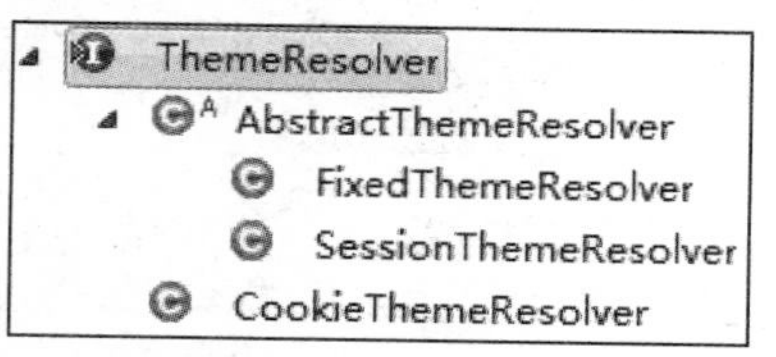

图 19-1　ThemeResolver 继承结构图

AbstractThemeResolver 设置了默认主题名 defaultThemeName 属性，并提供了其 getter/setter 方法，defaultThemeName 的默认值为“theme”，代码如下：

```
package org.springframework.web.servlet.theme;
import org.springframework.web.servlet.ThemeResolver;
public abstract class AbstractThemeResolver implements ThemeResolver {
    public final static String ORIGINAL_DEFAULT_THEME_NAME = "theme";
    private String defaultThemeName = ORIGINAL_DEFAULT_THEME_NAME;
    public void setDefaultThemeName(String defaultThemeName) {
        this.defaultThemeName = defaultThemeName;
    }
    public String getDefaultThemeName() {
        return this.defaultThemeName;
    }
}
```

FixedThemeResolver 用于解析固定的主题名，主题名在创建时设置，不能修改。其实就是设置一个固定的主题，代码如下：

```
package org.springframework.web.servlet.theme;
import javax.servlet.http.HttpServletRequest;
import javax.servlet.http.HttpServletResponse;
public class FixedThemeResolver extends AbstractThemeResolver {
```

```
    @Override
    public String resolveThemeName(HttpServletRequest request) {
       return getDefaultThemeName();
    }
    @Override
    public void setThemeName(HttpServletRequest request, HttpServletResponse
         response, String themeName) {
         throw new UnsupportedOperationException("Cannot change theme - use a
             different theme resolution strategy");
    }
}
```

SessionThemeResolver 将主题保存到 Session 中，可以修改，代码如下：

```
package org.springframework.web.servlet.theme;
// 省略了imports
public class SessionThemeResolver extends AbstractThemeResolver {
    public static final String THEME_SESSION_ATTRIBUTE_NAME = SessionThemeResolver.
        class.getName() + ".THEME";
    @Override
    public String resolveThemeName(HttpServletRequest request) {
        String themeName = (String) WebUtils.getSessionAttribute(request, THEME_
            SESSION_ATTRIBUTE_NAME);
        // A specific theme indicated, or do we need to fallback to the default?
        return (themeName != null ? themeName : getDefaultThemeName());
    }
    @Override
    public void setThemeName(HttpServletRequest request, HttpServletResponse
        response, String themeName) {
        WebUtils.setSessionAttribute(request, THEME_SESSION_ATTRIBUTE_NAME,
                (StringUtils.hasText(themeName) ? themeName : null));
    }
}
```

CookieThemeResolver 将主题保存到 Cookie 中，它为了处理 Cookie 方便而继承了 CookieGenerator，所以就不能继承 AbstractThemeResolver 了，它自己实现了对默认主题的支持，解析和设置主题的接口方法如下：

```
//org.springframework.web.servlet.theme.CookieThemeResolver
public String resolveThemeName(HttpServletRequest request) {
   // 检查是否已经存在request的属性中
   String themeName = (String) request.getAttribute(THEME_REQUEST_ATTRIBUTE_
       NAME);
   if (themeName != null) {
      return themeName;
   }
   // 从Cookie中获取主题
   Cookie cookie = WebUtils.getCookie(request, getCookieName());
   if (cookie != null) {
      String value = cookie.getValue();
      if (StringUtils.hasText(value)) {
         themeName = value;
      }
```

```
        }
        // 如果没获取到则使用默认值
        if (themeName == null) {
            themeName = getDefaultThemeName();
        }
        // 将获得的主题设置到request的属性
        request.setAttribute(THEME_REQUEST_ATTRIBUTE_NAME, themeName);
        return themeName;
    }
    @Override
    public void setThemeName(HttpServletRequest request, HttpServletResponse
            response, String themeName) {
        if (StringUtils.hasText(themeName)) {
            // 如果传入的主题不为空则设置到request并添加到Cookie
            request.setAttribute(THEME_REQUEST_ATTRIBUTE_NAME, themeName);
            addCookie(response, themeName);
        } else {
            // 如果传入的主题为空则将默认主题设置到request并删除主题相应Cookie
            request.setAttribute(THEME_REQUEST_ATTRIBUTE_NAME, getDefaultThemeName());
            removeCookie(response);
        }
    }
```

处理过程中会将解析到的主题设置到 request 的属性中以方便使用。设置（修改）主题时，如果传入的主题为空则将删除主题相应的 Cookie。

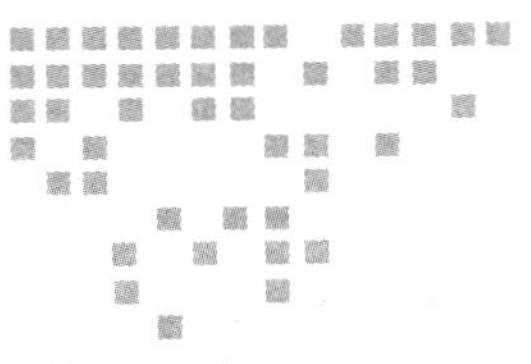

Chapter 20 第20章

FlashMapManager

FlashMapManager用来管理FlashMap，FlashMap用于在redirect时传递参数，前面已经介绍过。FlashMapManager的继承结构如图20-1所示。

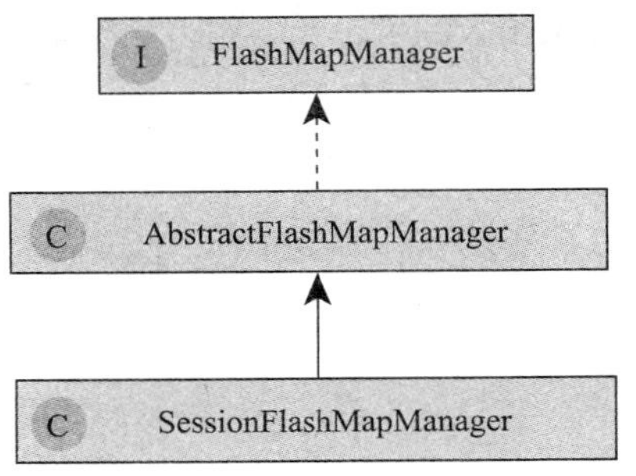

图20-1　FlashMapManager继承结构图

在Spring MVC中FlashMapManager的实现结构非常简单，一个抽象类和一个具体实现类，抽象类采用模板模式定义了整体流程，具体实现类SessionFlashMapManager通过模板方法提供了具体操作FlashMap的功能。

在具体分析代码前先说明两点：第一，实际在Session中保存的FlashMap是List<FlashMap>类型，也就是说，一个Session可以保存多个FlashMap，一个FlashMap保存着一套Redirect转发所传递的参数；第二，FlashMap继承自HashMap，它除了具有HashMap的功能和设置有效期，还可以保存Redirect后的目标路径和通过url传递的参数，这两项内容主要用来从Session保存的多个FlashMap中查找当前请求的FlashMap。

明白上面两点AbstractFlashMapManager后就容易分析了，下面先来看保存FlashMap的saveOutputFlashMap方法。

```
// org.springframework.web.servlet.support.AbstractFlashMapManager
public final void saveOutputFlashMap(FlashMap flashMap, HttpServletRequest request,
    HttpServletResponse response) {
    if (CollectionUtils.isEmpty(flashMap)) {
        return;
    }
    // 首先对flashMap中的转发地址和参数进行编码，这里的request主要用来获取当前编码方式
```

```
    String path = decodeAndNormalizePath(flashMap.getTargetRequestPath(), request);
    flashMap.setTargetRequestPath(path);
    decodeParameters(flashMap.getTargetRequestParams(), request);

    if (logger.isDebugEnabled()) {
        logger.debug("Saving FlashMap=" + flashMap);
    }
// 设置有效期
    flashMap.startExpirationPeriod(getFlashMapTimeout());
    // 用于获取互斥变量，是模板方法，如果子类返回值不为null则同步执行，否则不需要同步
    Object mutex = getFlashMapsMutex(request);
    if (mutex != null) {
        synchronized (mutex) {
// 取回保存的List<FlashMap>，如果没获取到则新建一个，然后添加现有的flashMap
            // retrieveFlashMaps方法用于获取List<FlashMap>，是模板方法，子类实现
            List<FlashMap> allFlashMaps = retrieveFlashMaps(request);
            allFlashMaps = (allFlashMaps != null ? allFlashMaps : new CopyOnWriteArrayList
                <FlashMap>());
            allFlashMaps.add(flashMap);
            // 将添加完的List<FlashMap>更新到存储介质，是模板方法，子类实现
            updateFlashMaps(allFlashMaps, request, response);
        }
    }else {
        List<FlashMap> allFlashMaps = retrieveFlashMaps(request);
        allFlashMaps = (allFlashMaps != null ? allFlashMaps : new LinkedList<FlashMap>());
        allFlashMaps.add(flashMap);
        updateFlashMaps(allFlashMaps, request, response);
    }
}
```

整个过程是这样的，首先对 flashMap 中的目标地址和 url 参数进行编码，编码格式使用当前 request 获取；其次设置有效期，有效期可以通过 flashMapTimeout 参数配置，默认值是 180 秒；然后将 flashMap 添加到整体的 List<FlashMap> 中并更新。

最后一步添加到 List<FlashMap> 中并更新的过程首先通过模板方法 getFlashMapsMutex 获取互斥变量，如果可以获取到则使用同步方式更新，如果获取不到则不使用同步。更新过程是先将原来保存的 List<FlashMap> 获取到，如果原来没有则新建一个，然后将现在的 flashMap 添加进去再调用 updateFlashMaps 模板方法进行更新。retrieveFlashMaps、getFlashMapsMutex 和 updateFlashMaps 方法都在子类 SessionFlashMapManager 中实现，代码如下：

```
// org.springframework.web.servlet.support.SessionFlashMapManager
protected List<FlashMap> retrieveFlashMaps(HttpServletRequest request) {
    HttpSession session = request.getSession(false);
    return (session != null ? (List<FlashMap>) session.getAttribute(FLASH_MAPS_
        SESSION_ATTRIBUTE) : null);
}
protected void updateFlashMaps(List<FlashMap> flashMaps, HttpServletRequest
    request, HttpServletResponse response) {
    WebUtils.setSessionAttribute(request, FLASH_MAPS_SESSION_ATTRIBUTE,
        (!flashMaps.isEmpty() ? flashMaps : null));
}
```

```
@Override
protected Object getFlashMapsMutex(HttpServletRequest request) {
    return WebUtils.getSessionMutex(request.getSession());
}
```

它们都是使用 WebUtils 对 Session 进行操作的。

下面介绍获取 flashMap 的 retrieveAndUpdate 方法，代码如下：

```
// org.springframework.web.servlet.support.AbstractFlashMapManager
public final FlashMap retrieveAndUpdate(HttpServletRequest request,
    HttpServletResponse response) {
   // 从存储介质中获取List<FlashMap>，是模板方法，子类实现
   List<FlashMap> allFlashMaps = retrieveFlashMaps(request);
   if (CollectionUtils.isEmpty(allFlashMaps)) {
      return null;
   }

   if (logger.isDebugEnabled()) {
      logger.debug("Retrieved FlashMap(s): " + allFlashMaps);
   }
   // 检查过期的flashMap，并将它们设置到mapsToRemove变量
   List<FlashMap> mapsToRemove = getExpiredFlashMaps(allFlashMaps);
   // 获取与当前request匹配的flashMap，并设置到match变量
   FlashMap match = getMatchingFlashMap(allFlashMaps, request);
   // 如果有匹配的则将其添加到mapsToRemove，待下面删除
   if (match != null) {
      mapsToRemove.add(match);
   }
   // 删除mapsToRemove中保存的变量
   if (!mapsToRemove.isEmpty()) {
      if (logger.isDebugEnabled()) {
         logger.debug("Removing FlashMap(s): " + mapsToRemove);
      }
      Object mutex = getFlashMapsMutex(request);
      if (mutex != null) {
         synchronized (mutex) {
            allFlashMaps = retrieveFlashMaps(request);
            if (allFlashMaps != null) {
               allFlashMaps.removeAll(mapsToRemove);
               updateFlashMaps(allFlashMaps, request, response);
            }
         }
      }else {
         allFlashMaps.removeAll(mapsToRemove);
         updateFlashMaps(allFlashMaps, request, response);
      }
   }
   return match;
}
```

整个过程是这样的：首先使用 retrieveFlashMaps 模板方法获取 List<FlashMap>；然后检查其中已经过期的 FlashMap 并保存，检查方法通过保存时设置的过期时间进行判断；接着调用

getMatchingFlashMap 方法从获取的 List<FlashMap> 中找出和当前 request 相匹配的 FlashMap；最后将过期的和与当前请求相匹配的 FlashMap 从 List<FlashMap> 中删除并更新到 Session 中，将与当前 request 匹配的返回。

查找与当前 Request 相匹配的 FlashMap 的 getMatchingFlashMap 方法，代码如下：

```
// org.springframework.web.servlet.support.AbstractFlashMapManager
private FlashMap getMatchingFlashMap(List<FlashMap> allMaps, HttpServletRequest
    request) {
   List<FlashMap> result = new LinkedList<FlashMap>();
   for (FlashMap flashMap : allMaps) {
      if (isFlashMapForRequest(flashMap, request)) {
         result.add(flashMap);
      }
   }
   if (!result.isEmpty()) {
      Collections.sort(result);
      if (logger.isDebugEnabled()) {
         logger.debug("Found matching FlashMap(s): " + result);
      }
      return result.get(0);
   }
   return null;
}
```

这里遍历了所有的 FlashMap 然后调用 isFlashMapForRequest 方法实际检查是否匹配，如果匹配则保存到临时变量 result，遍历完后可能会有多个匹配的结果，最后将它们排序并返回第一个，isFlashMapForRequest 方法代码如下：

```
// org.springframework.web.servlet.support.AbstractFlashMapManager
protected boolean isFlashMapForRequest(FlashMap flashMap, HttpServletRequest
    request) {
   // 检查目标路径，如果FlashMap中保存的路径和Request不匹配则返回false
   String expectedPath = flashMap.getTargetRequestPath();
   if (expectedPath != null) {
      String requestUri = getUrlPathHelper().getOriginatingRequestUri(request);
      if (!requestUri.equals(expectedPath) && !requestUri.equals(expectedPath +
            "/")) {
         return false;
      }
   }
   // 检查参数，如果FlashMap中保存的url参数在Request中没有则返回false
   MultiValueMap<String, String> targetParams = flashMap.getTargetRequestParams();
   for (String expectedName : targetParams.keySet()) {
      for (String expectedValue : targetParams.get(expectedName)) {
         if (!ObjectUtils.containsElement(request.getParameterValues(expectedNa
               me), expectedValue)) {
            return false;
         }
      }
   }
   return true;
}
```

这里的检查方法就是通过 FlashMap 中保存的目标地址和 url 参数与 Request 进行比较的，如果保存的目标地址和 Request 的 url 以及 url+“/”都不一样则返回 false，如果 FlashMap 中保存的 url 参数在 Request 中没有也返回 false，如果这两项都合格则返回 true。

整个取回 FlashMap 的过程分析完毕，从这里可以看出两件事情：①每次取回 FlashMap 时都会对所有保存的参数检查是否过期，而且只有在取回的时候才会检查，也就是说虽然设置的过期时间是 180 秒，但是如果在更长的时间内没有过取回 FlashMap 的操作，那么即使过期也不会被删除；②使用 request 匹配 FlashMap 是在所有的 FlashMap 中进行的，也就是说其结果可能包含已经过期但还没有被删除的。不过这并不会造成什么影响，因为这里的 FlashMap 正常情况下只有一个，参数使用完后会自动删除，所以全部遍历也不会有什么问题，另外 FlashMap 主要用在 redirect 中，这个过程是不需要人工参与的，时间一般会很短，而且即使过期了也不会有什么影响。

对 FlashMapManager 的分析就讲完了。

第四篇 Part 4

总结与补充

前面三篇已经将 Spring MVC 的源代码分析完毕，本篇主要对前面的内容做一个总结，另外再将异步请求相关的内容给大家做个补充。

学习完一样东西之后及时地总结可以在很短的时间内获得很大的收获，这不仅适用于开源框架的学习，同时也适用于其他内容的学习。这么做首先可以加深对所学内容的印象，更重要的是可以站在更高的层次来综合思考，这样就可以将所学的内容整合到一个整体结构中，并且这时候很容易想明白原来没理解的疑点，也就是所谓的将书“先看厚再看薄”中看薄的过程。

异步请求是现在比较热门的一种技术，Spring MVC 也提供了对它的支持，不过它的异步请求处理过程是分散在整个请求处理过程的各个环节中的，所以如果在分析 Spring MVC 怎么处理请求之前讲解异步处理会比较困难，另外异步请求有其独立的处理方式，如果将它的内容分散到对 Spring MVC 分析的过程中讲解将会加大大家对 Spring MVC 理解的难度，所以单独将这部分内容通过补充的形式放在最后讲解给大家。

Chapter 21 第21章

总　结

本章将对前面所分析的内容进行总结和回顾。首先总结一下 Spring MVC 的运行原理，然后通过实际跟踪一个请求来回顾整个处理过程。

21.1 Spring MVC 原理总结

Spring MVC 的本质是一个 Servlet，Servlet 的运行需要一个 Servlet 容器，如常用的 Tomcat。Servlet 容器帮我们统一做了像底层 Socket 连接那种通用但又很麻烦的工作，让我们开发网站程序变得简单，只需要按照 Servlet 的接口去做就可以了，而 Spring MVC 又在此基础上提供了一套通用的解决方案，这样我们连 Servlet 都不用写了，而只需要写最核心的业务就可以了，而且 Spring MVC 的使用非常灵活，几乎可以说，只要我们能想到的用法，Spring MVC 都可以做到。

为了让大家更好地理解 Spring MVC，我们开始以 Tomcat 为例分析 Servlet 容器的结构和原理。Tomcat 可以分为两大部分：连接器和容器，连接器专门用于处理网络连接相关的事情，如 Socket 连接、request 封装、连接线程池维护等工作，容器用来存放我们编写的网站程序，Tomcat 中一共有 4 层容器：Engine、Host、Context 和 Wrapper。一个 Wrapper 对应一个 Servlet，一个 Context 对应一个应用，一个 Host 对应一个站点，Engine 是引擎，一个容器只有一个。Context 和 Host 的区别是 Host 代表站点，如不同的域名，而 Context 表示一个应用，比如，默认情况下 webapps\ROOT 中存放的为主应用，对应一个站点的根路径，如 www.excelib.com。webapps 下别的目录则存放别的子应用，对应站点的子路径，如 webapps/test 目录存放着 www.excelib.com/test 应用，而所有 webapps 下的应用都属于同一个站点，它们每一个都对应一个 Context，如果想添加一个新站点，如 blog.excelib.com，则需要使用 Host。一套容器和多个连接器组成一个 Service，一个 Tomcat 中可以有多个 Service。

Servlet 接口一共定义了 5 个方法，其中 init 方法和 destroy 用于初始化和销毁 Servlet，整个生命周期中只会被调用一次；service 方法实际处理请求；getServletConfig 方法返回的 ServletConfig，可以获取到配置 Servlet 时使用 init-param 配置的参数，还可以获取 ServletContext；getServletInfo 方法可以获取到一些 Servlet 相关的信息，如作者、版权等，这个方法需要自己实现，默认返回空字符串。

Java 提供了两个 Servlet 的实现类：GenericServlet 和 HttpServlet。GenericServlet 主要做了三件事：①实现了 ServletConfig 接口，让我们可以直接调用 ServletConfig 中的方法；②提供了无参的 init 方法；③提供了 log 方法。HttpServlet 主要做了两件事：①将 ServletRequest 和 ServletResponse 转换为了 HttpServletRequest 和 HttpServletResponse；②根据 Http 请求类型（如 Get、Post 等）将请求路由到了 7 个不同的处理方法，这样在编写代码时只需要将不同类型的处理代码编写到不同的方法中就可以了，如常见的 doGet、doPost 方法就是在这里定义的。

Spring MVC 的本质是个 Servlet，这个 Servlet 继承自 HttpServlet。Spring MVC 中提供了三个层次的 Servlet：HttpServletBean、FrameworkServlet 和 DispatcherServlet，它们相互继承，HttpServletBean 直接继承自 Java 的 HttpServlet。HttpServletBean 用于将 Servlet 中配置的参数设置到相应的属性中，FrameworkServlet 初始化了 Spring MVC 中所使用的 WebApplicationContext，具体处理请求的 9 大组件是在 DispatcherServlet 中初始化的。整个 Servlet 继承结构如图 21-1 所示。

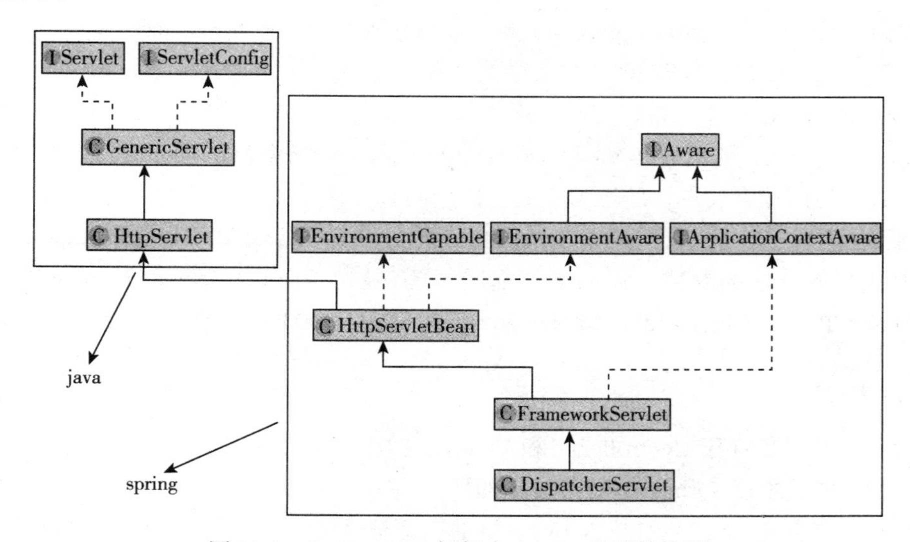

图 21-1 Spring MVC 框架中 Servlet 继承结构图

Spring MVC 的结构就总结到这里，接下来总结 Spring MVC 的请求处理过程。Spring MVC 中请求的处理主要在 DispatcherServlet 中，不过它上一层的 FrameworkServlet 也做了一些工作，首先它将所有类型的请求都转发到 processRequest 方法，然后在 processRequest 方法中做了三件事：①调用了 doService 模板方法具体处理请求，doService 方法在 DispatcherServlet 中实现；②将当前请求的 LocaleContext 和 ServletRequestAttributes 在处理请求前设置到了 LocaleContextHolder 和 RequestContextHolder，并在请求处理完成后恢复；③请求处理完后发布一个 ServletRequestHandledEvent 类型的消息。

DispatcherServlet 在 doServic 方法中将 webApplicationContext、localeResolver、themeResolver、themeSource、FlashMap 和 FlashMapManager 设置到 request 的属性中以方便使用，然后将请求交给 doDispatch 方法进行具体处理。

DispatcherServlet 的 doDispatch 方法按执行过程大致可以分为 4 步：①根据 request 找到 Handler；②根据找到的 Handler 找到对应的 HandlerAdapter；③用 HandlerAdapter 调用 Handler 处理请求；④调用 processDispatchResult 方法处理 Handler 处理之后的结果（主要处理异常和找到 View 并渲染输出给用户）。这 4 步中的每一步又有自己复杂的处理过程，详细内容这里就不介绍了，21.2 节会再和大家一起回顾。

对本书所讲内容的回顾就说到这里，但总结并没有结束，我们还应该站在全局的角度来仔细体会 Spring MVC 的设计理念，这才是最重要的，只有做到了这一步才可以说将 Spring MVC 看透了。

前面介绍过 Handler、HandlerMapping 和 HandlerAdapter 的关系，Handler 是具体干活的工具，HandlerMapping 用来找出需要的 Handler，HandlerAdapter 是怎么具体使用 Handler 干活，可以理解为使用工具的人。

一般做事情都是这个步骤，先找到工具，然后找到使用工具的人，最后人使用工具干活。这种思想就是 Spring MVC 的灵魂，它贯穿整个 Spring MVC。上面说的 Handler 是 MVC 中的 C 层，其实 Spring MVC 在 MVC 三层使用的都是这种思想，在 V 层也就是 View 层干活的工具是 View，查找 View 使用的是 ViewResolver 和 RequestToViewNameTranslator，因为 View 是标准的格式，使用非常简单，所以就没有“使用的人”这个角色；在 M 层也就是 Model 层，这层干活的就多了，注释了 @ModelAttribute 的方法、SessionAttribute、FlashMap、Model 以及需要执行的方法的参数和返回值等都属于这一层，HandlerMethodArgumentResolver 和 HandlerMethodReturnValueHandler、ModelFactory 和 FlashMapManager 是这一层中“使用的人”，HandlerMethodArgumentResolver 和 HandlerMethodReturnValueHandler 同时还担任着“查找工具”的角色。

因为 Model 层贯穿于 Controller 层和 View 层之中，所以很容易将其当作那两层中的内容，其实 Model 层才是 Spring MVC 最复杂的地方。

通过慢慢体会 Spring MVC 中 MVC 三层的三个角色可以让我们对 Spring MVC 理解得更加深入，真正将其看透。当然，深入体会的基础是需要先将各个组件的功能和实现方法弄明白，也就是只有先“把书看厚”然后才可以“看薄”。

21.2 实际跟踪一个请求

本节通过实际跟踪一个请求来完整梳理 Spring MVC 的请求处理过程。

这里给大家设计了一个给文章做评论的例子，大致流程是先去掉评论中的敏感词，然后保存到数据库，接着 redirect 到一个显示结果的处理器，在其中通过文章 Id 获取文章标题和文章内容，最后显示到页面。这个例子中用到 @ModelAttribute 注释的方法、@SessionAttributes 注释、PathVariable 参数、Model 参数、redirect 转发等。另外，这里的主要目的是跟踪 Spring MVC 的请求，所以就不实际操作数据库了，保存评论的语句省略，通过 Id 获取文章标题和内容是直接使用 Id+“号文章标题”和 Id+“号文章内容”来模拟的。

下面创建示例程序，首先在 web.xml 中配置 Spring MVC，代码如下：

```
<!-- web.xml  -->
<servlet>
    <servlet-name>followMe</servlet-name>
    <servlet-class>org.springframework.web.servlet.DispatcherServlet</servlet-class>
    <init-param>
        <param-name>contextConfigLocation</param-name>
        <param-value>classpath:followMe.xml</param-value>
    </init-param>
    <load-on-startup>1</load-on-startup>
</servlet>

<servlet-mapping>
    <servlet-name>followMe</servlet-name>
    <url-pattern>/</url-pattern>
</servlet-mapping>
```

这里配置了一个 followMe 的 Servlet，它的配置文件为 classpath 下的 followMe.xml 文件，其内容如下：

```
<?xml version="1.0" encoding="UTF-8"?>
<beans xmlns="http://www.springframework.org/schema/beans"
   xmlns:xsi="http://www.w3.org/2001/XMLSchema-instance" xmlns:p="http://www.
       springframework.org/schema/p"
   xmlns:context="http://www.springframework.org/schema/context"
   xmlns:mvc="http://www.springframework.org/schema/mvc"
   xsi:schemaLocation="http://www.springframework.org/schema/beans http://www.
       springframework.org/schema/beans/spring-beans.xsd
   http://www.springframework.org/schema/context http://www.springframework.org/
       schema/context/spring-context.xsd
   http://www.springframework.org/schema/mvc http://www.springframework.org/
       schema/mvc/spring-mvc.xsd">

<context:component-scan base-package="com.excelib" />
<mvc:annotation-driven />
<mvc:view-resolvers>
<bean class="org.springframework.web.servlet.view.InternalResourceViewResolver"
          p:prefix="/WEB-INF/views/jsp/"
          p:suffix=".jsp"/>
```

```
</mvc:view-resolvers>
</beans>
```

这里使用了 <mvc:annotation-driven/> 标签来配置，另外使用 <mvc:view-resolvers> 配置了ViewResolver，使用的是处理 jsp 的 InternalResourceViewResolver，并配置了 prefix 和 suffix。

下面是 Controller：

```
package com.excelib.controller;
// 省略了imports
@Controller
@SessionAttributes("articleId")
public class FollowMeController {
    private final Log logger = LogFactory.getLog(FollowMeController.class);
    private final String[] sensitiveWords = new String[]{"k1", "s2"};

    @ModelAttribute("comment")
    public String replaceSensitiveWords(String comment) throws IOException {
        if(comment != null){
            logger.info("原始comment: "+comment);
            for(String sw : sensitiveWords)
                comment = comment.replaceAll(sw, "");
            logger.info("去敏感词后comment: " + comment);
        }
        return comment;
    }

    @RequestMapping(value={"/articles/{articleId}/comment"})
    public String doComment(@PathVariable String articleId,RedirectAttributes
        attributes, Model model) throws Exception {
        attributes.addFlashAttribute("comment", model.asMap().get("comment"));
        model.addAttribute("articleId", articleId);
        // 此处将评论内容保存到数据库
        return "redirect:/showArticle";
    }

    @RequestMapping(value={"/showArticle"}, method= {RequestMethod.GET})
    public String showArticle(Model model, SessionStatus sessionStatus) throws
        Exception {
        String articleId = (String)model.asMap().get("articleId");
        model.addAttribute("articleTitle", articleId+"号文章标题");
        model.addAttribute("article", articleId+"号文章内容");
        sessionStatus.setComplete();
        return "article";
    }
}
```

去除敏感词是在注释了 @ModelAttribute 的 replaceSensitiveWords 方法执行中，这里使用了 final 的 String 数组属性 sensitiveWords 来保存敏感词，以“k1”和“s2”为例，实际使用时可以保存到数据库并读取到缓存中。

最后是创建显示页面，在 /WEB-INF/views/jsp/ 目录下新建一个 article.jsp 文件，内容如下：

```
<%@ page contentType="text/html;charset=UTF-8" language="java" %>
<html>
<head>
    <title>${articleTitle}</title>
</head>
<body>
    ${articleTitle}
    <hr width="10%" align="left"/>
    ${article}
    <br/><br/>
    评论<br/>
    ${comment}
</body>
</html>
```

这里的显示页面只是简单地输出了文章标题、文章内容和评论。

程序准备好了，下面开始分析。先大致分析一下启动过程，然后详细分析请求的处理过程。

因为在web.xml文件中给Spring MVC的Servlet配置了load-on-startup，所以程序启动时会初始化Spring MVC，在HttpServletBean中将配置的contextConfigLocation属性设置到Servlet中，然后在FrameworkServlet中创建了WebApplicationContext，DispatcherServlet根据contextConfigLocation配置的classpath下的followMe.xml文件初始化了Spring MVC中的组件。这就是Spring MVC容器创建的过程，下面来分析具体处理请求的过程。

评论正常应该使用表单的Post请求来操作，这里为了方便，直接使用了Get请求，这并不影响我们对请求的跟踪。启动程序后在浏览器中输入下面的网址（代表id为67的文章，评论是“好s2赞k1k1”）。

```
http://localhost:8080/articles/67/comment?comment=好s2赞k1k1
```

1）请求发送到服务器后，服务器程序就会分配一个Socket线程来跟它连接，接着创建出request和response，然后交给对应的Servlet处理，这样请求就从Servlet容器传递到了Servlet（Servlet容器）。

2）在Servlet中请求首先会被HttpServlet处理，在HttpServlet的service方法中将Servlet-Request和ServletResponse转换为HttpServletRequest和HttpServletResponse，并调用转换为后Request和Response的service方法（Java的HttpServlet）。

3）接下来请求就到了Spring MVC，在Spring MVC中首先由FrameworkServlet的service方法进行处理，这里service方法又会将请求交给HttpServlet的service方法处理（Framework-Servlet）。

4）在HttpServlet的service方法中会根据请求类型将请求传递到doGet方法（Java的HttpServlet）。

5）doGet方法在Spring MVC的FrameworkServlet中，它又将传递到了processRequest方法，然后在processRequest方法中将当前请求的LocaleContext和RequestAttributes设置到

LocaleContextHolder 和 RequestContextHolder 后将请求传递到了 doService 方法，doService 方法在 DispatcherServlet 里实现（FrameworkServlet）。

6）DispatcherServlet 的 doService 方法将 webApplicationContext、localeResolver、themeResolver、themeSource、outputFlashMap 和 flashMapManager 设置到了 request 的属性中，然后将请求传递到了 doDispatch 方法中（DispatcherServlet）。

7）DispatcherServlet 的 doDispatch 中首先调用 checkMultipart 方法检查是不是上传请求，然后调用 getHandler 方法获取到 Handler（DispatcherServlet）。

8）getHandler 方法获取 Handler 的过程会遍历容器中所有的 HandlerMapping，<mvc：annotation-driven/> 标签配置的 HandlerMapping 是 RequestMappingHandlerMapping 和 BeanNameUrlHandlerMapping，在用 RequestMappingHandlerMapping 匹配时我们的请求会和其初始化时读取到定义的 @RequestMapping(value={"/articles/{articleId}/comment"}) 所注释的内容相匹配，然后根据这个条件找到定义的处理器方法 doComment（RequestMappingHandlerMapping）。

9）找到处理器后调用 RequestMappingInfoHandlerMapping 里的 handleMatch 方法会将匹配到的 Pattern（/articles/{articleId}/comment）和 articleId 这个 PathVariable 设置到了 request 的属性中（RequestMappingInfoHandlerMapping）。

10）找到 Handler 后返回 DispatcherServlet 的 doDispatch 方法中，然后调用 getHandlerAdapter 方法根据 Handler 查找 HandlerAdapter，也就是根据工具找使用工具的人。查找的方式也是遍历配置的所有 HandlerAdapter，然后分别调用它们的 supports 方法进行检查，检查的方法通常是看 Handler 的类型是否支持，<mvc:annotation-driven/> 标签配置的 HandlerAdapter 是 RequestMappingHandlerAdapter、HttpRequestHandlerAdapter 和 SimpleControllerHandlerAdapter，最后找到 RequestMappingHandlerAdapter（DispatcherServlet）。

11）DispatcherServlet 的 doDispatch 方法中检查到是 Get 请求，然后检查是否可以使用缓存，因为 RequestMappingHandlerAdapter 的 getLastModified 方法直接返回 –1，所以不会使用缓存，接着调用了 HandlerInterceptor 的 preHandle 方法，这里没有配置 HandlerInterceptor，这一步就不管了，接下来用 RequestMappingHandlerAdapter 使用 Handler 处理请求（DispatcherServlet）。

12）RequestMappingHandlerAdapter 首先在其父类的 handle 方法中直接将请求传递到了它的 handleInternal 方法，handleInternal 方法首先调用 getSessionAttributesHandler 初始化了本处理器对应的 SessionAttributesHandler，并判断出注释有 @SessionAttributes，进而调用 checkAndPrepare 方法禁止了 Response 的缓存，然后将请求传递到了 invokeHandleMethod 方法（RequestMappingHandlerAdapter）。

13）RequestMappingHandlerAdapter 的 invokeHandleMethod 方法中首先创建了 WebDataBinder-Factory、ModelFactory 和 ServletInvocableHandlerMethod，ModelFactory 创建过程中会找到定义的注释了 @ModelAttribute 的 replaceSensitiveWords 方法（RequestMappingHandlerAdapter）。

14）接着创建 ModelAndViewContainer，并调用 ModelFactory 的 initModel 方法给 Model 设置参数，这里会调用了定义的 replaceSensitiveWords 方法，调用前会使用 RequestParamMethodAr gumentResolver 解析出“comment”参数的值（“好 s2 赞 k1k1”）并设置给 replaceSensitiveWords 方法，方法处理完（去除敏感词）后，ModelFactory 将其使用 @ModelAttribute 注释中的“comment”作为 name，去除敏感词后的评论内容作为 value 设置到 Model 中（ModelFactory）。

15）接下来调用 ServletInvocableHandlerMethod 的 invokeAndHandle 方法实际执行处理。首先在父类 InvocableHandlerMethod 的 invokeForRequest 方法中调用了 getMethodArgumentValues 方法来解析参数，@PathVariable、RedirectAttributes、Model 三个参数分别使用 PathVariableMethodArgumentResolver、RedirectAttributesMethodArgumentResolver 和 ModelMethodProcessor 三个参数解析器来解析，第一个返回在 HandlerMapping 中（第 9 步）设置到 request 属性中的值（67），第二个会新建一个 RedirectAttributesModelMap 然后设置到 mavContainer 中并返回，第三个直接返回 mavContainer 中的 Model，这时的 Model 中已经保存了前面去敏感词后的 comment 参数（InvocableHandlerMethod）。

16）接下来调用 InvocableHandlerMethod 的 doInvoke 方法处理请求，这里实际调用了我们编写的 doComment 方法，其中将“comment”设置到 RedirectAttributes 中，通过 FlashMap 传递，将“articleId”设置到 Model 中，因为它在 @SessionAttributes 中进行了设置，所以会保存到 SessionAttributes 中，处理完后返回“redirect:/showArticle”，将请求返回到 ServletInvocableHandlerMethod（定义的 FollowMeController）。

17）ServletInvocableHandlerMethod 使用 HandlerMethodReturnValueHandler 处理返回值，因为返回的是 String，所以使用的是 ViewNameMethodReturnValueHandler，它首先将返回值 "redirect:/showArticle" 设置到 mavContainer 的 view 里，然后将 mavContainer 中的 redirect 标志 redirectModelScenario 设置为了 true，这样 ServletInvocableHandlerMethod 就处理完了，接着将请求返回 RequestMappingHandlerAdapter（ServletInvocableHandlerMethod）。

18）RequestMappingHandlerAdapter 调用 getModelAndView 方法对返回值进一步处理，首先使用 ModelFactory 的 updateModel 方法处理 @SessionAttributes 注释，将其中的 "articleId" 参数从 Model 中取出并使用 sessionAttributesHandler 保存；然后使用 mavContainer 中的 Model 和 View 创建 ModelAndView；最后检查到 Model 是 RedirectAttributes 类型（因为我们返回的是 redirect 视图，而且设置了 RedirectAttributes 属性，所以 mavContainer 中 getModel 会返回 RedirectAttributes 类型的 Model），这时会将之前保存到 RedirectAttributes 中的”comment”参数设置到 outputFlashMap，这样 RequestMappingHandlerAdapter 的处理就完成了，请求返回 DispatcherServlet 中（RequestMappingHandlerAdapter）。

19）DispatcherServlet 在 doDispatch 方法中首先检查返回的 View 是否为空，如果为空使用 RequestToViewNameTranslator 查找默认 View，然后执行 HandlerInterceptor 的 applyPostHandle 方法，这里这两项都不需要处理。接下来将请求传递到 processDispatchResult 方法（DispatcherServlet）。

20）DispatcherServlet 的 processDispatchResult 方法中首先判断是否有异常，这里没有则不需要处理，然后调用 render 方法进行页面的渲染。render 方法中首先使用 localeResolver 解析出

Locale；然后调用 resolveViewName 方法解析出 View，解析过程使用到了 ViewResolver，这里使用的是我们配置的 InternalResourceViewResolver，具体处理方法在 UrlBasedViewResolver 的 createView 方法中，它检查到是 redirect 的返回值，所以创建了 RedirectView 类型的 View；然后调用 View 的 render 方法渲染输出（DispatcherServlet）。

21）RedirectView 的 render 方法在父类 AbstractView 中定义，其中调用了 RedirectView 的 renderMergedOutputModel 方法，renderMergedOutputModel 方法中将 request 属性中保存的 outputFlashMap 和 FlashMapManager 取出，使用 FlashMapManager 将 outputFlashMap 保存到了 Session 中，然后调用 sendRedirect 方法使用 response 的 sendRedirect 方法将请求发出，然后请求返回 DispatcherServlet 的 processDispatchResult 方法（RedirectView）。

22）DispatcherServlet 的 processDispatchResult 方法接着调用 Handler 的 triggerAfterCompletion 方法，进而调用拦截器的 afterCompletion 方法，然后将请求返回到 Framework-Servlet（DispatcherServlet）。

23）在 FrameworkServlet 的 processRequest 方法中将原来的 LocaleContext 和 RequestAttributes 恢复到 LocaleContextHolder 和 RequestContextHolder 中，并发出 ServletRequestHandledEvent 消息，最后将请求返回给 Servlet 容器（FrameworkServlet）。

这样一个完整的请求就处理完了。

Redirect 后的请求处理过程大致和前面的过程差不多，主要有以下不同：

1）在上述第 6 步中 DispatcherServlet 的 doService 方法会使用 flashMapManager 将之前保存的 FlashMap 取出保存到 request 的“INPUT_FLASH_MAP_ATTRIBUTE”属性中；

2）在上述第 14 步中 ModelFactory 的 initModel 方法会将之前保存在 SessionAttributes 中的“articleId”参数设置到 Model 中；

3）在上述第 15 步中参数解析器使用的是 ModelMethodProcessor 和 SessionStatusMethodArgumentResolver，它们都是直接从 mavContainer 中获取的；

4）在上述第 18 步中 ModelFactory 的 updateModel 方法会在判断 mavContainer 中 session-Status 的状态后将 SessionAttributes 清空；

5）在上述第 20、21 步中由于本次返回值不是 redirect 类型所以 InternalResourceView-Resolver 解析出的不是 RedirectView 而是 jsp 类型的 InternalResourceView，对应的模板是 /WEB-INF/views/jsp/article.jsp。

最后浏览器的显示结果如图 21-2 所示。

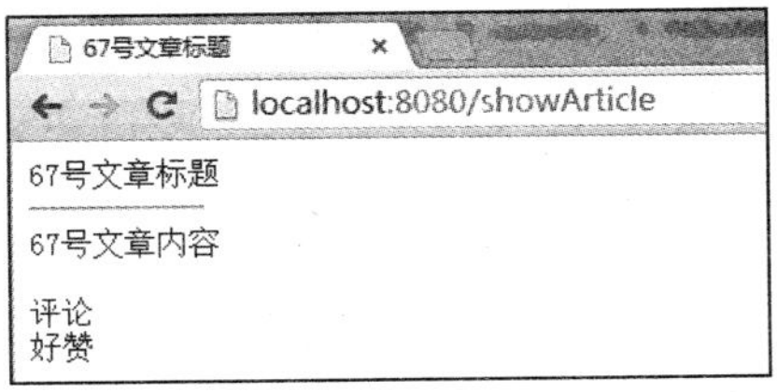

可以看到评论中的“k1”“s2”敏感词已经去除掉。我们对请求的跟踪就到这里，建议大家自己把环境搭建起来然后一步一步跟着走一遍，自己实际跟踪一遍印象会更深刻。

图 21-2 请求处理结果截图

第22章 Chapter 22

异步请求

Servlet3.0 规范新增了对异步请求的支持，Spring MVC 也在此基础上对异步请求提供了方便。异步请求是在处理比较耗时的业务时先将 request 返回，然后另起线程处理耗时的业务，处理完后再返回给用户。

异步请求可以给我们带来很多方便，最直接的用法就是处理耗时的业务，比如，需要查询数据库、需要调用别的服务器来处理等情况下可以先将请求返回给客户端，然后启用新线程处理耗时业务，等处理完成后再将结果返回给用户。稍微扩展一下还可以实现订阅者模式的消息订阅功能，比如，当有异常情况发生时可以主动将相关信息发给运维人员，还有现在很多邮箱系统中收到新邮件的自动提示功能也是这种技术。甚至更进一步的使用方式是在浏览器上做即时通信的程序！

HTTP 协议是单向的，只能客户端自己拉不能服务器主动推，Servlet 对异步请求的支持并没有修改 HTTP 协议，而是对 Http 的巧妙利用。异步请求的核心原理主要分为两大类，一类是轮询，另一类是长连接。轮询就是定时自动发起请求检查有没有需要返回的数据，这种方式对资源的浪费是比较大的；长连接的原理是在客户端发起请求，服务端处理并返回后并不结束连接，这样就可以在后面再次返回给客户端数据。Servlet 对异步请求的支持其实采用的是长连接的方式，也就是说，异步请求中在原始的请求返回的时候并没有关闭连接，关闭的只是处理请求的那个线程（一般是回收的线程池里了），只有在异步请求全部处理完之后才会关闭连接。

22.1 Servlet3.0 对异步请求的支持

在 Servlet3.0 规范中使用异步处理请求非常简单，只需要在请求处理过程中调用 request

的 startAsync 方法即可，其返回值是 AsyncContext 类型。

AsyncContext 在异步请求中充当着非常重要的角色，可以称为异步请求上下文也可以称为异步请求容器，无论叫什么其实就是个名字，它的作用是保存与异步请求相关的所有信息，类似于 Servlet 中的 ServletContext。异步请求主要是使用 AsyncContext 进行操作，它是在请求处理的过程中调用 Request 的 startAsync 方法返回的，需要注意的是多次调用 startAsync 方法返回的是同一个 AsyncContext。AsyncContext 接口定义如下：

```
package javax.servlet;
public interface AsyncContext {
    static final String ASYNC_REQUEST_URI = "javax.servlet.async.request_uri";
    static final String ASYNC_CONTEXT_PATH = "javax.servlet.async.context_path";
    static final String ASYNC_PATH_INFO = "javax.servlet.async.path_info";
    static final String ASYNC_SERVLET_PATH = "javax.servlet.async.servlet_path";
    static final String ASYNC_QUERY_STRING = "javax.servlet.async.query_string";
    public ServletRequest getRequest();
    public ServletResponse getResponse();
    public boolean hasOriginalRequestAndResponse();
    public void dispatch();
    public void dispatch(String path);
    public void dispatch(ServletContext context, String path);
    public void complete();
    public void start(Runnable run);
    public void addListener(AsyncListener listener);
    public void addListener(AsyncListener listener,
                            ServletRequest servletRequest,
                            ServletResponse servletResponse);
    public <T extends AsyncListener> T createListener(Class<T> clazz)
        throws ServletException;
    public void setTimeout(long timeout);
    public long getTimeout();
}
```

其中，getResponse 方法用得非常多，它可以获取到 response，然后就可以对 response 进行各种操作了；dispatch 方法用于将请求发送到一个新地址，有三个重载实现方法，其中没有参数 dispatch 方法的会发送到 request 原来的地址（如果有 forward 则使用 forward 后的最后一个地址），一个 path 参数的 dispatch 方法直接将 path 作为地址，两个参数的 dispatch 方法可以发送给别的应用指定的地址；complete 方法用于通知容器请求已经处理完了；start 方法用于启动实际处理线程，不过也可以自己创建线程在其中使用 AsyncContext 保存的信息（如 response）进行处理；addListener 用于添加监听器；setTimeout 方法用于修改超时时间，因为异步请求一般耗时比较长，而正常的请求设置的有效时长一般比较短，所以在异步请求中很多时候都需要修改超时的时间。

22.1.1 Servlet 3.0 处理异步请求实例

使用 Servlet 3.0 处理异步请求需要三步：①配置 Servlet 时将 async-supported 设置为 true；

②在Servlet处理方法中调用Request的startAsync方法启动异步处理；③使用第2步中返回的AsyncContext处理异步请求。

要想使用Servlet 3.0异步请求的功能需要在配置Servlet时将async-supported设置为true，比如，配置一个叫WorkServlet的可以处理异步请求的Servlet。

```
<!-- web.xml  -->
<servlet>
    <servlet-name>WorkServlet</servlet-name>
    <servlet-class>com.excelib.servlet.WorkServlet</servlet-class>
    <async-supported>true</async-supported>
</servlet>
<servlet-mapping>
    <servlet-name>WorkServlet</servlet-name>
    <url-pattern>/work</url-pattern>
</servlet-mapping>
```

然后新建一个叫WorkServlet的Servlet，代码如下：

```
package com.excelib.servlet;
// 省略了imports
public class WorkServlet extends HttpServlet {
    private static final long serialVersionUID = 1L;
    @Override
    protected void doGet(HttpServletRequest req, HttpServletResponse resp)
            throws ServletException, IOException {
        this.doPost(req, resp);
    }
    @Override
    protected void doPost(HttpServletRequest req, HttpServletResponse res)
            throws ServletException, IOException {
        // 设置contentType、关闭缓存
        res.setContentType("text/plain;charset=UTF-8");
        res.setHeader("Cache-Control", "private");
        res.setHeader("Pragma", "no-cache");
        // 原始请求可以做一些简单业务的处理
        final PrintWriter writer = res.getWriter();
        writer.println("老板检查当前需要做的工作");
        writer.flush();
        // jobs表示需要做的工作，使用循环模拟初始化
        List<String> jobs = new ArrayList<>();
        for(int i=0;i<10;i++){
            jobs.add("job"+i);
        }
        // 使用request的startAsync方法开启异步处理
        final AsyncContext ac = req.startAsync();
        // 具体处理请求，内部处理启用了新线程，不会阻塞当前线程
        doWork(ac, jobs);
        writer.println("老板布置完工作就走了");
        writer.flush();
    }

    private void doWork(AsyncContext ac, List<String> jobs){
```

```
            //设置超时时间1小时
            ac.setTimeout(1*60*60*1000L);
            //使用新线程具体处理请求
            ac.start(new Runnable() {
                @Override
                public void run() {
                    try {
                        //从AsyncContext获取到Response，进而获取到Writer
                        PrintWriter w = ac.getResponse().getWriter();
                        for(String job:jobs){
                            w.println("\""+job+"\"请求处理中…");
                            Thread.sleep(1 * 1000L);
                            w.flush();
                        }
                        //发出请求处理完成通知
                        ac.complete();
                    } catch (Exception e) {
                        e.printStackTrace();
                    }
                }
            });
        }
```

这里的异步处理过程是在 doWork 方法中，它使用 req.startAsync() 返回的 AsyncContext 来处理的请求，处理完成后调用 complete 方法发出完成通知告诉容器请求已经处理完。doPost 中除了 startAsync 和 doWork 外都是正常的操作，而且都有注释，就不解析了。当调用请求时，返回页面结果如图 22-1 所示。

一个通过异步请求完成工作的示例程序就写完了。

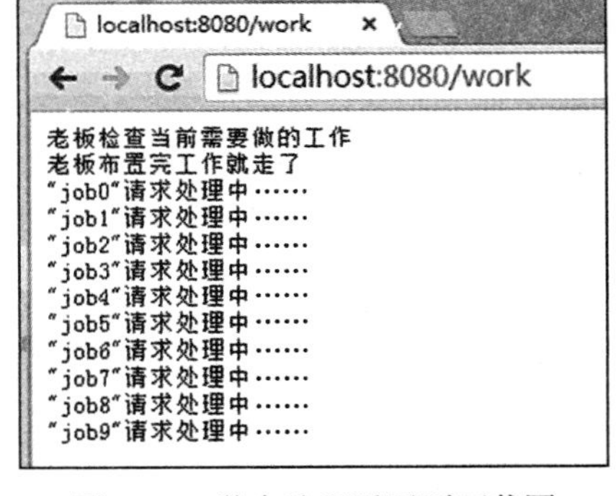

图 22-1　异步处理返回页面截图

22.1.2　异步请求监听器 AsyncListener

上面的程序已经可以完成工作了，不过还不够完善。老板这个职业是需要思考宏观问题的，它需要宏观的数据，所以在干完活后最好给领导汇报一下什么时候干完的、干的怎么样、有没有出什么问题等综合性的数据，不过这些事情按照分工并不应该由实际干活的人来做，如果非让它们做就可能会影响效率，而且它们汇报的数据也有可能不真实，所以老板应该找专人来做这件事，这就有了二线人员。在 Servlet 异步请求中干这个活的二线人员就是 AsyncListener 监听器，AsyncListener 定义如下：

```
package javax.servlet;
import java.io.IOException;
import java.util.EventListener;
public interface AsyncListener extends EventListener {
    public void onComplete(AsyncEvent event) throws IOException;
    public void onTimeout(AsyncEvent event) throws IOException;
    public void onError(AsyncEvent event) throws IOException;
```

```
    public void onStartAsync(AsyncEvent event) throws IOException;
}
```

onComplete方法在请求处理完成后调用，onTimeout方法在超时后调用，onError方法在出错时调用，onStartAsync方法在Request调用startAsync方法启动异步处理时调用。

这里需要注意的是只有在调用request.startAsync前将监听器添加到AsyncContext，监听器的onStartAsync方法才会起作用，而调用startAsync前AsyncContext还不存在，所以第一次调用startAsync是不会被监听器中的onStartAsync方法捕获的，只有在超时后又重新开始的情况下onStartAsync方法才会起作用。这一般也没有什么太大的问题，就像上面的例子中开始的时候是老板安排的任务，他自己当然知道，所以不汇报也没关系，不过如果到了时间节点任务没完成又重新开始了那还是要汇报的。

我们给前面的WorkServlet添加两个AsyncListener监听器BossListener和LeaderListener，一个用来给老板汇报，另一个用来给项目负责人汇报，它们都是定义在WorkServlet中的私有类，而且代码也都一样，其中BossListener的代码如下：

```
// com.excelib.servlet.WorkServlet
private class BossListener implements AsyncListener {
    final SimpleDateFormat formatter = new SimpleDateFormat("yyyy-MM-dd
      HH:mm:ss");
    @Override
    public void onComplete(AsyncEvent event) throws IOException {
        System.out.println("在" + formatter.format(new Date()) + "工作处理完成");
    }
    @Override
    public void onError(AsyncEvent event) throws IOException {
        System.out.println("在" + formatter.format(new Date()) + "工作处理出错，详情
            如下：\t"
            +event.getThrowable().getMessage());
    }
    @Override
    public void onStartAsync(AsyncEvent event) throws IOException {
        System.out.println("在" + formatter.format(new Date()) + "工作处理开始");
    }
    @Override
    public void onTimeout(AsyncEvent event) throws IOException {
        System.out.println("在" + formatter.format(new Date()) + "工作处理超时");
    }
}
```

然后将监听器注册到WorkServlet中，注册方法是在获取到AsyncContext后将监听器添加进去，相关代码如下：

```
// com.excelib.servlet.WorkServlet
final AsyncContext ac = req.startAsync();
// 添加两个监听器
ac.addListener(new BossListener());
ac.addListener(new LeaderListener(), req, res);
// 具体处理请求，内部处理启用了新线程，不会阻塞当前线程
```

```
doWork(ac, jobs);
```

这样就将两个监听器注册完了。这里之所以添加了两个监听器，是要告诉大家一个AsyncContext可以添加多个监听器，而且有两个重载的添加方法。在监听器中可以使用AsyncEvent事件获取Request、Response以及在有异常的时候获取Throwable，代码如下：

```
event.getSuppliedRequest();
event.getSuppliedResponse();
event.getThrowable();
```

22.2 Spring MVC中的异步请求

Spring MVC为了方便使用异步请求专门提供了AsyncWebRequest类型的request，并且提供了处理异步请求的管理器WebAsyncManager和工具WebAsyncUtils。

Spring MVC将异步请求细分为了Callable、WebAsyncTask、DeferredResult和ListenableFuture四种类型。前两种是一类，它们的核心是Callable，这一类很容易理解，因为大家对Callable应该都比较熟悉；DeferredResult类可能不是很容易理解，因为它是Spring MVC自己定义的类型，我们平时可能没使用过，而且相关资料也不多，所以刚接触的时候会觉得不知道从哪里入手，不过弄明白后其实是非常简单的；ListenableFuture是Spring MVC4.0新增的，它在Java的Future基础上增加了设置回调方法的功能，主要用于需要在处理器中调用别的资源（如别的url）的情况，Spring MVC专门提供了AsyncRestTemplate方法调用别的资源，并返回ListenableFuture类型。

本章先分析Spring MVC中异步请求使用到的组件，然后分析Spring MVC是怎么使用这些组件处理异步请求的，最后再分别对每一类返回值进行介绍。

22.2.1 Spring MVC中异步请求相关组件

这里主要分析AsyncWebRequest、WebAsyncManager和WebAsyncUtils组件。WebAsyncManager里面还包含了一些别的组件，在分析的过程中也一起分析。

AsyncWebRequest

首先来看AsyncWebRequest，它是专门用来处理异步请求的request，定义如下：

```
package org.springframework.web.context.request.async;
import org.springframework.web.context.request.NativeWebRequest;
public interface AsyncWebRequest extends NativeWebRequest {
    void setTimeout(Long timeout);
    void addTimeoutHandler(Runnable runnable);
    void addCompletionHandler(Runnable runnable);
    void startAsync();
    boolean isAsyncStarted();
    void dispatch();
    boolean isAsyncComplete();
}
```

其中，addTimeoutHandler方法和addCompletionHandler方法分别用于添加请求超时和请求处理完成的处理器，其作用相当于AsyncListener监听器中的onTimeout和onComplete方法；isAsyncStarted方法用于判断是否启动了异步处理；isAsyncComplete方法用于判断异步处理是否已经处理完了。别的方法都与AsyncContext中的同名方法作用一样，就不一一解释了。它的实现类有两个，一个是NoSupportAsyncWebRequest，另一个是StandardServlet-AsyncWebRequest，前者不支持异步请求，所以在Spring MVC中实际用作异步请求的request是StandardServletAsyncWebRequest。

StandardServletAsyncWebRequest除了实现了AsyncWebRequest接口，还实现了AsyncListener接口，另外还继承了ServletWebRequest，代码如下：

```
package org.springframework.web.context.request.async;
// 省略了imports
public class StandardServletAsyncWebRequest extends ServletWebRequest implements
    AsyncWebRequest, AsyncListener {
   private Long timeout;
   private AsyncContext asyncContext;
   private AtomicBoolean asyncCompleted = new AtomicBoolean(false);
   private final List<Runnable> timeoutHandlers = new ArrayList<Runnable>();
   private final List<Runnable> completionHandlers = new ArrayList<Runnable>();
   public StandardServletAsyncWebRequest(HttpServletRequest request,
       HttpServletResponse response) {
      super(request, response);
   }
   @Override
   public void setTimeout(Long timeout) {
      Assert.state(!isAsyncStarted(), "Cannot change the timeout with concurrent
          handling in progress");
      this.timeout = timeout;
   }
   @Override
   public void addTimeoutHandler(Runnable timeoutHandler) {
      this.timeoutHandlers.add(timeoutHandler);
   }
   @Override
   public void addCompletionHandler(Runnable runnable) {
      this.completionHandlers.add(runnable);
   }
   @Override
   public boolean isAsyncStarted() {
      return ((this.asyncContext != null) && getRequest().isAsyncStarted());
   }
   @Override
   public boolean isAsyncComplete() {
      return this.asyncCompleted.get();
   }
   @Override
   public void startAsync() {
      Assert.state(getRequest().isAsyncSupported(),
            "Async support must be enabled on a servlet and for all filters involved"+
```

```
            "in async request processing. This is done in Java code using the
                Servlet API " +
            "or by adding \"<async-supported>true</async-supported>\" to servlet
                and " +
            "filter declarations in web.xml.");
        Assert.state(!isAsyncComplete(), "Async processing has already completed");
        if (isAsyncStarted()) {
            return;
        }
        this.asyncContext = getRequest().startAsync(getRequest(), getResponse());
        this.asyncContext.addListener(this);
        if (this.timeout != null) {
            this.asyncContext.setTimeout(this.timeout);
        }
    }
    @Override
    public void dispatch() {
        Assert.notNull(this.asyncContext, "Cannot dispatch without an
            AsyncContext");
        this.asyncContext.dispatch();
    }
    @Override
    public void onStartAsync(AsyncEvent event) throws IOException {
    }
    @Override
    public void onError(AsyncEvent event) throws IOException {
    }
    @Override
    public void onTimeout(AsyncEvent event) throws IOException {
        for (Runnable handler : this.timeoutHandlers) {
            handler.run();
        }
    }
    @Override
    public void onComplete(AsyncEvent event) throws IOException {
        for (Runnable handler : this.completionHandlers) {
            handler.run();
        }
        this.asyncContext = null;
        this.asyncCompleted.set(true);
    }
}
```

这里的代码比较长，不过很容易理解，它里面封装了个AsyncContext类型的属性asyncContext，在startAsync方法中会将Request#startAsync返回的AsyncContext设置给它，然后在别的地方主要使用它来完成各种功能。

另外，由于StandardServletAsyncWebRequest实现了AsyncListener接口，所以它自己就是一个监听器，而且在startAsync方法中在创建出AsyncContext后会将自己作为监听器添加进去。监听器实现方法中onStartAsync方法和onError方法是空实现，onTimeout方法和onComplete方法分别调用了封装的两个List<Runnable>类型的属性timeoutHandlers和

completionHandlers 所保存的 Runnable 方法，这样在使用时只需要简单地将需要监听超时和处理完成的监听方法添加到这两个属性中就可以了。

WebAsyncManager

WebAsyncManager 是 Spring MVC 处理异步请求过程中最核心的类，它管理着整个异步处理的过程。

WebAsyncManager 中最重要的两个方法是startCallableProcessing 和 startDeferredResultProcessing，这两个方法是启动异步处理的入口方法，它们一共做了三件事：①启动异步处理；②给 Request 设置相应属性（主要包括 timeout、timeoutHandler 和 completionHandler）；③在相应位置调用相应的拦截器。这里的拦截器是 Spring MVC 自己定义的。

startCallableProcessing 方法用于处理 Callable 和 WebAsyncTask 类型的异步请求，使用的拦截器类型是 CallableProcessingInterceptor，拦截器封装在 CallableInterceptorChain 类型的拦截器链中统一调用。

startDeferredResultProcessing 方法用于处理 DeferredResult 和 ListenableFuture 类型的异步请求，使用的拦截器是 DeferredResultProcessingInterceptor 拦截器，拦截器封装在 DeferredResultInterceptorChain 类型的拦截器链中统一调用。

这两个拦截器的定义如下：

```
package org.springframework.web.context.request.async;
import java.util.concurrent.Callable;
import org.springframework.core.task.AsyncTaskExecutor;
import org.springframework.web.context.request.NativeWebRequest;
public interface CallableProcessingInterceptor {
   static final Object RESULT_NONE = new Object();
   static final Object RESPONSE_HANDLED = new Object();
<T> void beforeConcurrentHandling(NativeWebRequest request, Callable<T> task)
    throws Exception;
<T> void preProcess(NativeWebRequest request, Callable<T> task) throws Exception;
<T> void postProcess(NativeWebRequest request, Callable<T> task, Object
       concurrentResult) throws Exception;
<T> Object handleTimeout(NativeWebRequest request, Callable<T> task) throws
       Exception;
<T> void afterCompletion(NativeWebRequest request, Callable<T> task) throws
       Exception;
}

package org.springframework.web.context.request.async;
import org.springframework.web.context.request.NativeWebRequest;
public interface DeferredResultProcessingInterceptor {
<T> void  beforeConcurrentHandling(NativeWebRequest request, DeferredResult<T>
     deferredResult) throws Exception;
<T> void preProcess(NativeWebRequest request, DeferredResult<T> deferredResult)
     throws Exception;
<T> void postProcess(NativeWebRequest request, DeferredResult<T> deferredResult,
     Object concurrentResult) throws Exception;
```

```
<T> boolean handleTimeout(NativeWebRequest request, DeferredResult<T>
    deferredResult) throws Exception;
<T> void afterCompletion(NativeWebRequest request, DeferredResult<T>
    deferredResult) throws Exception;
}
```

拦截器的作用就是在不同的时间点通过执行相应的方法来做一些额外的事情，所以要学习一种拦截器主要就是要理解它里边的各个方法执行的时间点。这两拦截器都定义了 5 个方法，方法名也都一样，而且从名字就很容易理解它们执行的时间点，就不分别解释了。需要注意的是，beforeConcurrentHandling 方法是在并发处理前执行的，也就是会在主线程中执行，其他方法都在具体处理请求的子线程中执行。

CallableInterceptorChain 和 DeferredResultInterceptorChain 分别用于封装两个 Interceptor，它们都是将多个相应的拦截器封装到一个 List 类型的属性，然后在相应的方法中调用所封装的 Interceptor 相应方法进行处理。大家是不是很熟悉？它跟前面多次使用的 XXXComposite 组件类似，也是责任链模式。不过和 XXXComposite 组件不同的是，这里的方法名与 Interceptor 中稍有区别，它们的对应关系如下：

- applyBeforeConcurrentHandling：对应 Interceptor 中的 beforeConcurrentHandling 方法。
- applyPreProcess：对应 Interceptor 中的 preProcess 方法。
- applyPostProcess：对应 Interceptor 中的 postProcess 方法。
- triggerAfterTimeout：对应 Interceptor 中的 afterTimeout 方法。
- triggerAfterCompletion：对应 Interceptor 中的 afterCompletion 方法。

理解了这些方法就知道 Interceptor 和 InterceptorChain 的作用了，它们都是在 WebAsyncManager 中相应位置调用的。

在正式分析 WebAsyncManager 前再看一下 WebAsyncTask 类，只有理解了这个类才能看明白 WebAsyncManager 中的 startCallableProcessing 方法。WebAsyncTask 的作用主要是封装 Callable 方法，并且提供了一些异步调用相关的属性，理解了其中包含的属性就明白这个类了，其中属性定义如下：

```
// org.springframework.web.context.request.async.WebAsyncTask
private final Callable<V> callable;
private Long timeout;
private AsyncTaskExecutor executor;
private String executorName;
private BeanFactory beanFactory;
private Callable<V> timeoutCallback;
private Runnable completionCallback;
```

callable 用来实际处理请求；timeout 用来设置超时时间；executor 用来调用 callable；executorName 用来用容器中注册的名字配置 executor；beanFactory 用于根据名字获取 executor；timeoutCallback 和 completionCallback 分别用于执行超时和请求处理完成的回调。

这里的 executor 可以直接设置到 WebAsyncTask 中，也可以使用注册在容器中的名字来设置 executorName 属性，如果是使用名字来设置的 WebAsyncTask 的 getExecutor 方法会从 beanFactory 中根据名字 executorName 获取 AsyncTaskExecutor，代码如下：

```
// org.springframework.web.context.request.async.WebAsyncTask
public AsyncTaskExecutor getExecutor() {
   if (this.executor != null) {
      return this.executor;
   }
   else if (this.executorName != null) {
      Assert.state(this.beanFactory != null, "BeanFactory is required to look up
          an executor bean by name");
      return this.beanFactory.getBean(this.executorName, AsyncTaskExecutor.
          class);
   }
   else {
      return null;
   }
}
```

多知道点

如何在 Java 中使用并发处理

并发处理是通过多线程完成的，在 Java 中定义一个多线程的任务可以通过实现 Runnable 或者 Callable 接口来完成，先来看一下 Runnable 接口，定义如下：

```
package java.lang;
public interface Runnable {
    public abstract void run();
}
```

Runnable 里只有一个 run 方法，我们只需要将需要执行的代码放到里面即可，它的执行需要新建一个线程来调用，示例如下：

```
Runnable task = new Runnable() {
    @Override
    public void run() {
        System.out.println("do task");
    }
};
Thread thread = new Thread(task);
thread.start();
```

这里新建了 task 的 Runnable 类型任务，然后使用它创建了 Thread 并调用 start 方法执行了任务。需要说明的是，Thread 本身也继承了 Runnable 接口，所以直接使用 Thread 来创建 Runnable 类型的任务然后执行，比如，上面的代码可以修改为：

```
new Thread(){
    @Override
    public void run() {
        System.out.println("do task");
    }
```

```
}.start();
```

这样一句代码就可以完成了。

在 Java1.5 中新增了 Callable 接口，定义如下：

```
package java.util.concurrent;
public interface Callable<V> {
    V call() throws Exception;
}
```

Callable 里面是 call 方法，而且可以有返回值还可以处理异常。Callable 的执行需要有一个 Executor 容器来调用，就像 Runnable 任务需要 Thread 来调用一样，而且 Executor 也可以调用 Runnable 类型的任务。Executor 调用后会返回一个 Future 类型的返回值，我们可以调用 Future 的 get 方法来获取 Callable 中 call 方法的返回值，不过这个方法是阻塞的，只有 call 方法执行完后才会返回，示例如下：

```
ExecutorService executor = Executors.newCachedThreadPool();
Callable callableTask = new Callable<String>() {
    @Override
    public String call() throws Exception {
        Thread.sleep(1000);
        System.out.println("do task");
        return "ok";
    }
};
Future<String> future = executor.submit(callableTask);
System.out.println("after submit task");
String result = future.get();
System.out.println("after future.get()");
System.out.println("result="+result);
executor.shutdown();
```

这里定义了一个 Callable 类型的 callableTask 任务，在其 call 方法中会等待 1 秒然后输出 "do task" 并返回” ok”。Executor 调用 submit 方法提交任务后主程序输出 "after submit task"，这个应该在异步任务返回之前输出，因为 call 方法需要等待 1 秒，输出 "after submit task" 后调用 future.get()，这时主线程会阻塞，直到 call 方法返回，然后输出 "after future.get()"，最后输出 call 返回的结果 "ok"，程序运行后控制台打印如下：

```
after submit task
do task
after future.get()
result=ok
```

下面来看 WebAsyncManager，首先介绍它里面的几个重要属性：

- timeoutCallableInterceptor：CallableProcessingInterceptor 类型，专门用于 Callable 和 WebAsyncTask 类型超时的拦截器。
- timeoutDeferredResultInterceptor：DeferredResultProcessingInterceptor 类型，专门用于

DeferredResult 和 ListenableFuture 类型超时的拦截器。

- callableInterceptors：Map 类型，用于所有 Callable 和 WebAsyncTask 类型的拦截器。
- deferredResultInterceptors：Map 类型，用于所有 DeferredResult 和 ListenableFuture 类型的拦截器。
- asyncWebRequest：为了支持异步处理而封装的 request。
- taskExecutor：用于执行 Callable 和 WebAsyncTask 类型处理，如果 WebAsyncTask 中没有定义 executor 则使用 WebAsyncManager 中的 taskExecutor。

下面分析 WebAsyncManager 里最核心的两个方法 startCallableProcessing 和 startDeferred-ResultProcessing，这两个方法的逻辑基本一样，选择其中的 startCallableProcessing 来分析，这个方法用于启动 Callable 和 WebAsyncTask 类型的处理，代码如下：

```
//org.springframework.web.context.request.asynct.WebAsyncManager
public void startCallableProcessing(final WebAsyncTask<?> webAsyncTask, Object...
    processingContext) throws Exception {
   Assert.notNull(webAsyncTask, "WebAsyncTask must not be null");
   Assert.state(this.asyncWebRequest != null, "AsyncWebRequest must not be
       null");
   // 如果webAsyncTask设置了超时时间，则将其设置到request
   Long timeout = webAsyncTask.getTimeout();
   if (timeout != null) {
      this.asyncWebRequest.setTimeout(timeout);
   }
   // 如果webAsyncTask中定义了executor则设置到taskExecutor
   AsyncTaskExecutor executor = webAsyncTask.getExecutor();
   if (executor != null) {
      this.taskExecutor = executor;
   }
   // 创建并初始化拦截器临时变量，包括三部分：1）webAsyncTask中包含的拦截器，2）所有
       callableInterceptors属性包含的拦截器，3）超时拦截器
   List<CallableProcessingInterceptor> interceptors = new ArrayList<CallableProc
       essingInterceptor>();
   interceptors.add(webAsyncTask.getInterceptor());
   interceptors.addAll(this.callableInterceptors.values());
   interceptors.add(timeoutCallableInterceptor);
   // 从webAsyncTask中取出真正执行请求的Callable任务
   final Callable<?> callable = webAsyncTask.getCallable();
   final CallableInterceptorChain interceptorChain = new CallableInterceptorChain
      (interceptors);
   // 给request添加超时处理器
   this.asyncWebRequest.addTimeoutHandler(new Runnable() {
      @Override
      public void run() {
         logger.debug("Processing timeout");
         Object result = interceptorChain.triggerAfterTimeout(asyncWebRequest,
             callable);
         if (result != CallableProcessingInterceptor.RESULT_NONE) {
            setConcurrentResultAndDispatch(result);
         }
```

```
        }
    });
    // 给request添加请求处理完成的处理器
    this.asyncWebRequest.addCompletionHandler(new Runnable() {
        @Override
        public void run() {
            interceptorChain.triggerAfterCompletion(asyncWebRequest, callable);
        }
    });
    // 执行拦截器链中的applyBeforeConcurrentHandling方法，注意这是在主线程中执行
    interceptorChain.applyBeforeConcurrentHandling(this.asyncWebRequest,
        callable);
    // 启动异步处理
    startAsyncProcessing(processingContext);
    // 使用taskExecutor执行请求
    this.taskExecutor.submit(new Runnable() {
        @Override
        public void run() {
            Object result = null;
            try {
                interceptorChain.applyPreProcess(asyncWebRequest, callable);
                result = callable.call();
            }
            catch (Throwable ex) {
                result = ex;
            }
            finally {
                result = interceptorChain.applyPostProcess(asyncWebRequest, callable,
                    result);
            }
            // 设置处理结果并发送请求
            setConcurrentResultAndDispatch(result);
        }
    });
}
```

通过注释可以看到startCallableProcessing方法主要做了5件事：①将webAsyncTask中相关属性取出并设置到对应的地方；②初始化拦截器链；③给asyncWebRequest设置timeoutHandler和completionHandler；④执行处理器链中相应方法；⑤启动异步处理并使用taskExecutor提交任务。

对其中的启动处理和执行处理详细解释一下，启动处理是调用了startAsyncProcessing方法，其中做了三件事：①调用clearConcurrentResult方法清空之前并发处理的结果；②调用asyncWebRequest的startAsync方法启动异步处理；③将processingContext设置给concurrentResultContext属性。startAsyncProcessing方法的代码如下：

```
//org.springframework.web.context.request.asynct.WebAsyncManager
private void startAsyncProcessing(Object[] processingContext) {
    clearConcurrentResult();
    this.concurrentResultContext = processingContext;
    this.asyncWebRequest.startAsync();
```

```
    // 省略了log代码
    }

    public void clearConcurrentResult() {
        this.concurrentResult = RESULT_NONE;
        this.concurrentResultContext = null;
    }
```

processingContext 参数传进来的是处理器中使用的 ModelAndViewContainer，concurrentResultContext 用来在 WebAsyncManager 中保存 ModelAndViewContainer，在请求处理完成后会设置到 RequestMappingHandlerAdapter 中，具体过程后面再分析。

下面再来说一下执行处理，执行处理使用的是 taskExecutor，不过需要注意的是，这里并没直接使用 taskExecutor.submit(callable) 来提交，而是提交了新建的 Runnable，并将 Callable 的 call 方法直接放在 run 方法里调用。代码如下：

```
//org.springframework.web.context.request.asynct.WebAsyncManager
this.taskExecutor.submit(new Runnable() {
    @Override
    public void run() {
        Object result = null;
        try {
            interceptorChain.applyPreProcess(asyncWebRequest, callable);
            result = callable.call();
        }catch (Throwable ex) {
            result = ex;
        }finally {
            result = interceptorChain.applyPostProcess(asyncWebRequest, callable,
                result);
        }
        setConcurrentResultAndDispatch(result);
    }
});
```

这么做主要有两个作用：①可以在处理过程中的相应位置调用拦截器链中相应的方法；②在 call 方法执行完之前不会像 Future#get() 那样阻塞线程。

不过 Runnable 是没有返回值的，所以 Callable 处理的结果需要自己从 run 方法内部传递出来，WebAsyncManager 中专门提供了一个 setConcurrentResultAndDispatch 方法来处理返回的结果，这里边会将处理的结果传递出来，代码如下：

```
//org.springframework.web.context.request.asynct.WebAsyncManager
private void setConcurrentResultAndDispatch(Object result) {
    synchronized (WebAsyncManager.this) {
        if (hasConcurrentResult()) {
            return;
        }
        this.concurrentResult = result;
    }
    if (this.asyncWebRequest.isAsyncComplete()) {
        logger.error("Could not complete async processing due to timeout or network
```

```
            error");
        return;
    }
    if (logger.isDebugEnabled()) {
        logger.debug("Concurrent result value [" + this.concurrentResult +
                "] - dispatching request to resume processing");
    }
    this.asyncWebRequest.dispatch();
}
```

concurrentResult是WebAsyncManager中用来保存异步处理结果的属性，hasConcurrentResult方法用来判断concurrentResult是否已经存在返回值。整个方法过程是：如果concurrentResult已经有返回值则直接返回，否则将传入的参数设置到concurrentResult，然后调用asyncWebRequest.isAsyncComplete()检查Request是否已设置为异步处理完成状态（网络中断会造成Request设置为异步处理完成状态），如果是则保存错误日志并返回，否则调用asyncWebRequest.dispatch()发送请求。Spring MVC中异步请求处理完成后会再次发起一个相同的请求，然后在HandlerAdapter中使用一个特殊的HandlerMethod来处理它，具体过程后面再讲解，不过通过Request的dispatch方法发起的请求使用的还是原来的Request，也就是说原来保存在Request中的属性不会丢失。

startDeferredResultProcessing方法和startCallableProcessing方法执行过程类似，只是并没有使用taskExecutor来提交执行，这是因为DeferredResult并不需要执行处理，在后面讲了DeferredResult的用法后大家就明白了。

WebAsyncManager就分析到这里，下面来看WebAsyncUtils。

WebAsyncUtils

WebAsyncUtils里面提供了四个静态方法，其中一个是private权限，只供内部调用的，也就是一共提供了三个供外部使用的静态方法。它们定义如下：

```
// org.springframework.web.context.request.async.WebAsyncUtils;
public static WebAsyncManager getAsyncManager(ServletRequest servletRequest)
public static WebAsyncManager getAsyncManager(WebRequest webRequest)
public static AsyncWebRequest createAsyncWebRequest(HttpServletRequest request,
    HttpServletResponse response)
```

两个重载的getAsyncManager方法通过Request获取WebAsyncManager，它们一个使用ServletRequest类型的Request，一个使用WebRequest类型的Request，获取过程都是先判断Request属性里是否有保存的WebAsyncManager对象，如果有则取出后直接返回，如果没有则新建一个设置到Request的相应属性中并返回，下次再获取时直接从Request属性中取出。

createAsyncWebRequest方法用于创建AsyncWebRequest，它使用ClassUtils.hasMethod判断传入的Request是否包含startAsync方法从而判断是否支持异步处理，如果不支持则新建NoSupportAsyncWebRequest类型的Request并返回，如果支持则调用createStandardServletAsyncWebRequest方法创建StandardServletAsyncWebRequest类型的Request并返回。

22.2.2 Spring MVC 对异步请求的支持

Spring MVC 对异步请求的处理主要在四个地方进行支持，详述如下：

1）FrameworkServlet 中给当前请求的 WebAsyncManager 添加了 CallableProcessingInterceptor 类型的拦截器 RequestBindingInterceptor，这是定义在 FrameworkServlet 内部的一个私有的拦截器，其作用还是跟 FrameworkServlet 处理正常请求一样，在请求处理前将当前请求的 LocaleContext 和 ServletRequestAttributes 设置到了 LocaleContextHolder 和 RequestContextHolder 中，并在请求处理完成后恢复，添加过程在 processRequest 方法中，相关代码如下：

```
// org.springframework.web.servlet.FrameworkServlet.processRequest
WebAsyncManager asyncManager = WebAsyncUtils.getAsyncManager(request);
asyncManager.registerCallableInterceptor(FrameworkServlet.class.getName(), new
    RequestBindingInterceptor());

// org.springframework.web.servlet.FrameworkServlet
private class RequestBindingInterceptor extends CallableProcessingInterceptorAda
    pter {
   @Override
   public <T> void preProcess(NativeWebRequest webRequest, Callable<T> task) {
      HttpServletRequest request = webRequest.getNativeRequest(HttpServletReque
          st.class);
      if (request != null) {
         HttpServletResponse response = webRequest.getNativeRequest(HttpServletR
             esponse.class);
         initContextHolders(request, buildLocaleContext(request),
             buildRequestAttributes(request, response, null));
      }
   }
   @Override
   public <T> void postProcess(NativeWebRequest webRequest, Callable<T> task,
       Object concurrentResult) {
      HttpServletRequest request = webRequest.getNativeRequest(HttpServletReque
          st.class);
      if (request != null) {
         resetContextHolders(request, null, null);
      }
   }
}
```

2）RequestMappingHandlerAdapter 的 invokeHandleMethod 方法提供了对异步请求的核心支持，其中做了四件跟异步处理相关的事情：

创建 AsyncWebRequest 并设置超时时间，具体时间可以通过 asyncRequestTimeout 属性配置到 RequestMappingHandlerAdapter 中。

对当前请求的 WebAsyncManager 设置了四个属性：taskExecutor、asyncWebRequest、callableInterceptors 和 deferredResultInterceptors，除了 asyncWebRequest 的另外三个都可以在 RequestMappingHandlerAdapter 中配置，taskExecutor 如果没配置将默认使用 SimpleAsync-TaskExecutor。

如果当前请求是异步请求而且已经处理出了结果，则将异步处理结果与之前保存到 WebAsyncManager 里的 ModelAndViewContainer 取出来，并将 WebAsyncManager 里的结果清空，然后调用 ServletInvocableHandlerMethod 的 wrapConcurrentResult 方法创建 ConcurrentResultHandlerMethod 类型（ServletInvocableHandlerMethod 的内部类）的 ServletInvocableHandlerMethod 来替换自己，创建出来的 ConcurrentResultHandlerMethod 并不执行请求，它的主要功能是判断异步处理的结果是不是异常类型，如果是则抛出，如果不是则使用 ReturnValueHandler 对其进行解析并返回。

如果 requestMappingMethod 的 invokeAndHandle 方法执行完后检查到当前请求已经启动了异步处理，则会直接返回 null。

RequestMappingHandlerAdapter 中相关代码如下：

```
//org.springframework.web.servlet.mvc.method.annotation.RequestMappingHandlerAdapter.
    invokeHandleMethod
AsyncWebRequest asyncWebRequest = WebAsyncUtils.createAsyncWebRequest(request,
    response);
asyncWebRequest.setTimeout(this.asyncRequestTimeout);

final WebAsyncManager asyncManager = WebAsyncUtils.getAsyncManager(request);
asyncManager.setTaskExecutor(this.taskExecutor);
asyncManager.setAsyncWebRequest(asyncWebRequest);
asyncManager.registerCallableInterceptors(this.callableInterceptors);
asyncManager.registerDeferredResultInterceptors(this.deferredResultInterceptors);

if (asyncManager.hasConcurrentResult()) {
   Object result = asyncManager.getConcurrentResult();
   mavContainer=(ModelAndViewContainer)asyncManager.getConcurrentResultContext()[0];
   asyncManager.clearConcurrentResult();

   if (logger.isDebugEnabled()) {
      logger.debug("Found concurrent result value [" + result + "]");
   }
   // 创建新的处理异步处理结果的ServletInvocableHandlerMethod替换掉原来的
   requestMappingMethod = requestMappingMethod.wrapConcurrentResult(result);
}

requestMappingMethod.invokeAndHandle(webRequest, mavContainer);

if (asyncManager.isConcurrentHandlingStarted()) {
   return null;
}
```

这里的步骤 3 是调用了 ServletInvocableHandlerMethod 的 wrapConcurrentResult 方法创建了新的 ServletInvocableHandlerMethod 来处理异步处理的结果，代码如下：

```
//org.springframework.web.servlet.mvc.method.annotation.ServletInvocableHandlerMethod
ServletInvocableHandlerMethod wrapConcurrentResult(Object result) {
   return new ConcurrentResultHandlerMethod(result, new ConcurrentResultMethodPa
       rameter(result));
}
```

ConcurrentResultHandlerMethod 是在 ServletInvocableHandlerMethod 中定义的继承自 Servlet-InvocableHandlerMethod 的内部类，代码如下：

```
//org.springframework.web.servlet.mvc.method.annotation.ServletInvocableHandlerMethod
private static final Method CALLABLE_METHOD = ClassUtils.getMethod(Callable.class,
    "call");

private class ConcurrentResultHandlerMethod extends ServletInvocableHandlerMethod
    {
    private final MethodParameter returnType;
    public ConcurrentResultHandlerMethod(final Object result,ConcurrentResultMethodParameter
        returnType) {
        super(new Callable<Object>() {
            @Override
            public Object call() throws Exception {
                if (result instanceof Exception) {
                    throw (Exception) result;
                }
                else if (result instanceof Throwable) {
                    throw new NestedServletException("Async processing failed",
                        (Throwable) result);
                }
                return result;
            }
        }, CALLABLE_METHOD);
        setHandlerMethodReturnValueHandlers(ServletInvocableHandlerMethod.this.
            returnValueHandlers);
        this.returnType = returnType;
    }
...
}
```

ConcurrentResultHandlerMethod 调用父类的构造方法（super）将 HandlerMethod 中的 Handler 和 Method 都替换掉了，Handler 用了新建的匿名 Callable，Method 使用了 Servlet-InvocableHandlerMethod 的静态属性 CALLABLE_METHOD，它代码 Callable 的 call 方法。新建的 Callable 的执行逻辑也非常简单，就是判断异步处理的返回值是不是异常类型，如果是则抛出异常，不是则直接返回，然后使用和原来请求一样的返回值处理器处理返回值（因为在构造方法中将原来 ServletInvocableHandlerMethod 的返回值处理器设置给了自己）。

3）返回值处理器：一共有四个处理异步请求的返回值处理器，它们分别是 AsyncTaskMethodReturnValueHandler、CallableMethodReturnValueHandler、DeferredResultMethodReturnValueHandler 和 ListenableFutureReturnValueHandler，每一个对应一种类型的返回值，它们的作用主要是使用 WebAsyncManager 启动异步处理，后面依次对每一类返回值进行分析。

4）在 DispatcherServlet 的 doDispatch 方法中，当 HandlerAdapter 使用 Handler 处理完请求时，会检查是否已经启动了异步处理，如果启动了则不再往下处理，直接返回，相关代码如下：

```
// org.springframework.web.servlet.DispatcherServlet.doDispatch
mv = ha.handle(processedRequest, response, mappedHandler.getHandler());
if (asyncManager.isConcurrentHandlingStarted()) {
    return;
}
```

检查方法是调用的 WebAsyncManager 的 isConcurrentHandlingStarted 方法，其实内部就是调用的 request 的 isAsyncStarted 方法，代码如下：

```
//org.springframework.web.context.request.asynct.WebAsyncManager
public boolean isConcurrentHandlingStarted() {
    return ((this.asyncWebRequest != null) && this.asyncWebRequest.
isAsyncStarted());
}
```

Spring MVC 中跟异步请求处理相关的四个位置就分析完了。主要处理流程是这样的：首先在处理器中返回需要启动异步处理的类型时（四种类型）相应返回值处理器会调用 WebAsyncManager 的相关方法启动异步处理，然后在 DispatcherServlet 中将原来请求直接返回，当异步处理完成后会重新发出一个相同的请求，这时在 RequestMappingHandlerAdapter 中会使用特殊的 ServletInvocableHandlerMethod 来处理请求，处理方法是：如果异步处理返回的结果是异常类型则抛出异常，否则直接返回异步处理结果，然后使用返回值处理器处理，接着返回 DispatcherServlet 中按正常流程往下处理。

异步处理完成后会重新发起一个请求，这时会重新查找 HandlerMethod 并初始化 PathVariable、MatrixVariable 等参数，重新初始化 Model 中的数据并再次执行 Handler-Interceptor 中相应的方法。这么做主要是可以复用原来的那套组件进行处理而不需要重新定义。不过新请求的 HandlerMethod 是用的专门的类型，而 Model 是使用的原来保存在 WebAsyncManager 的 concurrentResultContext 属性中的 ModelAndViewContainer 所保存的 Model，所以这里的查找 HandlerMethod 和初始化 Model 的过程是没用的，在这里可以进行一些优化，比如，将创建 ConcurrentResultHandlerMethod 的过程放在 HandlerMapping 中（这样也更符合组件的功能），然后在调用 ModelFactory 的 initModel 方法前判断是不是异步处理 dispatcher 过来的请求，如果是则不再初始化了，或者干脆创建新的 HandlerAdapter 来处理。

除了上述可以优化的地方，这里还有两个漏洞，第一个是相应的拦截器里的方法会被调用两次，这是不合适的，而且有的时候还会出问题，比如，如果用了拦截器来检查 Token，那么第一次检查通过后就会将相应内容删除，第二次再检查的时候就检查失败了，这就有问题了。第二个是通过 FlashMap 传递 Redirect 参数的情况，在前面分析 FlashMapManager 获取 FlashMap 的时候说过，每次获取后就会将相应的 FlashMap 删除，但异步请求会获取两次，如果异步处理器是 Redirect 到的结果处理器，并且使用 FlashMap 传递了参数，这种情况下如果在第二次获取 FlashMap 的时候（异步请求处理完了）正好用户又发了一个相同的请求，而且 RedirectView 已经将 FlashMap 设置到了 Session，在获取之前可能被前面的请求获取删除，导致自己获取不到，这么说不容易理解，下面将两个请求的处理过程列出来大家就容易理解了：

请求 1	请求 2
saveOutputFlashMap	设置 FM1
retrieveAndUpdate	获取到 FM1
saveOutputFlashMap	设置 FM2
retrieveAndUpdate	获取到 FM2
retrieveAndUpdate	获取到 null
retrieveAndUpdate	获取到 null

这样请求 2 设置的 FlashMap 就会被请求 1 的第二次 retrieveAndUpdate 获取到并从 Session 中删除，请求 2 就获取不到了，这样两个请求的值就都出了问题了。

这里的第二个漏洞只是从原理上来说存在，一般不会造成什么影响，因为这种情况发生的概率非常小，但第一个漏洞是比较严重的，如果真正使用了类似判断 Token 等的拦截器需要在具体方法内部自己处理一下。

异步处理流程就说到这里，下面分析每一类返回值的具体处理过程。

22.2.3 WebAsyncTask 和 Callable 类型异步请求的处理过程及用法

当处理器方法返回 WebAsyncTask 或 Callable 类型时将自动启用异步处理。下面来看一下处理 WebAsyncTask 类型返回值的处理器 AsyncTaskMethodReturnValueHandler，它的 handleReturnValue 方法如下：

```
//org.springframework.web.servlet.mvc.method.annotation.AsyncTaskMethodReturnVal
    ueHandler
public void handleReturnValue(Object returnValue, MethodParameter returnType,
      ModelAndViewContainer mavContainer, NativeWebRequest webRequest) throws
          Exception {
   if (returnValue == null) {
      mavContainer.setRequestHandled(true);
      return;
   }
   WebAsyncTask<?> webAsyncTask = (WebAsyncTask<?>) returnValue;
   webAsyncTask.setBeanFactory(this.beanFactory);
   WebAsyncUtils.getAsyncManager(webRequest).startCallableProcessing(webAsyncTa
       sk, mavContainer);
}
```

如果返回值为 null，就会给 mavContainer 设置为请求已处理，然后返回。如果返回值不为 null，调用 WebAsyncManager 的 startCallableProcessing 方法处理请求。WebAsyncManager 是使用 WebAsyncUtils 获取的。下面来看一个例子，首先给配置 Spring MVC 的 Servlet 添加异步处理支持，也就是添加 async-supported 属性，代码如下：

```
<!-- web.xml  -->
<servlet>
<servlet-name>let'sGo</servlet-name>
<servlet-class>org.springframework.web.servlet.DispatcherServlet</servlet-class>
```

```
<init-param>
<param-name>contextConfigLocation</param-name>
<param-value>WEB-INF/let'sGo-servlet.xml</param-value>
</init-param>
<async-supported>true</async-supported>
</servlet>
```

接下来写一个 AsyncController，代码如下：

```
package com.excelib.controller;
// 省略了imports
@Controller
public class AsyncController {
    @ResponseBody
    @RequestMapping(value = "/webasynctask",produces = "text/plain;
        charset=UTF-8")
    public WebAsyncTask<String> webAsyncTask(){
        System.out.println("WebAsyncTask处理器主线程进入");
        WebAsyncTask<String> task = new WebAsyncTask<String>(new Callable
            <String>() {
            @Override
            public String call() throws Exception {
                Thread.sleep(5*1000L);
                System.out.println("WebAsyncTask处理执行中…");
                return "久等了";
            }
        });
        System.out.println("WebAsyncTask处理器主线程退出");
        return task;
    }
}
```

这里新建了 WebAsyncTask，并使用匿名类建了 Callable 进行异步处理，实际使用中可以在其中写数据库请求等耗时的业务，这里直接等了 5 秒来模拟。处理器注释了 @ResponseBody，其返回值会直接返回给浏览器。当调用“http://localhost:8080/ webasynctask”时，会在等待大约 5 秒后返回给浏览器“久等了”三个字。

现在再返回去看 WebAsyncManager 的 startCallableProcessing 方法就容易理解了，其实就是先添加拦截器，并在相应的地方执行拦截器里的方法，最后使用 taskExecutor 调用返回 WebAsyncTask 中的 Callable 处理。

当然这里只是给 WebAsyncTask 设置了 Callable，除此之外还可以设置 executor、timeout、timeoutCallback 和 completionCallback 等属性。

Callable 的处理其实是在 WebAsyncManager 内部封装成 WebAsyncTask 后再处理的。当处理器中返回 Callable 类型的返回值时，Spring MVC 会使用 CallableMethodReturnValueHandler 来处理返回值，它的 handleReturnValue 方法代码如下：

```
//org.springframework.web.servlet.mvc.method.annotation.CallableMethodReturnValue
    Handler
public void handleReturnValue(Object returnValue, MethodParameter returnType,
```

```
        ModelAndViewContainer mavContainer, NativeWebRequest webRequest) throws
            Exception {
    if (returnValue == null) {
        mavContainer.setRequestHandled(true);
        return;
    }
    Callable<?> callable = (Callable<?>) returnValue;
    WebAsyncUtils.getAsyncManager(webRequest).startCallableProcessing(callable,
        mavContainer);
}
```

这里直接调用了 WebAsyncManager 的 startCallableProcessing 方法进行处理，不过这是一个重载的第一个参数是 Callable 类型的 startCallableProcessing 方法，其代码如下：

```
//org.springframework.web.context.request.asynct.WebAsyncManager
public void startCallableProcessing(Callable<?> callable, Object...
    processingContext) throws Exception {
    Assert.notNull(callable, "Callable must not be null");
    startCallableProcessing(new WebAsyncTask(callable), processingContext);
}
```

它还是将 Callable 封装成了 WebAsyncTask 然后处理的。如果 WebAsyncTask 中只有 Callable 而没有别的属性的时候可以直接返回 Callable，比如前面的处理器可以修改为：

```
package com.excelib.controller;
// 省略了imports
public class AsyncController {
    @ResponseBody
    @RequestMapping(value = "/callable",produces = "text/plain; charset=UTF-8")
    public Callable<String> callable(){
        System.out.println("Callable处理器主线程进入");
        Callable<String> callable = new Callable<String>() {
            @Override
            public String call() throws Exception {
                Thread.sleep(5 * 1000L);
                System.out.println("Callable处理执行中…");
                return "久等了";
            }
        };
        System.out.println("Callable处理器主线程退出");
        return callable;
    }
}
```

它和前面使用 WebAsyncTask 执行的效果是一样的。

22.2.4 DeferredResult 类型异步请求的处理过程及用法

DeferredResult 是 spring 提供的一种用于保存延迟处理结果的类，当一个处理器返回 DeferredResult 类型的返回值时将启动异步处理。

不过 DeferredResult 和 WebAsyncTask 的使用方法完全不同，DeferredResult 并不是用于

处理请求的，而且也不包含请求的处理过程，它是用来封装处理结果的，有点像 Java 中的 Future，但不完全一样。

使用 DeferredResult 的难点就在理解其含义，对其含义理解了之后就会觉得非常简单，而且使用起来也很方便。在返回 WebAsyncTask 时是因为处理的时间过长所以使用了异步处理，但其实还是自己来处理的（因为 WebAsyncTask 需要提供 Callable），而返回 DeferredResult 表示要将处理交个别人了，什么时候处理完、怎么处理的自己并不需要知道，这就好像在单位经常用到的"妥否，请批示"的请示报告，自己并不知道什么时候能批下来，而且也不需要知道具体批示过程，只需要知道最后的结果就可以了。DeferredResult 就是来保存结果的，当处理完之后调用它的 setResult 方法将结果设置给它就可以了。

DeferredResult 还提供了一些别的属性，如 resultHandler 可以在设置了结果之后对结果进行处理、timeout 设置超时时间、timeoutCallback 设置超时处理方法、completionCallback 设置处理完成后的处理方法、timeoutResult 设置超时后返回的结果等。

下面看一下 Spring MVC 中处理 DeferredResult 返回值的 DeferredResultMethodReturnValue Handler 处理器，它的 handleReturnValue 方法如下：

```
//org.springframework.web.servlet.mvc.method.annotation.DeferredResultMethodRetu
    rnValueHandler
public void handleReturnValue(Object returnValue, MethodParameter returnType,
      ModelAndViewContainer mavContainer, NativeWebRequest webRequest) throws
          Exception {
   if (returnValue == null) {
      mavContainer.setRequestHandled(true);
      return;
   }
   DeferredResult<?> deferredResult = (DeferredResult<?>) returnValue;
   WebAsyncUtils.getAsyncManager(webRequest).startDeferredResultProcessing(defer
       redResult, mavContainer);
}
```

这里直接调用了 WebAsyncManager 的 startDeferredResultProcessing 方法进行处理。

下面来看一个返回值为 DeferredResult 的处理器的例子。

```
package com.excelib.controller;
// 省略了imports
@Controller
public class AsyncController {
    @ResponseBody
    @RequestMapping(value = "/deferred",produces = "text/plain; charset=UTF-8")
    public DeferredResult<String> deferredResultExam() {
        final DeferredResult<String> result = new DeferredResult<String>(7*1000L,
           "超时了");
        approve(result);
        return result;
    }
    private void approve(DeferredResult<String> result){
        Runnable r = new Runnable() {
```

```
                @Override
                public void run() {
                    try {
                        Thread.sleep(5 * 1000L);
                        result.setResult("同意 "+new SimpleDateFormat("yyyy-MM-dd").
                            format(new Date()));
                    } catch (Exception e) {
                        e.printStackTrace();
                    }
                }
            };
            new Thread(r).start();
        }
    }
```

在处理器方法中直接新建了个 DeferredResult 类型的 result 代表处理结果，构造方法的两个参数分别表示超时时间和超时后返回的结果，建出来后将其交给 approve 方法进行处理（审批），当 approve 方法给 result 使用 setResult 方法设置了值后异步处理就完成了。

approve 方法启动了一个新线程，然后在里面等待 5 秒后给 result 设置值。因为这里的处理器有 @ResponseBody 注释，所以返回值会直接显示到浏览器，当调用”http://localhost:8080/deferred”时，浏览器会在过大约 5 秒后显示”同意 2015-04-02”。

现在大家再返回去看 WebAsyncManager 的 startDeferredResultProcessing 方法就容易理解了，它并没有而且也不需要执行，只需要等待别的线程给设置返回值就可以了。方法中给 result 设置了处理返回值的处理器，当有返回值返回时会自动调用，代码如下：

```
//org.springframework.web.context.request.asynct.WebAsyncManager.
    startDeferredResultProcessing
deferredResult.setResultHandler(new DeferredResultHandler() {
    @Override
    public void handleResult(Object result) {
        result = interceptorChain.applyPostProcess(asyncWebRequest,
            deferredResult, result);
        setConcurrentResultAndDispatch(result);
    }
});
```

这里的处理器中首先调用了拦截器链中的 applyPostProcess 方法，然后调用 setConcurrentResultAndDispatch 方法处理了返回值，setConcurrentResultAndDispatch 方法前面已经说过了。

现在大家应该对 DeferredResult 返回值的异步处理就理解了，DeferredResult 是一个用于保存返回值的类，只需要在业务处理完成后调用其 setResult 方法设置结果就可以了，至于怎么处理的、在哪里处理的它并不关心，这也就给我们带来了很大的自由。

22.2.5 ListenableFuture 类型异步请求的处理过程及用法

ListenableFuture 继承自 Future，Future 在前面已经介绍过了，它用来保存 Callable 的处理结果，它提供了 get 方法来获取返回值，不过 Future 并不会在处理完成后主动提示。ListenableFuture

在 Future 基础上增加了可以添加处理成功和处理失败回调方法的方法，代码如下：

```
package org.springframework.util.concurrent;
import java.util.concurrent.Future;
public interface ListenableFuture<T> extends Future<T> {
    void addCallback(ListenableFutureCallback<? super T> callback);
    void addCallback(SuccessCallback<? super T> successCallback, FailureCallback
        failureCallback);
}
```

ListenableFutureCallback 继承自 SuccessCallback 和 FailureCallback 接口，后两个接口分别有一个 onSuccess 方法和 onFailure 方法，用于处理异步处理成功的返回值和异步处理失败的返回值，就和 DeferredResult 中的 resultHandler 差不多，它们定义如下：

```
package org.springframework.util.concurrent;
public interface ListenableFutureCallback<T> extends SuccessCallback<T>,
    FailureCallback {
}

package org.springframework.util.concurrent;
public interface SuccessCallback<T> {
   void onSuccess(T result);
}

package org.springframework.util.concurrent;
public interface FailureCallback {
    void onFailure(Throwable ex);
}
```

ListenableFuture 是 spring4.0 新增的接口，它主要使用在需要调用别的服务的时候，spring 还同时提供了 AsyncRestTemplate，用它可以方便地发起各种 Http 请求，不同类型的请求（如 Get、Post 等）都有不同的方法，而且还可以使用 url 的模板参数 uriVariables（类似于处理器参数中的 pathVariables），它的返回值就是 ListenableFuture 类型，比如，可以这样使用

```
ListenableFuture<ResponseEntity<String>> futureEntity = template.getForEntity(
"http://localhost:8080/students/{studentId}/books/{bookId}",String.class,"176","7");
```

这样就可以返回 http://localhost:8080/students/176/books/7 的 Get 请求结果，而且是非阻塞的异步调用。

下面看一下处理 ListenableFuture 返回值的处理器 ListenableFutureReturnValueHandler，它的 handleReturnValue 方法代码如下：

```
//org.springframework.web.servlet.mvc.method.annotation.ListenableFutureReturnVa
    lueHandler
public void handleReturnValue(Object returnValue, MethodParameter returnType,
      ModelAndViewContainer mavContainer, NativeWebRequest webRequest) throws
         Exception {
   if (returnValue == null) {
      mavContainer.setRequestHandled(true);
      return;
```

```
    }
    final DeferredResult<Object> deferredResult = new DeferredResult<Object>();
    WebAsyncUtils.getAsyncManager(webRequest).startDeferredResultProcessing(defer
        redResult, mavContainer);

    ListenableFuture<?> future = (ListenableFuture<?>) returnValue;
    future.addCallback(new ListenableFutureCallback<Object>() {
        @Override
        public void onSuccess(Object result) {
            deferredResult.setResult(result);
        }
        @Override
        public void onFailure(Throwable ex) {
            deferredResult.setErrorResult(ex);
        }
    });
}
```

可以看到在ListenableFuture的返回值处理器里实际使用了DeferredResult，首先新建了DeferredResult类型的deferredResult，接着调用了WebAsyncManager的startDeferredResultProcessing方法进行处理，然后给ListenableFuture类型的返回值添加了回调方法，在回调方法中对deferredResult设置了返回值。可以说ListenableFuture类型的返回值只是DeferredResult类型返回值处理器的一种特殊使用方式。大家好好体会这里的处理过程就可以对"DeferredResult跟具体处理过程无关"这一点理解得更加深入。

下面来看一个ListenableFuture类型返回值处理器的例子。

```
package com.excelib.controller;
// 省略了imports
@Controller
public class AsyncController {
    @RequestMapping(value = "/listenable",produces = "text/plain; charset=UTF-8")
    public ListenableFuture<ResponseEntity<String>> listenableFuture() {
        ListenableFuture<ResponseEntity<String>>future = new AsyncRestTemplate().
            getForEntity(
                "http://localhost:8080/index", String.class);
        return future;
    }
}
```

这里处理器的返回值ListenableFuture的泛型是ResponseEntity类型，所以不需要使用@ResponseBody注释也会将返回值直接显示到浏览器。当调用"http://localhost:8080/listenable"时，浏览器会显示"excelib Go Go Go!"，也就是"http://localhost:8080/index"的返回结果。

多知道点

ListenableFuture 和 Future 的比较

ListenableFuture在Future的基础上增加了可以添加处理成功和处理失败回调方法的方法，这就从Future的"拉"模式变成了ListenableFuture的"推"模式。

Future只能调用get方法来主动拉数据，而且get方法还是阻塞的，而ListenableFuture可以等待处理完成后自己将结果推过来，而且不会阻塞线程，这么看好像ListenableFuture比Future更好用。其实在很多地方Future中阻塞的get方法才是真正需要的，因为很多时候都需要等到线程处理的结果才可以向下进行，比如，要找四个数中最大的那个，可以将四个数分成两组然后启动两个线程分别选出每组中比较大的数，然后再启动一个线程取出两个结果中比较大的，那就是四个数中最大的数，代码如下：

```
public class ObtainBigger {
    public static void main(String[] args) throws ExecutionException,
        InterruptedException {
        ExecutorService executor = Executors.newCachedThreadPool();
        // 需要查找最大数的数组
        Double data[] = new Double[]{210.32, 517.96, 986.77, 325.13};
        // 获取前两个里较大的
        BiggerCallable c1 = new BiggerCallable(data[0],data[1]);
        Future<Double> bigger1 = executor.submit(c1);
        // 获取后两个里较大的
        BiggerCallable c2 = new BiggerCallable(data[2],data[3]);
        Future<Double> bigger2 = executor.submit(c2);
        // 获取两个结果中较大的，这时会阻塞，只有前面两个结果都返回时才会往下进行
        BiggerCallable c = new BiggerCallable(bigger1.get(),bigger2.get());
        Future<Double> bigger = executor.submit(c);
        // 输出结果
        System.out.println(bigger.get());
        executor.shutdown();
    }

    private static class BiggerCallable implements Callable {
        Double d1, d2;
        public BiggerCallable(Double d1, Double d2){
            this.d1 = d1;
            this.d2 = d2;
        }
        @Override
        public Object call() throws Exception {
            return d1>d2?d1:d2;
        }
    }
}
```

这里使用了内部类BiggerCallable来比较，第三个BiggerCallable创建时前两个c1）c2必须已经执行完才可以，否则就会出问题，所以在这种情况下阻塞就是必要的，而且这种需要线程返回结果后才能往下进行的情况很多。而ListenableFuture的典型用法就是Web异步请求这种并不需要对线程返回的结果进一步处理，而且线程在返回之前主线程可以继续往下走的情况，这时如果程序阻塞就起不到应有的作用了。

22.3　小结

本章系统地介绍了 Servlet 和 Spring MVC 中异步处理的原理和使用方法，首先介绍了 Servlet3.0 中对异步请求的支持及其使用方法，然后又分析了 Spring MVC 中异步处理的执行过程并编写了示例程序。

Servlet 中使用异步请求非常方便，只需要调用 request 的 startAsync 方法，然后对其返回值 AsyncContext 进行处理，如果需要还可以为其添加 AsyncListener 监听器，它可以监听异步请求的启动、超时、处理完成和处理异常四个节点。

Spring MVC 为异步请求提供了专门的工具，并对处理器默认提供了四种用于异步处理的返回值：Callable、WebAsyncTask、DeferredResult 和 ListenableFuture。对异步请求的支持主要在 RequestMappingHandlerAdapter 中，启动异步处理在各返回值对应的返回值处理器中。

Web前端开发&设计经典

框架篇

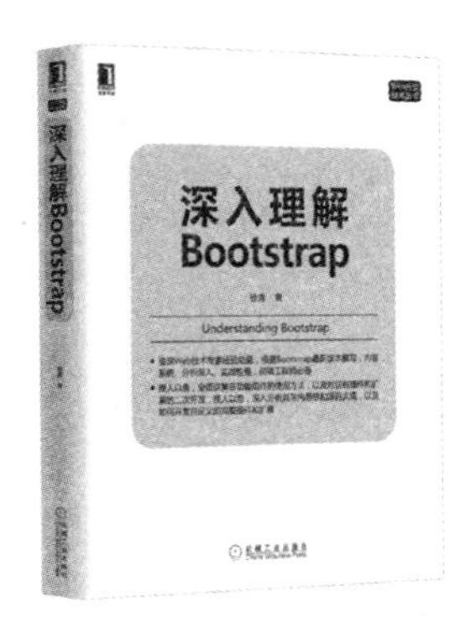

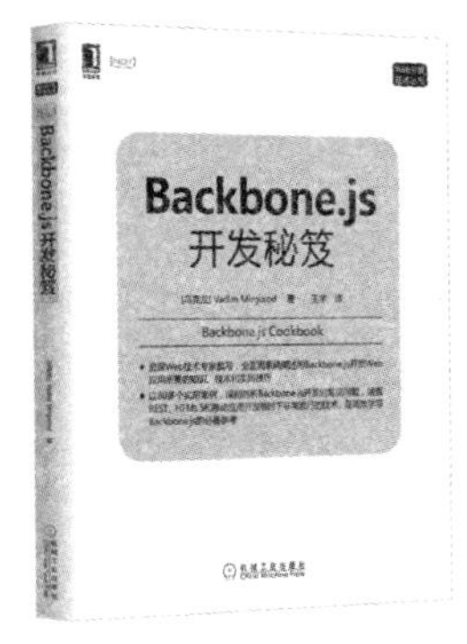